Python で学ぶ 効果検証入門

安井翔太 監修　伊藤寛武　金子雄祐 共著

謝辞

本書は多くの方々のご協力により完成いたしました。この場を借りて、心より感謝申し上げます。

まず、本書の構想・草稿段階で貴重なフィードバックをくださった末石直也先生（神戸大学）、石原卓弥先生（東北大学）、佐久川姫奈さん（PwC アドバイザリー）、安達啓晃さん、柴田幸哉さん（キャンサースキャン）に厚く御礼申し上げます。皆さまのご助言により、本書の内容を大きく改善することができました。

また、サイバーエージェントの青見樹さん、宇戸慎吾さん、河野陽日さん、早川裕太さん、森脇大輔さんにも多くの指摘やレビューをいただきました。深く感謝いたします。ここには紙幅の都合上書ききれませんが、ほかにも多くの同僚の皆さまからご助言をいただきました。サイバーエージェントでの刺激的な日々が、本書の着想の礎となっています。

さらに、推薦の言葉を寄せていただいた慶應義塾大学の中室牧子先生にも、あらためて御礼申し上げます。先生からのご指導が、いまの私を形作っていると感じております。

加えて、出版プロセスにおいて多大なるサポートをいただいた編集担当の原純子さん、並びに編集スタッフの皆さまにも心より感謝いたします。度重なる大幅な修正にもかかわらず、丁寧に対応してくださいました。

最後に、常に私を支えてくれた友人やパートナーに感謝の意を表します。皆さまの理解と協力なくしては、本書を完成させることはできませんでした。

なお、本書の内容に関する一切の責任は著者にあります。誤りや不備があった場合、それらはすべて筆者の責に帰するものであり、本書に関わってくださった皆さまの責ではございません。

本書が、データ分析を通じて付加価値を創出したいと取り組む読者の皆さまのお役に立てれば幸いです。重ねて御礼申し上げます。

2024 年 5 月

著者を代表して

伊藤寛武

目次

3章 A/B テストを用いて実務制約内で効果検証を行う

4章　Difference in Differences を用いて効果検証を行う

5章 Regression Discontinuity Design を用いて効果検証を行う

6章　おわりに：実務における課題と展望

1章

はじめに

いまなお隔たりがある効果検証の実務と理論

本章では、「効果検証はなんのために行うのか」という目的を明確にしたうえで、この本で学べることや、紹介する分析手法を選定した意図などを説明します。

1.1 効果検証とはなにか？

効果検証は、ビジネスでの意思決定プロセスにおいて重要なステップの1つです。たとえば、莫大な費用のかかる施策の実施を検討するとき、その効果をよく理解しないまま実施の可否を意思決定することは、ギャンブルとほぼ変わりありません。同様に、精度の高くない効果検証から得られた合っているかわからない検証結果をもとに意思決定を行うことも、ギャンブルとほぼ変わりありません。効果を検証できなければ、過去の行動の結果の良し悪しがわからないままに次の行動を決めることになります。こうなってしまうと、意思決定の質は、意思決定者の才能・センス・運に依存することになります。

すべての意志決定者の才能・センス・運が優れていれば問題ありませんが、そんなシチュエーションは現実的にはありえないでしょう。しかし、効果検証を適切に行って過去の行動の良し悪しをある程度定量的に評価できれば、条件にばらつきがあっても**意思決定の質を全体的に底上げ**できます。さらにいえば、**意思決定の再現性を高める**ことも期待できます。

1.1.1 本書のねらい：基礎と実務を紐づける

そこで、本書では、ビジネスシーンの効果検証における因果推論／計量経済学の応用と、それに関わる諸問題を解説します。この10年ほどで、さまざまな因果推論／計量経済学の書籍が出版され、多くのデータサイエンティストが効果検証のスタートラインに立つ基礎的な知識を得られるようになりました。それに伴って、A/Bテストの重要性も再考され、A/Bテストに関する書籍やテックブログが公開されるようになっています。本書は、このような効果検証に対するビジネスにおける関心の盛り上がりに応える書籍の1つです。

しかし、教科書やネット上で得られる情報の多くは基礎的な知識に留まっており、効果検証を実行する際に直面する多くの実問題に関する情報はほとんど得ることができません。また、効果検証がビジネスの意思決定において重要な要素となる一方で、ビジネスシーンにおける効果検証を想定した書籍などはあまり見られません。よって、関連分野の博士号をもたない多くのデータサイエンティストにとって、効果検証で直面する問題が学術的にはどのような課題として解釈され、どのように解決できる、もしくは解決できないと判断されるのか、理解することは非常に困難といえるでしょう。

こうした実務と基礎の乖離が生まれてしまうのはなぜでしょうか。それは、効果検証の「**正しく実施できているかどうか知ることはほぼ不可能**」という性質に起因します。この性質は「因果推論の根本問題」として2.2節で説明しますが、要するに、どのような手法を使ったとしても効果検証の結果が合っているかどうか知ることはできない、ということです。

効果検証以外のデータサイエンスの分野では、多くの場合、分析が正しく実施できているかどうかを結果から推察することが可能です。たとえば機械学習では、精度指標の確認によって問題の発生に気がつくことはそう難しくありません。しかし、効果検証には精度指標のようなヒントが存在しないため、より正しい効果検証のためになにが必要か考え続けなければ、発生する問題に気がつくことすらできません。

結果として分析に問題があったとしても、分析者は問題の所在に気づかず「分析が終わった」と宣言できます。実務においてまま見受けられる教科書のサンプルコードをとりあえず適用しただけの質の低い分析は、そのようにして量産されるのかもしれません。その結果、質の低い分析結果に基づく質の低い意思決定が繰り返されることになります。なかにはそのような性質を悪用して、都合のよいストーリーの説得力を増すために、さもファクトに誠実なふりをしてねじ曲げた分析結果を語る人もいるでしょう。

こういった質の低い意思決定を生み出す安易な効果検証は、事業にメリットがないだけでなく、分析者自身の成長の機会も奪ってしまいます。分析者の成長は、まず問題に気がつくことから始まるからです。問題に気がつき自分で対処してはじめて、分析者としての知見が得られるのです。

本書は、こういった「安易な効果検証」に陥らないよう、より正しい効果検証に必要な基礎を身につけるための入門書です。実務で発生しやすい問題を指摘し、それに対処するための手法や考えかたを解説することで、実務と基礎を紐づけていきます。

1.1.2　本書の特徴

このような背景から、本書は以下の3つの特徴をもちます。

1つめの特徴は、**紹介する手法がA/Bテスト・差分の差法（DID：Difference in Differences）・回帰不連続デザイン（RDD：Regression Discontinuity Design）の3つに絞られている点**です。一般的な入門書であれば、回帰分析・傾向スコア・操作変数法といった手法も紹介されます。しかし、ビジネスでの効果検証においては、重要な共変量（2.6節参照）をデータとして取得できないことが少なくないために、分析をする際に必要な仮定を満たすことが困難です。

このような状況において、非専門家がこれらの手法を運用するコストやリスクは莫大なものとなります。勉強熱心な実務家が計量経済学の本を紐解き、「お、傾向スコアなんて便利な手法があるのか」とバイアスに対して不用意な分析結果をレポートしてしまっている場面に、筆者は何度出会ったことでしょうか。それらの手法は「ちゃんとした効果検証をやった気になっているだけの道具として機能するケースのほうが圧倒的に多い」と言い切ってもいいかもしれません。

これに対して、A/Bテスト・DID・RDDは、ただやった気になる以上の役割を果たせるケースが十分にあります。A/Bテストの有用性については十分に理解されており、ビジネス実務において広範に利用されているといってよいでしょう。そして、DIDやRDDは多少専門的な手法ではありますが、その他の手法と比べて仮定の妥当性を判断することが実務においても比較的容易です。つまり、DIDやRDDはビジネスにおいて頻繁に利用可能な状況が発生するため、これらの手法を理解しておくことで選択肢が大きく広がることになるのです。このような実務上の利用可能性を注意深く検討した結果、紹介する手法をA/Bテスト・DID・RDDの3つに留めることにしました。

これらの紹介する手法の選択は、私たちが本書で「因果推論」という言葉をできるだけ使わないようにしていることとも関連があります。くわしい方は、本書で扱っているトピックが因果推論という言葉で紹介されるトピックと同じであることにお気づきかと思います。因果推論は、「Aが起きたのはBだからだ」のように、結果に対する原因を分析する分野です。この分野には大きな期待が寄せられ、毎年関連書籍が多く出版されています。その一方で、「～という手法を使えば因果がわかるらしい」という、非専門家によるバブルのような過度な期待にもつながってしまいました。結果として、その仮定の妥当性の判断が甘い分析レポートが量産されているのではないか、という懸念を筆者は抱いています。

このような状況を避けるために、本書では因果推論などのバズワードを控え、仮定の妥当性が比較的容易に判断できる手法を「効果検証」という視点から紹介しています。

2つめの特徴は、前述の3つの手法のなかでも、**とくにA/Bテストに多くの紙面を費やしている点**です。A/Bテストは多くの書籍で「処置／介入変数がアウトカムと独立になることから、効果検証において理想的な状況を作り出す」とされており、それ以上の説明が行われていることはまれです。しかし、実際のビジネスでA/Bテストを行う場合は、実にさまざまな問題に直面することになります。A/Bテストの設計の問題だけでなく、結果の解釈や可視化の方法などの手法に関連する問題や、そもそもなんのためにA/Bテストをするのかという目的自体についても、問いを突きつけられることが少なくありません。本書では、これらのA/Bテストを実施する際の問題について、技術的なものだけでなく実務者の心構えといった意識の問題まで議論します。

3つめの特徴は、**分析の実装をすべてPythonで行う点**です。これまで、実務に対応するかたちで書かれていた書籍のほとんどは、Rで実装されていました。これは分析者がエンジニアや機械学習をバックグラウンドとするデータサイエンティストとコミュニケーションをとるうえでの1つの障害となっていました。しかし、因果推論の問題意識が多くのデータサイエンティストや研究者に広まってから、Pythonでの効果検証の実装が多く公開されるようになりました。本書ではそれらのコードを参考にしつつ、分析事例の実装をPythonで行っています。

1.1.3 効果検証の各手法の特性と使いかた

さて、ここまでに述べた本書の特徴は、どれも手法や実装に関するものでした。しかし真に重要なのは、これらの手法は手段であり、目的を達成するための道具でしかないということです。

A/BテストにしてもDIDやRDDにしても、それらの道具を「なんのために」「どのように」使うかという点について、2章以降ではほとんど語りません。しかし、これらは効果検証のための手法やフレームワークであり、いわばカードゲームにおけるカードに過ぎません。一度カードの効果を理解したら、それらのカードをどのように使えば効果的なのかを把握することこそが重要でしょう。

では、私たちはなにを目的とするゲームに参加しており、どのようにそのカードを使っていけばよいのでしょうか？　施策効果検証を含むデータ分析業務の多くは、**よりよい意思決定への貢献**を目的とします。よりよい意思決定への貢献とは、ビジネスの現場においてはプロジェクト発展のための施策実施かもしれませんし、公的機関においては制度変更であったりするかもしれません。いずれにせよ、当たり前ではあるのですが、分析の実施そのものが価値になることはほとんどありません。分析を通して意思決定に対してなにかしらのインパクトを与えることこそが、データ分析業務の目標であり価値であるはずです。

この事実を見過ごしたまま効果検証の手法だけを学んでしまうと、高度な分析手法を過度に追い求めてしまったり、完璧な分析ができないことに自縄自縛となりアウトプットが止まってしまったりします。こうなってしまうと、よりよい意思決定への貢献ができなくなってしまいます。

それでは、よりよい意思決定への貢献という目的に照らし合わせたとき、本書で紹介する分析手法はどのように使っていけばよいのでしょうか。分析手法の使いかたを考えるためには、手法の特性を勘案しながら、それぞれの手法が得意とするシチュエーションを考えてあげるのがよいでしょう。もちろん2章以降で各々の手法の特性は解説しますが、前もって各手法の大まかな特徴について考えてみます。

本書で紹介する3つの手法は、「A/Bテスト」と「DIDとRDD」の2つに分類できます（図1.1）。前者は、対象を施策を実施する群と実施しない群にランダムに分けて、それぞれのデータを収集して分析します。分析だけでなくデータの収集も行うため、A/Bテストは分析手法というよりも、分析のためのフレームワークとよんでもよいでしょう。後者は、データに含まれる一定の特徴を用いて分析をする手法です。これらの手法は仮定を満たすことで適切な分析を実施できます。A/Bテストのような意図的な施策実施を伴わない収集済のデータのことを**観察データ**とよびますが、この2つの手法は観察データの分析手法として代表的なものです。本書で中心的に紹介するDIDやRDDのみならず、記述統計の比較やグラフによる可視化といった簡単な分析であっても、すでに収集されたデータに対して行われていれば**観察データ分析**といいます。

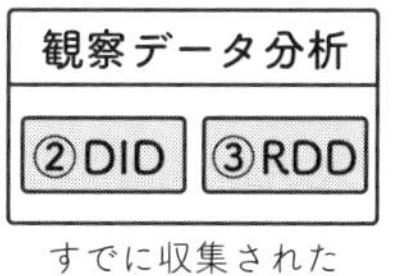

図 1.1　A/B テストと観察データ分析

では、A/B テストと観察データ分析について、それぞれの特性を確認していきましょう。

A/B テストのデータ取得コスト

A/B テストには「分析に都合のよいデータを作り出すため、意思決定につながる分析結果を出しやすい」という特性があります。ただし、時間的にも予算的にもコストがかかります。多くの場合、検証したい施策が大がかりであるほどに、コストも大きくなっていきます。たとえばサービスの構成を抜本的に変えるような施策の場合、A/B テストをするとなると、巨大なサービスを２つ用意してテストをすることになり、ほとんどの場合、それは実装としても困難をきわめるでしょう。このように、A/B テストを実施するために無限のコストを支払わなければならない状況は存在します。

さらに、ある程度の信頼性を担保した A/B テストに必要な分析コストは、多くの分析者が見積もる以上に高くつきます。よって、拙速に A/B テストにかけようとすれば、一つひとつの分析の信頼性を担保することに失敗し、結果的に得られる知見の質は目も当てられないほどに杜撰なものとなります。

それでも、施策効果を推定するうえで A/B テストが一番“まし”な手法であることには変わりありません。もちろん、あなたがタイムトラベルかなにかをして、反実仮想（2.2.2 項参照）を観察できるというのなら話は別です。しかし、タイムマシンに乗れない普通の一般人である私たちは、いくつかの仮定のもとで統計的推論を行うしかありません。そのなかで、仮定の成立の有無を判断しやすく実務への応用が現実的な手法が A/B テストなのです。

観察データ分析の特性

では、観察データ分析にはどのような特性があるのでしょうか？　観察データの分析では、それぞれの手法が適用可能なシチュエーションがすでに見つかっているのであれば、データの取得コストはほとんどありません。つまり、施策が大がかりだったとしても、手法が適用可能であれば、A/B テストのような壮絶なコストを支払わなくとも分析可能です。

しかし、観察データ分析から得られた結果をそのまま意思決定に用いることにはリスクが伴います。なぜなら、施策効果検証における観察データ分析には仮定が多く、バイアスのない結果が得られたかどうか判断することが難しいためです。もちろん手法によって仮定の強弱はあるわけですが、必ずしも統計分野の専門家ではない実務者にとって、その判断は容易ではないでしょう。観察データ分析によって得られた分析結果にはバイアスが残っているかもしれないと判断するのが無難であり、そのような結果から意思決定を導くためには、十分な慎重さが必要になることでしょう。

つまり、観察データの分析である程度の信頼性を担保しようと思えば、分析コストは高くなります。信頼性を追い求めればさらに膨大な分析コストを投入しなくてはならず、データサイエンティストに要求されるスキルもより高くなってしまいます。

1.1.4 効果検証の目的：意思決定と探索的分析

前述した A/B テストと観察データ分析という効果検証の手法は、基本的には意思決定を目的として用いられます。しかし、それだけでなく、意思決定のための探索的分析を目的として用いられることもあります。

意思決定とは、「ビジネスにおける施策の可否を決定する」などの決断を要する重要なイベントを指します。意思決定を目的としたときに最適な効果検証の手法は、より信頼性の高い分析結果を得やすい A/B テストです。観察データ分析も有用ですが、分析結果の信頼性の担保が難しい以上、次善の策として扱うべきです。

一方で、効果検証は探索的分析のためにも行われます。**探索的分析**とは、「新たな知見を見つけるために、仮説を立て、その妥当性を検証し、不適切であれば新たな仮説を立てて再度検証する」というプロセスを指します。形式張った書きかたをしましたが、要するに「業務データを集計し、平均や分散といった記述統計を見ながらアレコレ考える」ということです。これは、すでにほとんどの組織が多かれ少なかれ行っていることでしょう。

意思決定は組織として行わなければならないことなので、基本的に強制的なイベントであり、分析者には大きな裁量権がないことも多いでしょう。意思決定自体の要否を決めることはもちろん、分析手法の選択も自由でない場合も考えられます。それと比べると、探索的分析では、往々にして分析者に大きな裁量が与えられています。なにを対象にどのような観点から分析を行うか、そもそも分析を行うかどうかさえも、分析者に委ねられていることが珍しくありません。

この高い自由度は、探索的分析の最終的な目標が「妥当性が高い仮説や知見の発見」であることに起因します。分析開始時には検証するべき仮説リストすらないことが日常的であり、無数の仮説や分析を繰り返し行う必要があるため、分析者が高い自由度をもつことが効率的なのです。

探索的分析において最も頻繁に行われるのは、観察データ分析です。探索的分析の場合、多くの仮説のなかから最も妥当性が高いと思われる仮説に辿り着くことができれば十分な成果といえるため、信頼性のハードルは多少下げても問題ありません。そのため、データの取得コストも分析コストも低く済む観察データ分析が使いやすいのです。

ではA/Bテストはというと、こちらは補足的に用いられることが多いでしょう。実施中のA/Bテストの動向や、過去のA/Bテストの分析結果などを通じて、分析者は予想外の効果が生じているかを観察するのです。

こういった手法を繰り返して探索的分析を行い、再現可能な効果が見つかったとき、その知識は意思決定にとりいれられます。たとえば、アプリケーション（以降、アプリ）のUI[*1]変更の効果を分析する場合、探索的分析から変更箇所以外に影響を及ぼす可能性のある外部的要因を見つけることができます。これが何度も実験で確認されると、その知識は意思決定にとりいれられ、外部的影響を考慮した意思決定が行われるようになります。つまり、**探索的分析は意思決定につながる試行でもある**のです。

---

*1 User Interfaceの略。製品において、ユーザーが実際に見たり触れたりする部分のこと。アプリであれば、ボタンやアイコンの形状などの細かい部品を指すこともあれば、画面デザイン全体を指すこともあります。

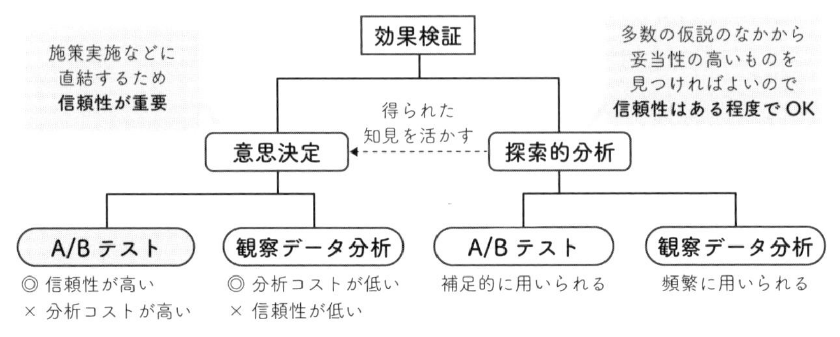

図 1.2　効果検証の目的と手法の関係

探索的分析と意思決定のつながり

さきほど、探索的分析では観察データが頻繁に用いられると述べました。探索的分析は、上司から「いい感じの示唆がほしい」と言われて始まることもあれば、分析者自身がふと思い立って、ちょっとした空き時間を使ってデータを観察することで始まる場合もあります。このとき、たいていは記述統計の数値の比較や、シンプルな可視化などによって分析を行います。

しかしここで問題になるのは、記述統計の比較やシンプルな可視化からナイーブに得られる知見には、ほぼすべてなにかしらの問題があるという点です。たとえば、探索的分析の結果得られる典型的な知見として「サービスのある機能を使う人は平均的に売り上げが X 円高い」というものがあります。この結果自体はなにも悪いものではなく、データから見られる傾向を記述したものに過ぎません。この知見をもとに「売り上げが高い人が喜びそうな修正を、この機能に加えよう」「この機能を使う人数を増やしたいので、あまり売り上げが高くない人向けの修正を加えよう」と考えることには、なんの問題もないでしょう。

しかし、この知見をもとに「この機能をさらに 10000 人のユーザーに使ってもらえば、売り上げが $X \times 10000$ 円分だけアップする」と考えだすと不幸が始まります。なぜなら、この機能を使う人は売り上げも高いという知見は、「機能を使ったから売り上げが増えた」のかもしれないと同時に、「売り上げが“もともと”高いユーザーがその機能を使っていた」だけなのかもしれないからです。

このような問題は、DIDやRDDを用いることによってある程度緩和できるため、これらの手法を使うことで、分析から得られた知見の信頼性を高めることができます。探索的分析による知見を意思決定につなげるためには、DIDやRDDが有用な分析手法になるでしょう。

意思決定に各分析手法は本当に必要なのか？

ここまで、A/Bテストや観察データ分析が、どんな目的の効果検証においてどう有用なのか説明してきました。しかし、あえて一度考えておきたいのは「これらの分析手法は意思決定のために本当に必要なのか」ということです。

意思決定に関わる人間が、一定の課題解決の思考や効果検証に関する知識をもっていれば、「ある機能を使う人は売り上げも高い」という事実と「機能を使ったことで売り上げが増えた」という解釈を取り違えることはありません。この場合、DIDやRDDによる分析の出番はなくなります。つどつどDIDやRDDなどの手法を用いることは現実的ではありませんし、むしろ組織の知識の底上げこそが重要だといえます。

言い換えれば、分析コストを投じるべきテーマに集中するためには、組織に対する働きかけが重要になるでしょう。意思決定と分析手法のあいだの関係性を考えていくためには、意思決定をとりまく状況そのものの問題がつきまとうのです。本書では、6章でこの問題を議論します。

「はじめに」にしては、少し風呂敷を広げすぎて、文章も長くなりすぎたかもしれません。いずれにせよ筆者らも、どのようにしてデータ分析や効果検証を意思決定という目的につなげていくかという問題に、いまなお頭を悩ませている当事者です。そのため、本書は分析手法の本として「これだけは知っておいてほしい」という最小限のコンテンツに留めるようにしました。これは、ほとんどの実務において手法に対する知識は本書プラスアルファ程度で十分事足りるはずであり、むしろ**「よりよい意思決定につなげる」という付加価値を創出するためには、構造的問題の解決にリソースを割くべきだ**と考えているからです。本書によって、読者の皆さんが直面する効果検証と意思決定の問題を改善できれば、それは望外の喜びです。

1.2 本書の構成

本書では、次のような構成で議論を進めていきます。

point

・1章：はじめに
・2章：A/Bテストを用いてクリーンに効果検証を行う
・3章：A/Bテストを用いて実務制約内で効果検証を行う
・4章：Difference in Differencesを用いて効果検証を行う
・5章：Regression Discontinuity Designを用いて効果検証を行う
・6章：おわりに

1章は本章です。ここでは、効果検証がビジネスにおいて重要であるにもかかわらず、理論的な基礎と実務が頻繁に乖離してしまっている現状を指摘してきました。そしてその状況のなかで、学ぶべき手法やその特徴について先立って概観してきました。

2章では、理想的な分析手法としてA/Bテストを紹介します。最初に、頻繁に用いられている集計による群間差の比較が誤った施策効果検証につながることを指摘し、A/Bテストならばその問題を克服できることを紹介します。ランダムな割り当てを用いるA/Bテストはとても簡単なアイディアに思えますが、実務で使うには、意外と考えるべき点が多くあります。そのため筆者らは、分析者はA/Bテストのデザインに力を注ぐべきであると考えます。そういったなかで、考慮すべき具体的な論点やPythonによる実装方法を見ていきます。

3章の前半では、A/Bテストを実務で用いるための発展的な手法やテクニックを紹介します。前述のとおり、A/Bテストは案外難しく、設計の際に無謬(むびゅう)でいることはなかなか難しいという現実があります。そこで、その信頼性を保証するA/Aテスト、およびA/Aテストのリプレイを紹介します。加えて、A/Bテストを実務で用いるとさまざまな困難に出会います。そういったなかでも使える手法として、クラスターA/Bテストや層化A/Bテストといった割当方法を工夫する手法や、処置と割り当てが不一致な状況における分析方法を紹介します。これらの手法はいずれもA/Bテストのデザインを工夫するものであり、あらためて「A/Bテストにおいてはデザインが重要である」という論点を、我々に想起させる例にもなっているはずです。

3章の後半では、A/Bテストの分析を発展的に行う方法を紹介します。実務において頻繁に遭遇するのは、サンプルサイズの悩みです。大量の通信をさばいている現場でもないかぎり、数百程度の（比較的）小さいサンプルサイズで分析をしないといけないケースは多々存在します。そのような場合における魔法のような手法は残念ながら存在せず、実のところはサンプルサイズを増やせるように試行することが最も効果的です。しかし、いくらか少ないサンプルサイズでも効率的に分析を可能にする手法として、本書では共変量を制御して分析する方法を紹介します。

また、A/Bテストにかぎらず効果検証を行うと「効果がより高い／低いセグメントはどこか？」という問いが頻繁に投げかけられます。施策の効果が低いセグメントがあるならば、そのセグメントには施策を実施しないほうがよいこともあるでしょう。そういったセグメントによる効果の違いを異質性とよびますが、ここでは異質性を分析する方法として、サブサンプルをとる手法と交差項をとる手法を紹介します。これらの手法の習得を通じて、A/Bテストは実務でより実用的な手法になっていくことでしょう。

A/Bテストを用いた効果検証では、分析者が自ら分析対象になるデータを作りにいくわけですが、A/Bテストのように高コストな方法をとることは難しいことも多々あります。そういったなかで、4章と5章では、業務のなかで溜まっていくログデータを用いる観察データ分析をとりあげます。

4章では、Difference in Differences（DID）を扱います。最初に、効果検証で頻繁に行われる分析として、施策実施前と施策実施後の差を効果とする前後比較分析をとりあげます。そして、このような前後比較分析が誤った効果検証を導いてしまうことを説明しつつ、比較的仮定が弱い手法としてDIDを紹介します。一方で、前後比較分析に比べれば弱いとはいえ、DIDにも強い仮定が残存しています。そこで、その仮定の成立存否について実務的に検証する方法として、プレトレンドテストを紹介します。最後に、施策が行われるタイミングが複数ある状況での分析について触れます。

5章では、Regression Discontinuity Design（RDD）を紹介します。RDDは「過去の購入金額に対して閾値を設け、一定金額を上回るとクーポンを配布する」のように、閾値を用いたルールに基づいて施策が行われる場合に適用可能になる分析方法です。基本的なアイディアを説明しつつ、そのアイディアを実現する方法として、Sharp RDDとFuzzy RDDの2つの手法を導入します。この2つの手法は、ルール適用の厳格さに応じて使い分けることになります。ほかの手法と同様に、RDDも一定の仮定のもとで分析を行います。そこで、その仮定の成立状況を調べる方法として、diagnostic testsを紹介します。最後に、最近のトピックとして、近年アカデミアで話題のbunchingとして括られる手法について、手法そのものの詳細な紹介は避けて、概要を軽く紹介します。

6章では、本書の締めくくりとして、紹介してきた効果検証の手法と実務応用の関連性について議論します。本章でも少し紹介しましたが、本書は効果検証の解説をするにあたって、異例なほど紹介する手法を絞りました。それは実務応用しやすい手法を集中的に紹介するためですが、それならば手法そのものというより実務における手法の使いこなしかたを考察する必要があるでしょう。6章では、手法の取り回しから組織的な問題までを射程に入れて議論を行います。たとえば、組織として出来合いの結論に都合のよい分析結果を出すことに執着していて本質的な価値創出がおざなりになっているような状況では、なにができるでしょうか？　本書を紹介いただければ一番嬉しいですが、そういった組織的な課題への取り組みについても考察していきます。

1.3 想定する読者

本書は、施策の効果検証を実務で行いたい方に向けた入門書です。前述したように、本書は実務と基礎の乖離に着目しており、その乖離を埋めるような説明を心がけました。そのため、実務で効果検証に向き合っているすべての人を想定読者としています。そのような仕事をしているのは、決してデータサイエンティストやアナリストだけではないはずです。事業会社のプロダクトマネージャーやソフトウェアエンジニア、官公庁の政策担当者など、実に広範な職種の方々も含まれると考えています。なぜなら、効果検証はデータドリブンの意思決定を行ううえで絶対的に重要なスキルであり、それはすべての業界と職種に共通するものだからです。

そのため、本書を読むにあたって、必要な知識が少なくなるように心がけました。データや数式を用いて議論をする性質上、どうしても基本的な統計学や数学の知識は必要としますが、専門書に見られるような数理統計学や計量経済学についての高度な議論は行いません。むしろ、読者の皆さんが効果検証を実務で有効活用できるようになることを目指して、そういった高度な議論をできるかぎり平易な言葉で紹介することに心を砕きました。そのため、職場にデータサイエンティストがいないなかで突然効果検証の仕事をカバーすることになった企画職やソフトウェアエンジニアなどの方でも、問題なく読むことができます。そしてもちろん、将来そのような仕事に就きたいと思っている学生の方でも問題なく読むことができるでしょう。

一方で、効果検証にまつわる学術的に高度で正確な議論や体系的な知識を得たい人にとっては、不満が残る内容かもしれません。あくまで本書は入門書という位置づけであることを考えると、紹介するべきトピックというのは自ずと絞られてきます。たとえば、近年理論的発展が著しい機械学習と効果検証の融合領域を紹介したところで、実務的に使いこなすのは多くの人にとって難しいでしょう。おそらくそのような技術を使いこなせる人にとっては、まずもって本書のような入門書は必要ないはずです。このように盛り込む内容を精査していくなかで、体系的な記述や高度な技術的発展への言及はどうしても優先度は下がると判断しました。

なお、本書ではPythonを用いて分析を行うため、本書を読むためにはPythonの知識が必須だと思われるかもしれません。しかし、本書で出てくる分析コードは基礎的なものであり、また随所でその解説を入れるようにしています。そのため、Python自体や、利用するライブラリである`pandas`や`statsmodels`への知識がなくても、問題なく読むことができるでしょう。もちろん、それらへの知識があると、より理解が深まります。

1.4 サンプルコード

この本では、Python を用いて分析を行います。その理由は前述したように、データサイエンスプロジェクトでは Python を採用するケースが多く、ほかのメンバーとのコミュニケーションを考えたときに、Pyhon で分析を完結させることは大きなメリットがあるためです。

本書内で用いたコード*2 は、GitHub 上に公開しています。

・https://github.com/HirotakeIto/intro_to_impact_evaluation_with_python

また、本書では Python のコードを実行する環境として、Jupyter Notebook や Google Colaboratory（以降、Colab）を推奨しています。2 章以降では Jupyter Notebook や Colab による実行結果の出力を前提にして説明を行います。手もとの Python 環境で本書の結果を再現しようとする方は注意してください。Colab は手もとに Python の実行環境がない方であっても、Google のアカウントがあれば気軽に Python を用いた分析を始められる優れたサービスです。Colab の使いかたについては、公開サイトを参照してください。

*2 **ただし、本書内で示したコードはそのまま読者の皆様の手もとで動くことを必ずしも保証しません。**また、本書内の一部のコードは書籍としての可読性を優先するため、実コードから省略して表記しているところがあります。

2章

A/Bテストを用いてクリーンに効果検証を行う

この章では、効果検証のフレームワークであるA/Bテストについて、基本的なことを説明します。本書全体を通じて用いる効果検証の用語を整理したのち、A/Bテストの基本的な考えかたと手順、および実装方法を紹介します。また、実務で陥りがちなA/Bテストの失敗の典型例（アンチパターン）も紹介します。

2.1 Prelude

 point

- 意思決定に基づくアクションや行動を**施策**とよぶ。
- 実施する施策が与えた影響ことを**施策効果**とよぶ。

私たちは仕事において、さまざまな**意思決定**に直面します。「新商品のプロモーションは大々的に行うべきか？」「アプリに新機能を追加するべきか？」……。プロモーション活動や機能追加といった具体的なアクションは、このようないくばくかの逡巡と意思決定を経て起こされるのです。本書では、このような意思決定に基づくアクションのことを**施策**とよぶことにします。

施策を実施するとき、最も気になるのは「実施する施策に効果があるのか否か」という**施策効果**の有無やその大きさではないでしょうか。もっといえば、「施策の実施が妥当な判断だったかどうか」を検証することに関心があるわけです。

無論、思いついた施策が検証の過程を経るまでもなく、実行・運用されている現場も少なくないでしょう。しかしその場合も、無意識的になんらかのかたちで妥当性を検証し、「施策が負の影響を与えることはなさそうだ」という結論を得たうえでその施策は実施されているはずです。なぜなら、実施前に負の影響が明白ならば、多くの場合、施策は取りやめとなるはずだからです。

いずれにせよ、施策を実施するからには、その施策の評価が必要です。さらにいえば、施策の実施にはコストがかかりますから、評価においては施策効果の計測が大きな課題となります。

本章では、施策効果の分析手法の１つである**A/B テスト**について考えます。A/B テストとは、２群を比較することで分析を行う手法です。片方の群にだけ施策を適用することで、施策効果を分析できます。

とはいえ、概要だけ説明されてもわかりづらいかもしれません。そもそも「施策効果を分析する」とは、実務においてどのような行為なのでしょうか？その際にA/Bテストを用いることで、なにが変わるのでしょうか？

まずは実務でのイメージを掴むために、具体的な施策内容と施策効果について考えてみます。例として、とあるマーケターが直面した課題について見ていくことにしましょう。

SMSによる販促メッセージ送信① 本当にそれが施策効果なのか？

太郎くん*1は、とある広告代理店に勤めるマーケターです。ある日、クライアントから太郎くんに、次のような依頼が寄せられました。

「いま、SMSによる販売促進のキャンペーンを企画しているんです。具体的には、SMSで販促メッセージを名簿顧客に送って、来店と売り上げを増やしたいんです。ただ、やっぱり効果の見積もりがとれないと大々的には実施できないんですよね。このキャンペーンの効果がどれくらいになりそうかってわかりませんかね？」

太郎くんは勢いづいて「任せてください！」と返答しました。そのクライアントは、過去に小規模で同様の施策を打っていたこと、そのときの実績データは社内で保存していることを覚えていたのです。さっそく、太郎くんは分析を始めました。SMSを送った群とSMSを送っていない群に分けて、来店率を算出したのです。まず、表記を次のように定めました。

*1 本書では「太郎くん」を主人公としたミニストーリーを多く示しますが、ストーリー間での設定は必ずしも同一ではありません。太郎くんは、広告代理店に勤めているときもあれば、メーカーに勤めているときもあります。データ分析実務者であることだけが共通点です。

・W_i：ユーザー i に SMS を送信していれば 1、
送信していなければ 0 をとる値
・Y_i ：ユーザー i が来店していれば 1、来店していなければ 0 をとる値
・N ：ユーザーの集合（あつまり）
・$i \in N$：ユーザー i は集合 N に含まれる

図 2.1　太郎くんの分析における表記法

この表記法のもと、太郎くんは施策効果を次のように推定しました。

施策効果の推定値 ＝［SMS 送信群の来店率］－［SMS 非送信群の来店率］　(2.1)

$$= \frac{1}{\sum_{i \in N} W_i} \sum_{i \in N} W_i Y_i - \frac{1}{\sum_{i \in N}(1-W_i)} \sum_{i \in N}(1-W_i) Y_i \tag{2.2}$$

もしもユーザー i に SMS 送信がされていない場合、$1-W_i$ は 1 という値をとることを利用して、SMS 非送信群の来店率を $\frac{1}{\sum_{i \in N}(1-W_i)} \sum_{i \in N}(1-W_i) Y_i$ と表現しています。さらに、分析結果を図 2.2 のようなグラフに直します。

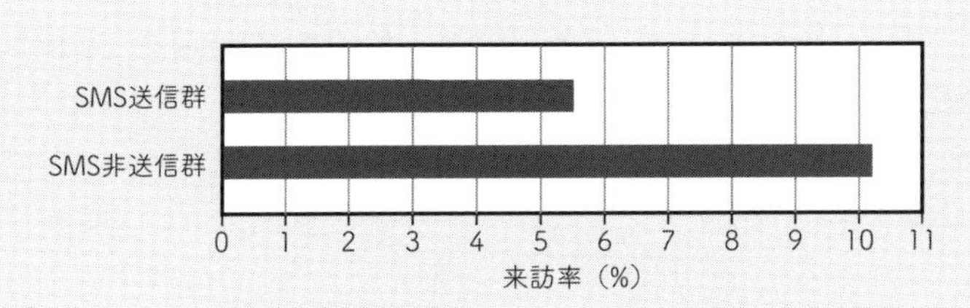

図 2.2 SMS 送信有無による来訪率の違い

グラフを見ると、SMS を送っていない群に比べて、SMS を送った群の来訪率は低くなっています。手もとで計算すると、4.6% ポイントも低くなっていました。

「どうやら、SMS は送るとかえって逆効果のようだ。通知がうるさく感じて、顧客のブランドへのロイヤリティが下がってしまうのだろう」

分析結果からは、こんな示唆まで得られるように思えました。太郎くんはさっそくグラフをクライアントに見せて、SMS 施策の中止を訴えることにしました。

太郎くんは販促 SMS 送信というマーケティング施策の評価において、「SMS を送信した群」と「SMS を送信しなかった群」に分け、その 2 群の店舗来訪率の差を施策効果としました。この考えかたは、「2 群の差はすべて施策によって発生している」と仮定していることになります。

それでは、この太郎くんの分析と提案は、はたして妥当なものだったのでしょうか？　太郎くんの例を考える前に、まずは世のなかでよく見られる実際の例を用いて、この妥当性について考えてみましょう。表 2.1 は、出身教育機関ごとの年齢と賃金の関係を表したものです。

表 2.1 からは、「大学院を修了した労働者は、大学を卒業した労働者に比べて平均的に賃金が高い」ことがわかります。では、この表を見たときに「高い賃金を得たければ、大学だけでなく大学院まで修了すべきである」という結論は出せるでしょうか？

表 2.1 出身教育機関と平均年収（55〜59 歳の例）

	男性	女性
大学院	676.7 万円	609.6 万円
高専・短大	457.2 万円	293.6 万円
大学	505.3 万円	389.9 万円
専門学校	374.7 万円	302.6 万円
高校	351.8 万円	240.0 万円

厚生労働省「令和 4 年賃金構造基本統計調査」の学歴別データより引用
https://www.mhlw.go.jp/toukei/itiran/roudou/chingin/kouzou/z2022/

この場合、結論は解釈によって左右されます。たとえば、大学院を修了した人間は比較的高技能を要求される高所得の職業につくことが多いのだとすれば、大学院まで修了すれば高い賃金を得られる可能性は高そうです。しかし一方で、そもそも大学院までいく余裕がある家庭に生まれ育った者が大学院にいくだけなのであれば、大学院修了後の高所得もそのような家庭の状況を反映しているだけかもしれません。言い換えれば、そもそも高所得になるような環境の人間だからこそ大学院へと進学する、とも解釈できます。

これと同様に、施策が行われたユーザーと施策が行われなかったユーザーの行動に差があったとしても、その差は施策の効果によるものではないかもしれません。つまり、そもそも望ましい行動をするようなユーザーが、好んで施策に接触しただけかもしれません。よって、単純に比較する分析は妥当ではない状況も多いのです。

では、太郎くんの分析はどうでしょうか？　もし妥当でないとしたら、なぜ妥当ではなかったのでしょうか？　次項から、これらの問いを探っていき、正しい分析をするための条件を理解していきましょう。

2.1.1 太郎くんの分析の再現

太郎くんの分析を Python で再現してみましょう。使用するデータは、LENTA という会社が Microsoft とともに開いたデータ解析コンペティションのデータを、筆者が加工したものです [*2]。

[*2] データセットの詳細については、scikit-uplift のドキュメント（https://www.uplift-modeling.com/en/latest/api/datasets/fetch_lenta.html）を参照してください。

まずはデータを読み込んで、内容を見てみましょう。データを開いてみると、表2.2のようになっています。

表 2.2 太郎くんが用いたデータセット

	is_treatment	response_att	food_share_15d	age	is_women
0	1	0	0.000	33.0	1
1	0	0	0.000	63.0	1
2	1	0	0.000	51.0	1
3	0	0	0.000	38.0	1
5	0	0	0.931	25.0	0

このデータは、以下のカラムで構成されています。

- **is_treatment**：
  施策の対象になったかどうか。この場合は、SMSが送信された場合1をとり、送信されていない場合0をとる。
- **response_att**：
  施策実施後来訪したかどうか。来訪した場合1をとり、来訪していない場合0をとる。
- **food_share_15d**：購買に占める食料品率。
- **age**：年齢。
- **is_women**：性別。女性の場合1をとり、それ以外の場合0をとる。

Pythonを使って、このデータを分析してみましょう。

プログラム 2.1　太郎くんの分析の再現

```
import pandas as pd

df = pd.read_csv(URL_CH2_LOGDATA)
df_result = df.groupby("is_treatment")["response_att"].mea
n() * 100
```

上のコードについて、細かく解説しましょう。

```
import pandas as pd
```

この行では、pandasライブラリをインポートしています。pandasはデータ処理やデータ分析を支援してくれるライブラリで、Pythonでデータ分析をする際に多用されます。

```
df = pd.read_csv(URL_CH2_LOGDATA)
```

次の部分でデータを読み込みます。read_csvという関数はURL_CH2_LOGDATAというファイルを読み込み、DataFrameという形式で格納したオブジェクトを返します。このオブジェクトを操作することで分析を行います。

```
df_result = df.groupby("is_treatment")["response_att"].mea
n() * 100
```

この行で分析を行っています。pd.DataFrameのgroupbyメソッドによってis_treatmentを指定することで施策の有無で群を分け、そこからresponse_attを指定して取り出したうえで、mean()を適用することで群ごとの平均を求めています。response_att は施策後店舗を来訪したかどうかを表すので、response_att の平均は来訪率になる、というわけです。最後に 100 を掛けることで % 表記にしています。

このコードを実行すると、結果は次のようになります。

プログラム 2.1 の実行結果

```
is_treatment
0    10.236412
1     5.6588671
Name: response_att, dtype: float64
```

is_treatment が 0、つまり SMS を送っていない群の来店率が約 10.2% で、is_treatment が 1、つまり SMS を送った群の来店率が約 5.7% という、図 2.2 で示した値が出てきました。

コマンドの説明を読むだけで、分析内容や実務上のイメージをすぐに掴める方は少ないでしょう。本書ではこれからも数式やコードが登場するので、読むだけではなく、ぜひ本書のサポートページにあるコードを使いながら自分で実行してみてください。

2.2　施策と効果

2.2.1　基本的な用語の確認

 point

- 施策の対象になっているかどうかを**割り当て**とよぶ。割り当ての状況は「割り当てられる」もしくは「割り当てられない」の 2 つであり、それぞれ $W_i=1$ と $W_i=0$ と書く。
- 施策効果を τ と書く。施策効果をデータなどから推定した値を施策効果の推定値 $\hat{\tau}$ と書く。

まずは、これ以降で使用する用語を確認していきます。

なんらかのアクションのことを、この本では**施策**とよぶのでした。太郎くんのケースでは、「顧客へのSMS販促の送信」が施策にあたります。計量経済学などの学問分野では、これを**処置**や**介入**、もしくは**曝露**とよぶことも多いです。この本のなかでも、とくに専門用語を説明するときなどに、これらの言葉を使うことがあります。

そして、施策の対象になっているかどうかを**割り当て**とよびます。たとえば、ある人が施策の対象にされたときには、「施策が割り当てられた」といいます。

分析を行うにあたって、これを数値で表現することもあります。あるiさんにとっての施策割当を、

- $W_i=1$：施策がiさんに割り当てられた。
- $W_i=0$：施策がiさんに割り当てられなかった。

と表し、この2つをまとめてW_iと書きます。この関係を図2.3に示しました。

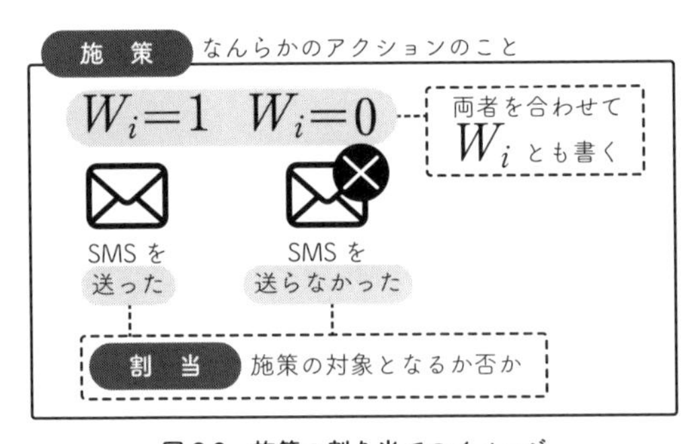

図2.3 施策の割り当てのイメージ

この本において、割り当てW_iは1か0の2つの値しかとらないことにします。これは、ある人にとって施策は「割り当てられる」or「割り当てられない」の2つしかないことを表します*3。人によっては、この状況をいぶかしく

*3 これは、実際に意図どおり施策を行ったかどうかとは必ずしも一致しないことに注意してください。この点については3.3.3項で議論します。

思うかもしれません。ある施策は0か1の極端な値しかとらないものではなく、たとえば商品の価格づけのように、いろいろな値をとるケースもあるからです。むしろビジネスの実務においては、いろいろな値をとるほうが一般的かもしれません。

しかし、そのようなケースを想定して施策効果分析をすると難しい問題になってしまい、初学者は迂闊に足を踏み入れられない領域になりかねません。本書では、分析手法が難しくなるのを防ぐために、2つの値しかとらないケースのみを扱うことにします。価格のように多くの値をとる施策の場合は、「1000円以上」と「1000円未満」のようなセグメントに分けることで、施策割当を2つの値にして分析することを検討するとよさそうです。

用語の確認に戻ります。施策が与えた影響のことを、**施策効果**とよびます。また、施策効果が及ぶ先として、関心を寄せている値のことを**アウトカム**とよびます（図2.4）。太郎くんのケースでは、SMS送信が来店や売り上げに与える影響が「効果」であり、来店や売り上げが「アウトカム」になります。もしかすると、競合ブランドの売り上げの変化といった、太郎くんとクライアントが想定していなかったような「効果」もあるかもしれません。このような意図しないかたちでの施策効果もありえます。この本では、そういった施策効果をひっくるめてτと書くことにします。

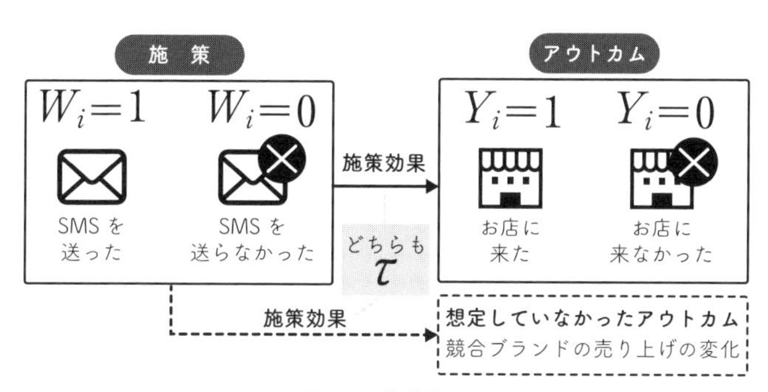

図2.4　施策効果

2.2.2　施策効果と反実仮想

施策効果という言葉を導入してみたものの、まだ曖昧な部分が残っています。施策や施策割当は、指している内容が明確です。太郎くんの例でいえば、施策は販促メッセージの送信ですし、割り当ては当該メッセージを送ったか否かです。しかし、施策効果は具体的に現実世界のどんな部分を指しているのでしょうか？

この本では、「効果」という言葉は**反実仮想**と深い関係にある、という立場をとります。反実仮想とは「もし関ヶ原の戦いで西軍が勝っていれば、いま日本はどうなっていたのだろうか？」「あの夜、ウイスキーの代わりにワインを飲んでいたならば、私はどうなっていたのだろうか？」といった、事実ではないもののありえたかもしれない可能性や世界を指します。

施策効果を考えるときは、その施策の反実仮想を考えることから始めます。たとえば顧客iさんに販促SMSが送られた効果を知りたいなら、「もしiにSMSが送られていなかったらどうなっただろうか？」という反実仮想を考えるのです。SMSが送られたか否かを除いてまったく差がない2つの世界を考えて、その後の2世界になにか差が出てくれば、それはSMS送信による「効果」といえるのではないでしょうか。

このような、ありうる世界のことを**可能世界**とよびます（図2.5)。この本の立場では、**2つの可能世界におけるアウトカムの差のことを効果とよびます**。この定義に違和感のある人はそう多くはないと思っています[*4]。

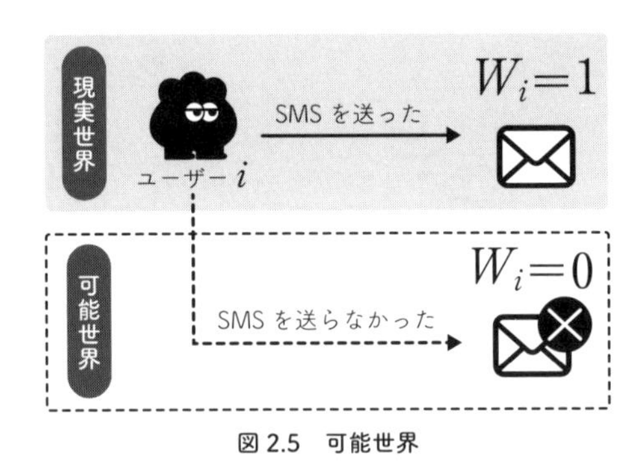

図2.5　可能世界

定義が定まると、よい分析のイメージも湧いてきます。「施策効果分析が

*4 もちろん、これは1つの立場でしかないので、違和感をもつ人もいるかと思います。残念ながら、この本および筆者らはその違和感に対して満足な回答を用意できておりません。

うまくいく」ことは、「可能世界の差で定義される施策効果をできるだけ正確に推定する」ことです。あとは「施策を行った」可能世界と「施策を行わなかった」可能世界における、それぞれのアウトカムを観察すればよいのです。

ただし、ここで1つ疑問が思い浮かびます。2つの可能世界のうち、片方は「ありえたかもしれないが事実ではない可能世界」だったはずです。

つまり、施策効果分析における問題の本質は、**反実仮想を観察できないこと**なのです。ある顧客 i に対してSMSを送信したのならば、私たちはSMSを送信した場合の世界しか観察できません。この場合、ある顧客 i に対してSMSを送らなかった場合にどのような世界が実現するかは知りえないのです。逆に、SMSを送信をしなかったのならば、私たちはSMSを送信しなかった場合の世界しか観察できません。

効果とは2つの可能世界の差であるのにもかかわらず、そのうち片方しか観察できないのです。この問題を、**因果推論の根本問題**とよびます。効果検証においては、この問題をどうにかこうにか解決することが当面の課題になります。

そこで、因果推論の根本問題を乗り越えて、**施策効果を分析し導き出すことが目標になる**わけです。これはデータから導いてもいいですし、場合によっては経験則から導き出すこともあるでしょう。なにかしらの方法で施策効果を導き出すことを「**推定する**」とよび、**施策効果の推定値**のことを $\hat{\tau}$ と表すことにします（図2.6）。太郎くんのケースの場合は、過去の実績データから導き出した $-4.6\,\%$ が $\hat{\tau}$ にあたります。

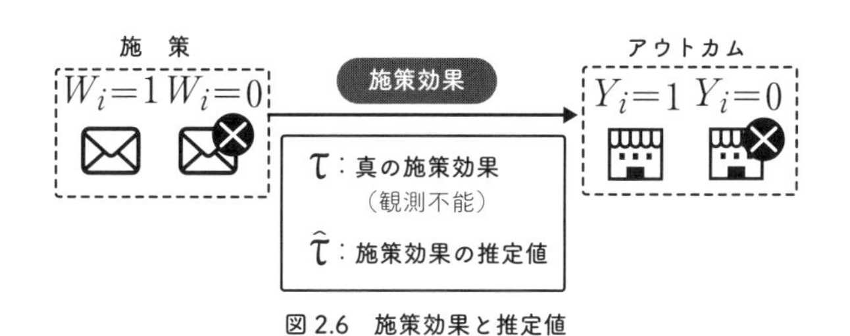

図2.6　施策効果と推定値

太郎くんは、意思決定プロセスとしては非常に妥当な判断をしていると思われます。太郎くんのようにデータを用いて定量的に意思決定をすることは、経験則や信念（それは思い込みとよばれるものかもしれません）に基づいた意思決定と比べて、妥当であるケースは多そうです。

Tips 施策効果とその推定値

本書では、「施策効果」と「施策効果の推定値」を明確に区別しています。施策効果は、実際に現象としての施策の影響を指しています。一方、私たちは施策効果を直接観察することはできないため、推定する必要があります。実務上この２つの概念はしばしば混同されることがあるため、明確に用語を使い分けます。

推定の方法にはさまざまなものがあり、方法によって得られる推定値は異なります。たとえば、思いつきで言ってみた値と経験から導き出された値はいずれも推定値ですが、その結果は異なるでしょう。同様に、さまざまな推定方法から得られる推定値も、それぞれ異なります。

推定値が異なる場合、当然「どちらの推定方法がよかったのか？」という疑問が生まれます。本書では、性質のよい推定方法の１つとしてA/Bテストを取り上げています。そのため、今後は「推定方法Aの推定値a」と「推定方法Bの推定値b」の比較なども行っていきます。

2.3 バイアス

 point

- 施策効果の推定値 $\hat{\tau}$ と真の施策効果 τ の乖離のことを**バイアス**とよぶ。
- 意思決定者の信念や適切でない分析手法はバイアスを含むことがある。
- 分析手法に内在するバイアスは分析結果を歪め、結果的に誤った意思決定を導く。

前節の内容から、太郎くんの分析において、「データを用いて定量的に意思決定をする」というプロセス自体は妥当であるようだ、ということがわかりました。次の問題は、太郎くんの導き出した施策効果の推定値 $\hat{\tau}$ が、はたして妥当なものか、という点です。

この $\hat{\tau}$ が施策効果 τ と同じような値になればよいのですが、この両者のあいだに大きな違いがあれば、$\hat{\tau}$ に基づいた意思決定は誤った意思決定になりかねません。このような施策効果の推定値 $\hat{\tau}$ と真の施策効果 τ の系統的な乖離のことを、この本では**バイアス**とよびます（図 2.7）*5。それでは、太郎くんの分析は、ちゃんとバイアスなしの施策効果を推定できているのでしょうか？

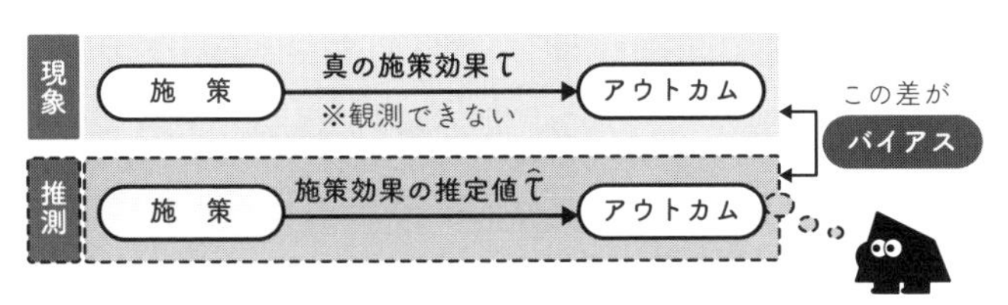

図 2.7　推定値とバイアス

まず、どんなときに施策効果の推定値 $\hat{\tau}$ がバイアスを含むのか考えてみましょう。一般論として、経験則や信念から導かれた $\hat{\tau}$ はバイアスを含むことが多そうです。しかし、データを用いた分析でもバイアスが発生することはあるので、そのパターンを理解することが重要です。そこで、バイアスを含む分析について、いくつかの例を見ていきましょう。

2.3.1　バイアスを含んだ分析の例：ユーザーの性質

ユーザーの性質の違いはバイアスを生じさせる可能性があります。例として、女性に SMS を送る販促キャンペーンを考えてみましょう（図 2.8）。施策を行った群（A 群）は女性だけ、施策を行わなかった群（B 群）は男性だけです。このとき、SMS 送信による売り上げへの施策効果を考えてみましょう。

*5 もう少し細かくいえば、推定値 $\hat{\tau}$ の期待値 $\mathbb{E}[\hat{\tau}]$ と $\mathbb{E}[\tau]$ の差である $\mathbb{E}[\hat{\tau}]-\tau$ をバイアスとよびます。

図 2.8　ユーザーの性質の違いはバイアスの源泉となりうる

A 群と B 群の売り上げを比較して、A 群のほうが売り上げが高かった場合、SMS には売り上げに対する効果があったと結論づけられるのでしょうか？残念ながら、そのような結論を出すことはできません。A 群と B 群の差は、施策実施の有無だけでなく性別の違いも反映することになります。もし、そもそも女性のほうが売り上げが高いような種別の商品だった場合、売り上げの差が施策効果によるものか性別によるものかを識別することはできません。性別など、サンプルの性質の違いによる潜在的な傾向の差によって生まれるバイアスを、**セレクションバイアス**とよびます。サンプルとは、分析対象となる集団から抽出された標本のことです。

2.3.2　バイアスを含んだ分析の例：時系列

データを取得した期間の違いもバイアスを生じさせる原因になります。例として、2 つの広告のパフォーマンスを比較する例を考えてみましょう（図 2.9）。広告 A は X 日から $X+9$ 日まで、広告 B は $X+2$ 日から $X+9$ 日まで配信されていたとしましょう。このとき、それぞれの配信実績から **CTR**（クリック率：Click Through Rate）の違いを見てみたところ、広告 A は 5% で、広告 B は 7% でした。

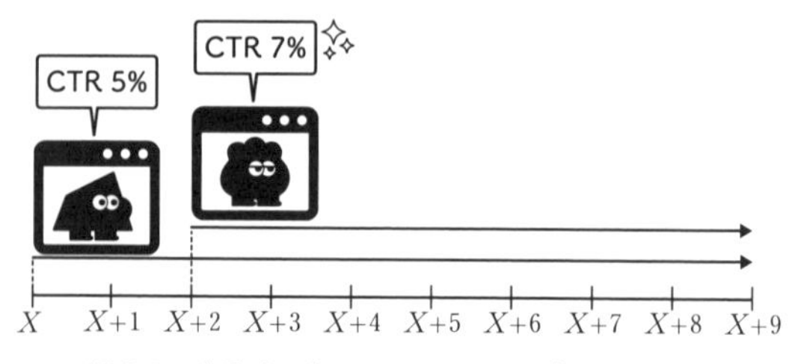

図 2.9　時系列の違いはバイアスの源泉となりうる

この2つのCTRは、2%ポイントの差があったことを示すのでしょうか？残念ながら、こちらもそう結論づけることはできません。広告Aのみが配信されるX日から$X+2$日のあいだに、なにかパフォーマンスに大きな影響を与える要因があったかもしれないからです。イベントが終わったとか、単に休日であったとか、要因はいろいろ考えることができます。集計期間の違う2つのCTRからは、その違いが配信期間に起因するのか、広告に起因するのかがわからないのです。

このような、バイアスの影響を受けた誤った分析は、実務においてよく見かけられます。集計期間がずれていることに気づきつつも、「大して影響はないだろう」「データの量を少しでも増やしたほうがいいだろう」という考えからそのまま分析していることもあれば、そもそもこのような問題の構造に気づかずに分析をしていることもあります。

2.3.3 バイアスを含む分析手法の負のループ

バイアスを含んだ分析手法のもとでは、意思決定がいつまで経っても正しくなされないという負のループが存在しえます。

たとえば、動画配信サービスにおけるレコメンドシステムについて考えてみます。よく知られているのは、画面上においてより上方に表示されるアイテムは、その他のアイテムと比べて、CTRなどの**KPI**[*6]においてよい評価を得やすいという**ポジションバイアス**です。このポジションバイアスの存在を無視して評価をすると、あるとき“たまたま”上方にきたアイテムAが高く評価されることになります。この評価を学習したレコメンドシステムは、アイテムAを再度より上方に表示します。ここでさらにポジションバイアスを無視して評価を行えば、やはりアイテムAは高く評価され続け、このループは永遠に続くことになります。

このときアイテムAは“たまたま”上方にきていただけで高い評価をされており、実のところ、本当に効果がよい保証はありません。それにもかかわらず、ポジションバイアスを無視した分析手法のもとではアイテムAが高く評

---

*6 KPIとは重要業績評価指標（Key Performance Indicator）の略で、目標や目的に対する進捗を把握するための測定可能で定量化可能な指標を意味します。

価され続け、アイテム A がレコメンドされ続けることになります。もちろんその裏では、高いパフォーマンスを発揮しうるほかのアイテムの表示機会を逸するという機会損失が発生しています。これは機械学習において Feedback Loop という問題として知られています。

分析手法に存在するバイアスが分析結果を歪め、歪められ誤った施策効果分析は誤った意思決定を導きます。しかし分析が間違っているのですから、分析の誤りに気づけないなかで意思決定が誤っていることに気づくことは至難の業です。その結果、その意思決定のもとでバイアスが存在する分析がなされ……というマイナスのループ状態に入ってしまうことも珍しくないでしょう。

こうなってしまっては、意思決定をする組織としては致命傷です。正しい意思決定ができずに損失を生んでしまうどころか、それに気づくこともできません。加えて、組織としての知見や経験値もまったく増えません。通常、施策を失敗すれば、想定していた利益は得られないものの、その代わりに「失敗してしまった」という経験を積むことができるわけです。その経験から、改善された次の施策を立案することもできるでしょう。ところが、失敗にすら気づけないと、偽りの成功体験のなかで本来得られるはずだった経験すら積むことすらできなくなります。コストをかけて意思決定をする以上、このような事態だけは避ける必要があるでしょう。

それでは、太郎くんの分析はどうだったのでしょうか。少し物語の続きを追ってみましょう。

2.4　A/B テストの基本的な発想

2.4.1　ランダムな施策割当によるバイアスの排除

point

- バイアスなく施策効果を分析をする理想的な検証方法が **A/B テスト**である。
- A/B テストでは、施策を行う**トリートメント群**と施策を実施しない**コントロール群**の 2 つに、サンプルをランダムに割り当てる。
- 施策効果は τ と表され、その期待値 $\mathbb{E}[\tau]$ は**平均処置効果**とよばれる。これらは**ポテンシャルアウトカムフレームワーク**を用いて反実仮想とともに定義される。
- A/B テストでは、平均処置効果の推定値 $\hat{\tau}$ として、2 群（トリートメント群とコントロール群）の差をとる。

SMS による販促メッセージ送信②　どうすればバイアスを排除できるのか？

太郎くんの分析を受けて、「SMS による販促には効果がないのではないか」として、意思決定は SMS 施策をとりやめる方向に傾きつつありました。しかし、そのときクライアントの 1 人が次のように発言します。

「そういえば、前の施策のとき、SMS 通知を送る人はどうやって抽出したんでしたっけ？」

質問を受けて、太郎くんは急いで分析を行いました。その結果を図 2.10 に示します。

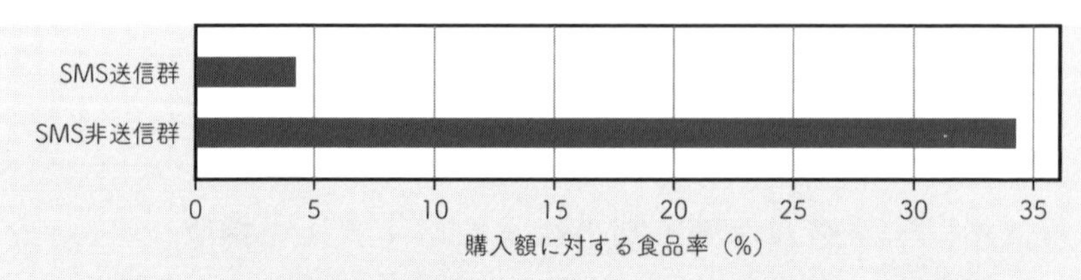

図 2.10　SMS 送信群と非送信群それぞれの過去 1ヶ月の購入額に占める食品率

SMS 送信群と非送信群それぞれの過去 1 か月の購入額に占める食品率を計算してみたところ、SMS 送信群はきわめて食品購入率が低いことがわかりました。過去 1 か月の購入額に占める食品率は SMS 送信群では 4% 程度でしたが、SMS 非送信群では 34% ほどもありました。太郎くんには施策時の事情はわかりませんが、もしかすると、食品を普段買わないユーザーへの販促を意図していたのかもしれません。

この結果を報告すると、当然、次のような質問がなされました。

「ユーザーの性質の違いが分析結果に影響を与えていないですか？」

太郎くんは言葉に詰まってしまいました。影響はあるかもしれませんし、ないかもしれません。その有無の判断は、どうにも難しいように思われます。そして、「じゃあ、どうすればよいのだろう？」と検討することになりました。

SMS を送らなかった群

過去 1 ヶ月の食品の購入率：4%

過去 1 ヶ月の食品の購入率：34%

もともと購入率の低いユーザーだから来店率も低いのでは？

ユーザーの性質によるバイアスがあるのでは？

図 2.11　太郎くんの分析とバイアス

どうすればバイアス（図 2.11）なく施策効果を分析できるのでしょうか？その理想的な検証方法が A/B テストです。A/B テストとは施策効果分析の手法の 1 つで、施策割当をランダムに定めて施策を行い、その後データを分析することで施策効果を得ます（図 2.12）。

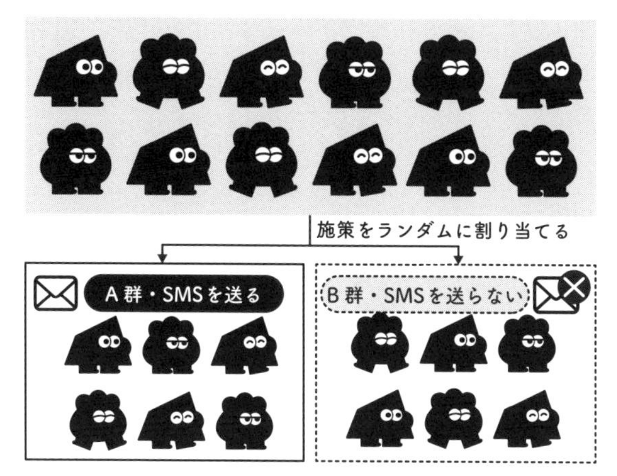

図 2.12 A/B テストのイメージ

この「施策割当をランダムに定める」ことが、A/B テストの重要なポイントです。たとえば販促 SMS 送信施策でいえば、顧客ごとに SMS を送信するか否かがランダムに定まるようにします。そのように 2 群を作り、その 2 群のアウトカムを比較することで、施策効果を導き出すのです。A/B テストでは、往々にして、$W_i=0$ の施策を割り当てない群を**コントロール群**、$W_i=1$ の施策を割り当てる群を**トリートメント群**とよびます。

A/B テストは実社会のさまざまな場所で応用されています。たとえば SNS などで表示される広告では、バナー画像をユーザーごとにランダムに切り替え、その結果 CTR が高くなる画像を採用することが業界のスタンダードになっています。アプリ開発でも、ユーザーごとにランダムに UI を切り替え、最終的によりユーザー体験がよくなるバージョンに切り替えるといった取り組みを行っています。ビジネスを離れれば、**RCT**（Randomized Control Trial：ランダム化比較試験、無作為化比較試験ともいう）という呼び名で、薬の臨床実験や開発途上国支援のための施策効果検証などにも用いられています。

それでは、A/B テストで施策効果を推定する方法を見ていきましょう。多くの人は、施策効果の推定値 $\hat{\tau}$ を導出するために、2 群（トリートメント群とコントロール群）の差を見るのではないでしょうか。すなわち、

$$\hat{\tau} = [\text{トリートメント群の } Y \text{ の平均}] - [\text{コントロール群の } Y \text{ の平均}] \tag{2.3}$$

$$= \frac{1}{\sum_{i \in N} W_i} \sum_{i \in N} W_i Y_i - \frac{1}{\sum_{i \in N}(1-W_i)} \sum_{i \in N} (1-W_i) Y_i \tag{2.4}$$

と計算するのです。ここでの Y_i は、連続する値でも、0か1のどちらかしかとらない値でも構いません。これは、分析も実行しやすい推定方法です。

しかし、2群のあいだでアウトカムの差をとるという意味では、太郎くんの分析も同様でした。さきほどの太郎くんの分析とA/Bテストによる分析は、なにが違うのでしょうか？

両者の違いは、**施策の割り当て方法**にあります。太郎くんの分析では、施策割当はどんなメカニズムで行われていたのかわかりませんでした。その結果として、図2.10にあったように、過去1ヶ月の購入額に対する食品購入率はトリートメント群とコントロール群で大きく異なっていました。

一方、A/Bテストの施策割当はランダムに行われます。A/Bテストとそれ以外の手法の違いは、このトリートメント群とコントロール群の割り当てメカニズムにあり、分析方法そのものは変わらないと強調しておきます*7。

結論を先に言うならば、割り当てメカニズムの違いが収集されるデータの性質にも影響を与え、その結果として、A/Bテストはよい性質を示すのです。では、その割り当て方法の違いがなにを意味するのかを考えていきます。

2.4.2 施策効果のポテンシャルアウトカムフレームワークによる表現

今後のために、これまでの議論を数式で記述し直します。i さんに施策が行われた可能世界（$W_i=1$）と施策が行われなかった可能世界（$W_i=0$）におけるアウトカム Y のことを、次のように表記します。

*7 今回の例では、太郎くんの分析において施策割当のメカニズムは不明であったという事実も重要です。施策割当のメカニズムが既知である場合は、そのメカニズムの性質を利用することで、より性質のよい分析が可能になることも多いからです。5章で紹介するRDD（回帰不連続デザイン）は、そのような分析のよい例といえます。

- Y_i^1：施策が i さんに行われた可能世界における Y
- Y_i^0：施策が i さんに行われなかった可能世界における Y

すると前述の定義から、施策効果 τ は次のように書けます。

$$\tau = Y_i^1 - Y_i^0$$

しかし現実に観察できるのは Y_i^1 と Y_i^0 のどちらかであり、τ の値を観察することはできません。そこで、現実に観察できるアウトカムを Y_i と書きましょう。アウトカム Y_i は Y_i^1 と Y_i^0 のどちらかになるのでした。この事実は、割り当ての有無を表す変数 W_i を使うと、次のような数式で表現できます。

$$Y_i = W_i Y_i^1 + (1 - W_i) Y_i^0 \tag{2.5}$$

この式について、もう少しくわしく解説します。i さんに施策が行われた場合（$W_i=1$）には、式(2.5)は次のように変形されます。

$$\begin{aligned} Y_i &= 1 Y_i^1 + (1-1) Y_i^0 \\ &= Y_i^1 \end{aligned}$$

Y_i^1 とは施策が i さんに行われた場合における Y なので、まさに意図どおりの結果になっていることがわかります。同様に施策が行われなかった場合（$W_i=0$）には、次のような式に変形されます。

$$\begin{aligned} Y_i &= 0 Y_i^1 + (1-0) Y_i^0 \\ &= Y_i^0 \end{aligned}$$

このように、現実世界における Y は、Y_i^1 と Y_i^0 の可能世界における値を用いると、1 つの式で記述できます。繰り返しになりますが、ここで観察できるのは Y_i であり、Y_i^1 と Y_i^0 の両方を観察することはできません。

ここで、知りたいものを施策効果 τ の期待値（次ページの Tips 参照）としてみましょう。すると、次のように書けます。

$$\mathbb{E}[\tau] = \mathbb{E}[Y_i^1 - Y_i^0]$$

この $\mathbb{E}[\tau]$ の値は、**平均処置効果**（**ATE**：Average Treatment Effect）とよばれます。**この平均処置効果こそが、私たちの知りたかった施策効果の期待値にほかなりません**。しかし、私たちは施策効果やその期待値がどのような値なのか観察することはできず、推測することしかできないわけです。そのため、この平均処置効果をデータから推測することが施策効果分析の目標になります。

このような可能世界を用いた分析フレームワークは、**ポテンシャルアウトカムフレームワーク**とよばれています（図2.13）。

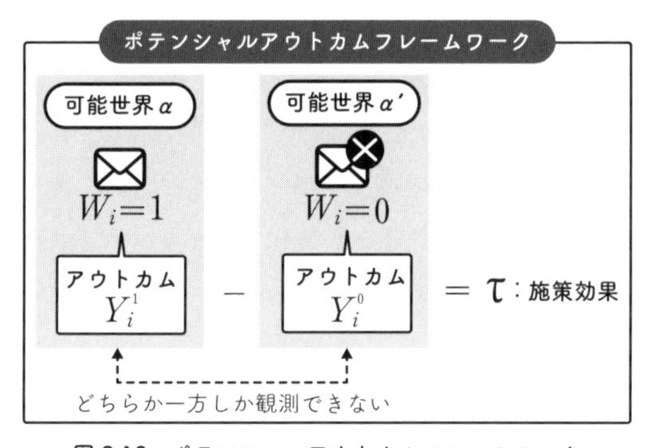

図2.13　ポテンシャルアウトカムフレームワーク

Tips　期待値とその推定

期待値とは、確率的な事象に対して定義されるもので、その事象が繰り返し行われる場合に平均的に得られる値を指します。たとえばサイコロを振ったときに出る値を x と書いたとき、その期待値 $\mathbb{E}[x]$ は3.5になります。

期待値を推測するときによく用いられるのが、いわゆる**平均**です。たとえば、サイコロを N 回振ったときに i 回目で出る値を x_i と書くとします。その平均は $\frac{1}{N}\sum x_i$ と書けます。そして N が大きければ、この平均は3.5に十分に近い値になることは想像がつくと思います。

本書でも、このあと確率的事象 x の期待値 $\mathbb{E}[x]$ の推定を、その事象 x が N 回行われた場合の平均 $\frac{1}{N}\Sigma x_i$ とする場面がしばしば登場します。

また、**条件つき期待値**も頻繁に登場します。条件つき期待値とは、ある条件が与えられたもとでの期待値を指します。たとえば、サイコロを振ったときに出る値が偶数であるとわかっているとき、出た目の条件つき期待値は $\mathbb{E}[x\,|\,偶数]$ のように、$|$ という記号の右側に条件を記すかたちで書きます。

Tips　2群の差の値と施策効果の関係

太郎くんの分析と A/B テストによる分析の違いを、ポテンシャルアウトカムフレームワークを用いて考えていきましょう（図 2.14）。

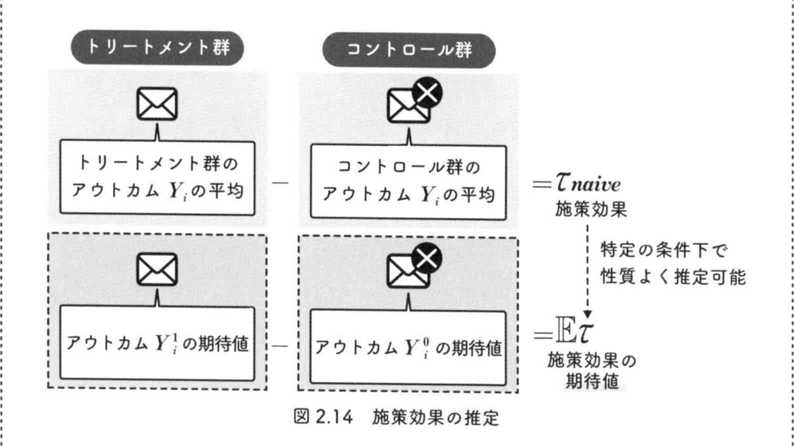

図 2.14　施策効果の推定

どちらの分析でも計算していたトリートメント群とコントロール群の平均値の差を、$\hat{\tau}_{naive}$ とよぶことにしましょう。この値は、以下のように書き直すことができます（N はサンプルの集合）。

$$
\begin{aligned}
\hat{\tau}_{naive} &= [\text{トリートメント群の } Y \text{ の平均}] - [\text{コントロール群の } Y \text{ の平均}] \\
&= \frac{1}{\sum_{i\in N} W_i}\sum_{i\in N} W_i Y_i - \frac{1}{\sum_{i\in N}(1-W_i)}\sum_{i\in N}(1-W_i)Y_i
\end{aligned}
$$

この $\hat{\tau}_{naive}$ は、いったいどんな値なのでしょうか？　平均は期待値の推定値であることを考えると、これは次のような τ_{naive} の期待値を計算していると考えられます。

$$\mathbb{E}[\tau_{naive}] := \mathbb{E}[Y_i^1 | W_i=1] - \mathbb{E}[Y_i^0 | W_i=0]$$

つまり、分析で計算していた２群の差 $\hat{\tau}_{naive}$ という値は、τ_{naive} という値の期待値を計算したものなのです。繰り返しになりますが、$\hat{\tau}_{naive}$ と τ_{naive} は似ているものの、違う概念だという点も重要です。

問題は「τ_{naive} が一体なんなのか」です。私たちが知りたいのは平均処置効果 $\mathbb{E}[\tau]$ ですから、$\mathbb{E}[\tau_{naive}]$ と $\mathbb{E}[\tau]$ の関係性を考えましょう。

$\mathbb{E}[\tau_{naive}]$ は、次のように変形できます。

$$\begin{aligned}
\mathbb{E}[\tau_{naive}] &= \mathbb{E}[Y_i^1 | W_i=1] - \mathbb{E}[Y_i^0 | W_i=0] \\
&= \mathbb{E}[Y_i^1 | W_i=1] \underbrace{- \mathbb{E}[Y_i^0 | W_i=1] + \mathbb{E}[Y_i^0 | W_i=1]}_{\text{同じものを引いて足しているのでここは0になる}} - \mathbb{E}[Y_i^0 | W_i=0] \\
&= \mathbb{E}[Y_i^1 - Y_i^0 | W_i=1] + \mathbb{E}[Y_i^0 | W_i=1] - \mathbb{E}[Y_i^0 | W_i=0]
\end{aligned}$$

もしここで、

$$\begin{aligned}
\mathbb{E}[Y_i^0 | W_i=1] &= \mathbb{E}[Y_i^0 | W_i=0] \\
\mathbb{E}[Y_i^1 - Y_i^0 | W_i=1] &= \mathbb{E}[Y_i^1 - Y_i^0 | W_i=0]
\end{aligned}$$

という仮定をおくことができれば、

$$\begin{aligned}
\mathbb{E}[\tau_{naive}] &= \mathbb{E}[Y_i^1 - Y_i^0] \\
&= \mathbb{E}[\tau]
\end{aligned}$$

となり、特定の条件のもとで $\mathbb{E}[\tau_{naive}]$ と $\mathbb{E}[\tau]$ が一致することがわかります。

導入が長くなりましたが、ポテンシャルアウトカムフレームのもとで 2 群の差を施策効果 τ[*8] とみなすためには、2 つの仮定が必要になります。この仮定の導出にあたっては式変形が続きますが、式変形にはあまり関心のない読者もいることでしょう。そのため、仮定の導出そのものはさきほどの Tips「2 群の差の値と施策効果の関係」に譲り、ここではいったん天下り式に仮定を紹介します。その 2 つの仮定とは、次のようなものです。

- **仮定 1：A 群と B 群で施策がなされなかったときの Y の値が等しい**

$$\mathbb{E}[Y_i^0 | W_i = 1] = \mathbb{E}[Y_i^0 | W_i = 0]$$

- **仮定 2：A 群と B 群で施策効果は等しい**

$$\mathbb{E}[Y_i^1 - Y_i^0 | W_i = 1] = \mathbb{E}[Y_i^1 - Y_i^0 | W_i = 0]$$

それでは、太郎くんの分析と A/B テストで収集したデータを用いた分析それぞれについて、2 つの仮定が満たされていそうか考えてみましょう。

結論からいえば、太郎くんの分析においては、これらの仮定が満たされる保証はありません。送信群と非送信群は恣意的に選ばれており、両群のあいだにある系統的な差がアウトカムに与えた影響を否定することができません。もしかすると男性にだけ送信したのかもしれませんし、その逆かもしれません。まったく別の基準によって分けたのかもしれません。そのような状況においては、仮に施策を行っていなかったとしても両群でアウトカムの値は大きく異なることになります。そうなっては、上述の仮定が成立するとみなせません。太郎くんの分析は、この 2 つの仮定を満たさなかったがゆえに失敗してしまったのです。

一方で、A/B テストにおいては、2 つの仮定はいずれも満たされそうです。A 群と B 群はランダムに分けているので、A 群と B 群のあいだでなにか系統的な差がないからです。実際に観測されるデータにおいては少しぐらいは差があるかもしれませんが、それは“たまたま”の範疇であるはずです。ランダム

[*8] 正確には τ の期待値。

に分けて施策を行うことにより2つの仮定を満たすことができるからこそ、A/Bテストによる分析は施策効果を正しく導きだすことができるのです。

A/Bテストは「2群の差を比べる」というシンプルな発想に基づいています。しかし、その一方で非常に強力な手法であり、アカデミックな領域ではRCTという名前で標準的な手法になっています。正しい施策効果を導けることから、意思決定のためのツールとして、非常に幅広い領域で活用されています。

2.5 A/Bテストのデザイン

- A/Bテストを用いた施策効果の分析は、A/Bテスト全体のデザインを考える必要がある。
- A/Bテストのデザインは「設計」「データ収集」「分析・評価」という3つの要素を含む。
- 設計時には、施策内容やメトリクス、割当方法、サンプルサイズ、分析方法などを施策実施前に定める。
- 分析・評価時には、事前に定めた分析方法に基づいて施策効果分析を行う。その方法として回帰分析などがある。

太郎くんが使った分析方法は、ランダムな割り当てを用いて分析するときにうまくいく方法でした。そして、その「ランダムな割り当て」が存在するデータを収集する手続きが、まさにA/Bテストとよばれるものです。

では、A/Bテストはどのように行えばよいのでしょうか？　本節では、A/Bテスト実施する際のステップと注意点について議論します。

A/Bテストを実行するとき、基本的には次のような3つのステップを踏みます（図2.15）。この3つを定めることを、この本では**A/Bテストのデザイン**とよびます。

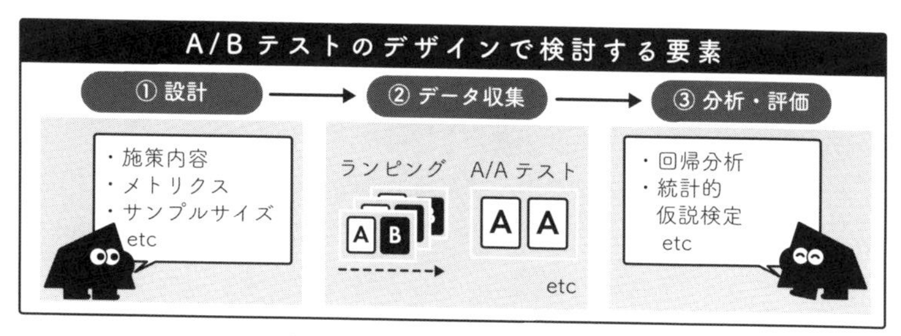

図 2.15 A/B テストの設計と分析

① **設計：トリートメント群とコントロール群に行う施策を定める。**
例：トリートメント群には「クーポンを配布する」という施策を行い、コントロール群には「なにもしない」という施策を行う。

② **データ収集：トリートメント群とコントロール群に定めた施策を実施しデータを収集する。**
例：トリートメント群に対して実際にクーポンを配布する。

③ **分析・評価：トリートメント群とコントロール群のアウトカムを分析する。**
例：トリートメント群とコントロール群それぞれの来店率の平均を算出し比較を行う。

こう書くと、あまりに当たり前で、難しいことなどないように思えます。明示的に A/B テストと銘打たなくとも、同様の分析を行っている組織も数多くあるでしょう。しかし、実行において押さえるべきポイントが数多くあります。たとえば「分析」や「評価」は、具体的にはどのように行えばよいのでしょうか？　ここからは、A/B テストのデザインで考えるべき要素について簡単にまとめていきます。*9

*9 この本では簡単な紹介に留めるので、詳細を知りたい方は、R. Kohavi らの書籍〔1〕などを参照してください。〔1〕は A/B テストについて議論する本のなかでは圧倒的に評価の高い1冊です。この本の著者たちは、KDD などのデータサイエンスの学会でも A/B テストのチュートリアルを行っています。

2.5.1 A/B テストの設計

最初に A/B テストの設計から始めましょう。ここで強調しておきますが、**A/B テストは設計を考えることが一番重要であり、難しいポイントです。**

A/B テストの設計で決めるべきことは多数あります。施策内容を決めないといけませんし、どの程度の規模のテストにするかも考えなくてはなりません。当たり前のようではありますが、これらの設計から A/B テストは始まります*10。A/B テストは施策効果を分析するための手法として認識されていますが、それは A/B テストの一部の側面に過ぎません。実際には、設計段階から取り組むべきフレームワークとして理解することが重要です。

設計にあたって、少なくとも次の項目について考えておく必要があります。

① **施策内容**
② **メトリクス**
③ **割当対象、割当方法、割当比率**
④ **サンプルサイズ**
⑤ **SUTVA に反してないか**

これらの項目について、細かく見ていきましょう。

① 施策内容の設計

最初に、施策内容を考える必要があります。A/B テストでは、対象者を2つの群に分けるわけですが、それぞれの群に対してどのような施策を行うか十分に検討し決める必要があります。本章の例では、トリートメント群には「販促 SMS を送信する」という施策を行い、コントロール群には「なにもしない」という施策を行うことになります。

このとき、各群にどのような施策を行うかについての詳細な検討をしないまま、とりあえず A/B テストを始めてしまうことは、典型的な非推奨例です。

---

*10 A/B テストを高度に用いているテックカンパニーなどでは、A/B テストを行う際にその設計をドキュメントとしてまとめた A/B テストデザインドックを書くことを奨励しているケースも多いです。メルカリの資料［3］などは、よい例になるかもしれません。

施策内容を考慮せずに A/B テストを始めることなどないと思いがちですが、実務では、コントロール群に対してどのような施策を実施しているかよく考えないまま A/B テストを始めてしまうことが、意外にもよくある話です。

たとえば、本章の例のように SMS 送信というマーケティング施策の効果検証のときは、次のような施策の実施状況を考えています。

・トリートメント群：SMS 送信
・コントロール群：なにもしない

つまり、ここで施策効果として想定しているのは、「マーケティング施策をなにも行っていないユーザーに対して SMS を送ったら、どのような反応があるか？」というものです。

しかし多くの組織では、同時進行でさまざまなマーケティング施策が実施されています。たとえば、別のチームがチラシの DM 送付という施策を行っていたとしましょう。この施策は A/B テストとは関係ないため、すべてのユーザーに対して平等に送付されていたとします。そうなると、トリートメント群とコントロール群に対する施策の実施状況は、以下のように変化してしまいます。

・トリートメント群：チラシの DM 送付 ＋ SMS 送信
・コントロール群：チラシの DM 送付

トリートメント群とコントロール群の差は確かに SMS 送信の有無になりますが、それは全ユーザーにチラシが配られているという条件のうえでの話です。すなわち、ここで施策効果として想定されるのは「すでにチラシという媒体によってマーケティング施策を受けているユーザーに、追加的に SMS を送ったらどのような反応があるか？」というものです。

この施策効果は、もともと想定していた施策効果とは違うものです。分析できる効果として本来期待していたのは「なにもしていないユーザーに情報を与えることの効果」でした。しかしこの場合、実際に分析できる効果は「すでに情報を得ているユーザーに追加的に情報を与えることの効果」になります。

実務者がこの違いに気づいて A/B テストを行っていれば問題ありませんが、気づかないまま A/B テストを始めてしまうケースも多いのです。とくに他チームの施策に関しては、その傾向がさらに強くなります。

このように、熟慮なき施策設計は、本来得たい施策効果とは異なる効果を推定してしまうのです。そのことを確認するために、いま一度、平均処置効果 $\mathbb{E}[\tau]$ の式を見てみます。

$$\mathbb{E}[\tau] = \mathbb{E}[Y_i^1 - Y_i^0]$$

見てわかるとおり、平均処置効果 $\mathbb{E}[\tau]$ は施策効果そのものではなく、「施策が割り当てられた世界」と「施策が割り当てられなかった世界」の２つのアウトカムの差です。私たちは施策効果そのものを知ることはできず、２つの世界の差としてのみ分析をすることができるのです。

一方で、実務においては多くの施策が同時に進められるため、制御が難しいのも事実です。「A/B テストを行いたいから、コントロール群のユーザーにはなにもしない」とするのは、ビジネス機会の逸失にほかならない状況も多いでしょう。そういった意味では、結局のところバランスが重要だと考えます。得られるであろう施策効果が実務上許容できるものかどうかを熟考し、あまりにも許容できそうになければ、そのときはアクションをとればよいのです。

以上のように、A/B テストを始める際に「この A/B テストで得られる施策効果はなんの差か？」という視点をもつことは、施策内容を設計する際には非常に重要になってきます。

Tips　広告効果のA/Bテスト

少々マニアックですが、広告の効果を調べる A/B テストでは、本項の内容がそのまま当てはまることがあります。広告効果を調べる A/B テストをする際には、ユーザーを、「広告を出す」トリートメント群と「広告を出さない」コントロール群に割り当てて分析を行います。

しかし、コントロール群にいるユーザーであっても、別の広告配信事業会社によって同じような広告を配信されてしまうことがあります。そうなると、トリートメント群とコントロール群の両方のユーザーに広告が表示されることになります。こうなってしまうと、A/B テストによる２群の差はなんなのか曖昧になってしまい、A/B テストをしても分析によって得られた値はなにを意味する値なのかがわからなくなってしまうのです。この課題を乗り越えることは難しく、なんとかしてコントロール群には広告配信がされないように苦心を重ねることになります。

② メトリクス（計測・分析対象となるアウトカム）

次に、A/B テストで用いるメトリクスについて考える必要があります。A/B テストにおいて、**メトリクス**もしくは**指標**とは、A/B テストを行って計測・分析するアウトカムのことを指します。A/B テストは施策を実施しておしまいではなく、なにかしらの指標に対して分析を行います。たとえば本章では、来店を対象に分析を行いました。

ただし、分析対象となりうる指標は多く考えられます。来店率のようにKPI になっている指標もあるでしょうし、なかには変化がないことを期待するような指標もあるかもしれません。R. Kohavi らの書籍［1］では、A/B テストが目的にするメトリクスをいくつかの種類に分類しています。ここでは重要なものを取り上げましょう。

A/B テストを通じて改善したいアウトカム／指標のことを、**ゴールメトリクス**とよびます。本章の例でいえば来店です。多くの場合、これは意思決定そのものと直結しますが、機械学習モデルの精度のように必ずしも意思決定そのものとは関係ない場合もあるでしょう。「ゴールメトリクスの改善が意思決定の改善に結びついているか否か」という問いは別に考える必要があり、本書の範疇を超えてしまいます*11。いずれにせよ、このゴールメトリクスは慎重に選ぶ必要があります。

A/B テストが適切に実行されているか監視するための指標のことを、**ガードレールメトリクス**といいます。たとえば、トリートメント群とコントロール群にランダムとはいえないなにかしらの偏りがあれば、その A/B テストは失敗しているかもしれません。その懸念を払拭するために、トリートメント群とコントロール群に割り当てられたそれぞれの人数をチェックすることは、ガー

*11　齋藤優太らの書籍「施策デザインのための機械学習入門」［4］などを参照してください。

ドレールメトリクスの監視にほかなりません。

例として、ウェブアプリにある機能を追加するA/Bテストを考えてみましょう。機能追加によってウェブアプリのユーザー体験がいちじるしく損なわれていれば、仮にゴールメトリクスが改善されたとしても、機能を追加するという意思決定はなされるべきではないでしょう。そういったときには、機能追加による読み込みの遅延による体験の既存を考慮するために、レイテンシ*12などがガードレールメトリクスになります。このように、A/Bテストを用いた意思決定が思わぬ損害や影響を招かないかどうかチェックするために、ガードレールメトリクスを設定し分析する必要があります。

メトリクスは、単位も重要な設計要素です。たとえば、仮にゴールメトリクスを平均購買率（店舗ごとの購入者数÷来店客数の平均）に設定したとしましょう。このメトリクスにおける単位は店舗になります。一方、ランダム割り当ての単位は顧客であるとしましょう。このような場合、分析方法に対して十分な注意を払わなければいけません。この点については、3章でくわしく説明します。

③ 割り当て

割り当ても重要な検討要素です。A/Bテストにおける割り当てには「ランダムに2群に分けなさい」という明快なプロトコル*13がありますが、「ランダムな割り当てをどのように行うべきか」という問いへの回答は、案外明快ではありません。

まず、頻繁に問題になるのは**割当単位**です。割当単位とは、対象者を2つの群（A群とB群）に分ける際に用いられる基本単位のことです。ウェブサービスにおけるA/Bテストの場合は、リクエストやセッション、ユーザーなどが割当単位の候補になるでしょう。また、割当単位が個人を超えて、店舗などの組織単位や都道府県といった地域単位になることもありえます。

*12 データを転送するときに発生する待機時間のこと。データ転送の要求があってから実際に処理が始まるまでの時間を指します。データ転送における代表的な指標の1つです。

*13 手順や規約などを意味する言葉。この場合、A/Bテストを行うために事前に定められた手続きのことを指します。

割当単位をどう設定するかという問題は見過ごされやすいのですが、適切な設定が行われなければ、A/B テストがほとんど機能しなくなる重要な要素です。この点は、3.2.1 項および 3.3.1 項でもくわしく解説していますが、実務者はよく把握しておくべきです。

さらに、割当メカニズムにもいくつかの選択肢があります。ここまで、コイントスを一つひとつ投げるかのように、サンプルごとにランダムに割り当てを行うことを暗黙に前提にしてきました。しかし、トリートメント群に選ぶサンプル数をランダムに半分選び、残り半分をコントロール群に割り当てるという割当メカニズムも考えることができます*14。

A/B テストについて解説する多くのテキストで支持されている「サンプルごとにトリートメント群かコントロール群かをランダムに選択しましょう」というプロトコルでは、この抽出方法は「誤った」ランダム割当と解釈されそうです。しかし、このような割当方法も妥当な実験デザインの 1 つです。A/B テストにとって重要なのは「ランダムな割り当てが行われた」という部分であり、「どのようにランダムなのか？」という割り当てメカニズムに関しては、さまざまな選択肢が存在しているのです。

割当比率も検討要素です。一般的に、割当比率として 50%：50% の比率が想定されます。しかし一方で、割当比率は、実際のサービスやビジネスのなかで施策を試す範囲をも定めてしまいます。よって、その施策を広い範囲で適用するリスクなどについても考慮して、割当比率を定める必要があります。

強調しておかなければならないのは、どのような割り当てを行うべきかという問題は、それだけを取り出して議論することは難しいという点です。実験の目的や制約に応じて割当方法は柔軟に変更されるべきですが、それは A/B テストの分析方法とセットに考えないといけません。分析方法に応じて妥当な割当方法も変わってしまうのです。この論点の一部については、3.3 節でくわしく紹介します。

以下では、一例として、ランダム割当を Python で実装してみましょう。ここでは、対象となるサンプル（ユーザーを想定）を、70% の確率でトリートメント群、30% の確率でコントロール群に割り振っていきます。サンプルはユーザーを想定しています。

---

*14 **完全無作為化**とよばれる割当デザインであり、このような割り当てを用いる場合も、分析方法を工夫することでより効率的な分析が可能になります。

まず、数値計算のためのライブラリであるNumPyのchoice関数を使って割り当てを行う方法を見ていきます。

プログラム 2.2　NumPyのchoice関数を使ったランダム割当

```
import numpy as np


rng = np.random.default_rng(seed=0)
is_treatment = rng.choice([0, 1], p=[0.3, 0.7])
```

最初に、import numpy as npでNumPyをインポートし、npという名前で参照できるようにしています。

```
rng = np.random.default_rng(seed=0)
```

NumPyのdefault_rng関数を使って、新しい乱数生成器を作成し、rngという変数に代入しています。割り当てはランダムに行う必要があるのですが、割り当てのたびにサイコロを振るわけにもいきません。そのため、実務では、擬似的に乱数を生成するようなアルゴリズム（**乱数生成器**）を頻繁に利用します。ここでは、その乱数生成器を呼び出しています。

```
is_treatment = rng.choice([0, 1], p=[0.3, 0.7])
```

ここで、実際にランダムな選択をしています。作成した乱数生成器rngのchoiceメソッドは、複数の値からなるリストのなかから1つの値を選択します。そのリストとして、ここでは[0, 1]として「0か1のリスト」を渡しているため、0か1から選ばれるのです。さらにその選択はp=[0.3, 0.7]で表された確率に従って行われます。つまり、0が選ばれる確率は30%（0.3）、1が選ばれる確率は70%（0.7）です。そして選ばれた値をis_treatment

という変数に代入しています。そのため、is_treatment には 0 か 1 の値が入ります。

Tips　ハッシュ化を通じたランダム割当

実務においては、ユーザー ID などのハッシュ化を通じたランダム割当もよく用いられます。**ハッシュ化**とは、文字列やバイナリデータなどを、固定長のハッシュ値に変換するプロセスのことを指します。

よく用いられるハッシュ関数では（ほとんど）ランダムな値を得られることから、A/B テストの割当プロセスにおいてもハッシュ化を用いることができるのです。また、計算速度の速さや、同じ入力データに対しては常に同じハッシュ値が生成されるという一貫性の性質から、ウェブアプリなど大規模なサンプルを対象にした A/B テストでよく用いられます。

ここでは、ハッシュ化によるランダム割当の実装を見ていきましょう。

プログラム 2.3　ハッシュ化を通じたランダム割当

```
import hashlib

uid = "hogehoge"
hash_value = int(
    hashlib.sha256(f"salt0_{uid}".encode()).hexdigest
(), 16
)
if (hash_value % 10) < 3:
    is_treatment = 1
else:
    is_treatment = 0
```

最初に、import hashlib で hashlib ライブラリをインポートしています。hashlib はハッシュ化のためのライブラリです。

```
uid = "hogehoge"
```

文字列 hogehoge を uid という変数に代入しています。ここでの uid は、ユーザー ID などの固有の識別子をイメージしています。もし、割当単位がセッションならばセッション ID になりますし、割当単位が店舗ならば店舗名や店舗 ID になるでしょう。

```
hash_value = int(
    hashlib.sha256(f"salt0_{uid}".encode()).hexdigest
(), 16
)
if (hash_value % 10) < 3:
    is_treatment = 1
else:
    is_treatment = 0
```

こちらは少し複雑なので、順を追って説明します。

・f"salt0_{uid}"：
文字列 salt0_ と uid を連結しています。ハッシュ化に用いる入力はユーザー ID ですが、このまま利用すると異なるテストでも同じ割り当てを実現してしまいます。そのような事態を避けるために、テストの固有識別子を表す文字列などを連結することによって、テスト間でもハッシュ化の際の入力が一意になるようにします。この文字列を**ソルト**とよび[*15]、ここでは salto0_ という文字列が相当します。

・encode()：
上のステップで得られた文字列をバイト列に変換しています。これは、ハッシュ関数がバイト列を入力として受け取るためです。

*15 ハッシュについての議論は暗号の分野で頻繁に議論されており、そこでのソルトとは微妙に意味合いが異なっていることに注意が必要です。

・`hashlib.sha256(...).hexdigest()`：
SHA-256 ハッシュ関数を適用し、ハッシュ値を 16 進数表記の文字列として取得しています。さらにその文字列を `int(..., 16)` で 16 進数表記の文字列を整数に変換しています。

・`% 10`：
得られた整数を 10 で割った余りを計算しています。その後の `1 if ... <3 else 0` で得られた余りが 3 未満ならば 1、3 以上ならば 0 を得ます。ランダムな得られた整数を 10 で割った余りが 3 より小さい確率は 30% ですから、期待された結果を得ることができます。

④ サンプルサイズ（収集するデータの数）

A/B テストにおいて集まったデータの数を、**サンプルサイズ**といいます。A/B テストの設計において、サンプルサイズが非常に重要であることに違和感がある人は少ないでしょう。たとえば、ほんの数人のユーザーから得たデータがあったとき、そのデータから得られた分析結果は信頼できないはずです。十分に信頼のおける分析をするためには、十分なサンプルサイズを確保する必要があります。つまり設計のためには、実験で必要になる十分なサンプルサイズを「**事前に**」計算しておき、そのサンプルサイズを確保できるように実験のスケジューリングを行う必要があります。

このとき、そのスケジューリングは「事前に」定めておく必要があるという点が重要です。頻繁に見られる例として「意味がありそうな結果が出るまでテストを継続し、よさそうな結果が出たタイミングで逐次 A/B テストを停止する」といった A/B テストの実行方法がありますが（取り急ぎ、**A/B テストの逐次停止**とよびます）、このような手続きは推奨されるものではありません[*16]。

[*16] もちろん、「A/B テストをよいタイミングで停止したい」というモチベーションは重要であり、そのような学術的な研究は蓄積されつつあります。ただし、まだそれを実務家が応用することにはハードルがあり、本書では非推奨としました。

多くの人は「正確な結果が得られないのはサンプルサイズが少ないからだ」という理解をしているため、ある程度のサンプルサイズとともによい結果が得られれば、これ幸いとA/Bテストの逐次停止をしてしまいます。しかし、幾度となく分析を行うなかでは、分析結果は多少なりともランダムに変化していきます。そのなかで「たまたま実務者にとって都合のよい結果が出ただけ」なときに、テストを止めてしまうことになるかもしれません。

すなわち、あるA/Bテストでその分析を複数回行うことそのものが推奨されません。逐次停止を行わず、事前に定めたスケジューリングどおりにA/Bテストを停止することが求められます。そのためにも、必要になるサンプルサイズを見積もっておき、そのサンプルサイズが収集可能になるように事前にスケジューリングする必要があるのです。

ただし、設計段階でのサンプルサイズ計算には、一定の能力が必要になります。A/Bテストで用いる分析方法に対する統計学的な理解や、施策に対して期待される効果量の事前の見積もりなど、必要とされる知識の範囲も広くなってしまいます。そのため、本書ではサンプルサイズ計算についてこれ以上の解説はしません。関心がある方には、和書のなかでは、永田靖の書籍［5］などがおすすめです。ある程度統計学を学んでいる方であれば読みやすいため、この分野では定評のある書籍です。もしくは、PythonやRなどで提供されている統計ソフトウェアや、オンライン上で利用可能なサンプルサイズ計算ツールを使うのもよいでしょう。

Tips 「サンプルサイズは大きすぎてもよくない」？

ときおり、「サンプルサイズが大きすぎるのもよくない」という意見を耳にすることがあります。この主張の根拠は、「サンプルサイズが大きいと、非常に微量な施策効果でさえも効果があると判断されてしまうため」とされているようです。

この主張は、「施策効果があるかないか」という二者択一的な話と、「施策効果がどの程度あったのか」という効果の大きさに関する議論が混ざってしまっているように感じます。たとえ微量であったとしても、なんらかの施策効果が存在するのであれば、大きなサンプルサイズを用いた分析でその効果を検出できるでしょう。一方で、微量な効果があったとしても実務上有意義でないと判断される場合は、得られた効果の推定値をもとに、

「その推定値が実務的に有意義かどうか」を議論するべきです。

基本的には、より多くの情報から判断できるようになるという意味で、分析上はサンプルサイズが大きいほうが望ましいです。単純に「効果があるかないか」という判断ではなく、「施策実施コストと比べてどの程度効果があったのか」「どのようなサンプルに対して効果が大きかったのか」といった情報を豊富に得られるようにして、意思決定の材料を増やしていくことを考慮すると、むしろ「サンプルサイズはいくら大きすぎても足りない」とすらいえるかもしれません。

⑤ SUTVA に反していないか

A/B テストにおける重要な論点として、**SUTVA**（Stable Unit Treatment Value Assumption）とよばれる仮定の成立可否があります。A/B テストの設計時には、実行予定のデザインがSUTVA の仮定を満たしているかどうかを検討しチェックしないといけません。

SUTVA の仮定は、次の２つの要素から成り立ちます。

仮定① トリートメント群とコントロール群のサンプル間で干渉が存在しない。

仮定② 効果の異なる複数の施策が実施されていない。

最初の仮定は、トリートメント群とコントロール群のあいだの無干渉性についてです。これは、トリートメント群に割り当てられ施策の対象となったサンプルが、コントロール群に割り当てられたサンプルに影響を与えることはないという仮定です。A/B テストとは、A 群と B 群の差がアウトカムに与える影響を調べるものですから、干渉が存在する場合には差を適切に評価できなくなってしまいます。

わかりやすい例は、SNS を用いた施策についての効果検証です。ある新製品の販売促進のための SNS 広告キャンペーンの効果を、A/B テストを用いて分析をすることを考えます。ここでユーザーを、広告を配信するトリートメント群と配信しないコントロール群に分けたとしましょう。しかし、ソーシャルメディアの性質上、広告を見た人たちがその情報をシェアしたり、口コミで話題にしたりすることで、広告を直接見ていないコントロール群の人たちにも製品の情報が伝わる可能性があります。この場合、トリートメント群の人たちが広告を見ることで、コントロール群の人たちにも影響が及んでしまっています。このような状況が発生するとき、SUTVA の仮定には反していると考えられます。

2つめの仮定は、トリートメント群に割り当てられたサンプルに対する施策が1つに同定されることを要求する仮定です。G. W. Imbens らによる因果推論の書籍［6］では、投薬施策の効果を分析するケースが例に挙げられています。トリートメント群では当然投薬がなされるわけですが、そのなかに製造年月が新しく高い効果が期待される薬と、製造年月が古く効果が低くなってしまうことが期待される薬が混ざっているとします。このような施策の違いがトリートメントのなかにあるときに、投薬という施策効果を推定しようとすると、新しい薬による効果と古い薬による効果が混ざってしまいます。施策効果を推定したいときには、「施策として具体的にどのようなアクションをするのか」をよく考えないといけないのです。

さて、SUTVA の成立はどのように判断すべきでしょうか？　残念ながら、得られたデータだけからは必ずしも判断できません。先述の SNS の例でいえば、トリートメント群のサンプルがコントロール群に広告を共有しているログがある場合、それを「SUTVA に反している」と指摘できます。しかし、日常の会話で広告が共有されていた場合、A/B テストの実施者にはその事実を知る方法がありません。

ここで望ましいのは、「サンプル間の干渉」など SUTVA に関する情報がどこかに存在することですが、多くの場合、分析可能なログデータには含まれていないと考えられます。そのため、実務知識を用いながら、分析者は SUTVA の成立是非を入念に検討しないといけません。

また、細かく厳密に考えたときに、SUTVA の仮定が成立しないケースも多々あります。ただし、重要なのはその仮定の不成立が A/B テストにどれほど影響を与えるかです。ほとんど起こり得ない事象を考慮して A/B テストが実行できなくなるのは、本末転倒でしかありません。SUTVA の仮定が成立しない場合でも、その影響度を慎重に検討する必要があります。設計する人は業務知識をもとに SUTVA の仮定の成立可能性を見積もり、「SUTVA の仮定が満たされそうか」を適切に判断する必要があるといえるでしょう。

A/B テストの設計と責任

ここまで、A/B テストの設計の重要性について各論的に書いてきました。あらためて強調したいのは、設計という工程の重要性です。施策内容やメトリクスを適切に設計できなければ、なにを計測しているのかわかりません。割り当ての設計や SUTVA 仮定の妥当性の判断を間違えれば、誤った分析を量産する可能性があります。サンプルサイズの設計を誤れば、「もう少しサンプルサイズがあればわかったこともあるかもしれない」という、なにも言っていないに等しいレポートをすることになるかもしれません。A/B テストを用いて正しく施策効果を分析できるかは、その設計をどれほど適切にできるかに大きく依存するといえるでしょう。

ただし、設計の重要性を考えるときには、データ分析実務者の組織における立場も考えるべきかもしれません。もしデータ分析実務者が A/B テストの設計にまで口出しができる立場であるならば、話は簡単です。責任をもって A/B テストを設計して分析を行えばよいわけです。必要なのは A/B テストの分析やその結果だけでなく、設計にまで責任をもつことです。

一方で、A/B テストの設計にまでは口出しができず、どこか別の工程で収集された A/B テストのデータを分析することのみが可能なポジションの人もいるでしょう。その立場であれば、A/B テストを設計する立場の人に対して適切なフィードバックを返すことで設計の改善を狙っていくことになります。

このような話をするのは、**データ分析組織の各担当者がどういう責務を負っているか自覚的であるべきだ**と考えるからです。データ分析組織で重要なポジションにいる人は、ビジネス上の意思決定に責任をもつことが多いでしょうから、当然その意思決定の効果を計測するための A/B テストの設計に対しても責任が発生します。しかし、A/B テストの設計を個別具体的な方法論と取り違えると、設計そのものはジュニアの分析者に任せてしまったりします。任された分析実務者は、これまで行われた A/B テストと設計を大きく変える必要があったとしてもその権限や勇気をもたず、結果として「微妙」な A/B テストが誕生してしまいます。繰り返しになってしまい恐縮ですが、A/B テストの設計は A/B テストそのものの是非を左右し、それを通してビジネスの意思決定の質をも決定する重要な問題であるため、関係者全員がその改善に取り組む必要があるといえるでしょう。

2.5.2 データ収集

設計が終わったら、設計どおりに施策を実施しデータを収集します。

この工程は施策内容によってやるべきことが個別に異なり、一般化が難しいため、本書ではくわしく触れません。しかし、この工程に関しても、掘り下げていくとさまざまな議論が存在します（図 2.16）。たとえば、「安全に実施するためにはどうしたらよいのか」「効率よく実施するためにはどうしたらよいのか」などが代表的なトピックです。そういったトピックのうちの 1 つに、**ランピング**があります。

商品に対する A/B テストの実施は、常に一定のリスクを伴います。実施する施策のパフォーマンスがいちじるしく悪い可能性がありますし、そもそも A/B テストを正しく実行できないかもしれません。ランピングは、こういったリスクを勘案して、A/B テストを段階的に展開していくプロセスです。ランピングでは、最初はトリートメント群への割当比率を 1% などの少なめの値にして A/B テストをスタートさせ、テストの安全性やリスクの確認をしたあとに、割当比率を 10% や 50% と徐々に上げていくわけです。ランピングプロセスの詳細は、[1] などを読んでみるとよいでしょう。

また、このとき、3 章で紹介する **A/A テスト**も行うべきでしょう。A/A テストを行うことで、A/B テストの設計や実装に問題がないかを確認できます。A/A テストは、いわばソフトウェア開発におけるテストの工程を担うものなのです。A/B テストの信頼性を担保するためには A/A テストを行う必要があり、継続的に行うことで、質の高い A/B テストおよび意思決定のフローを構築することができるのです。

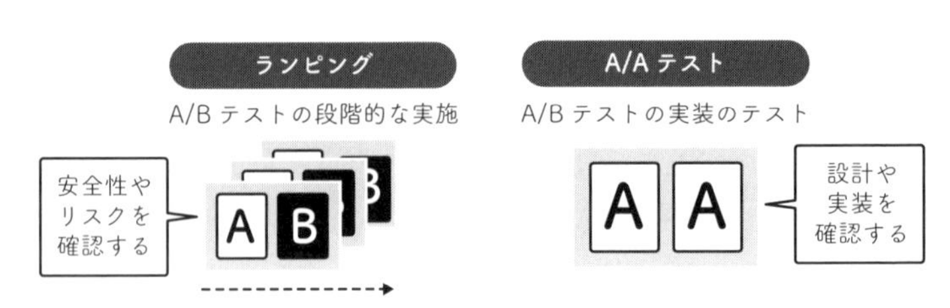

図 2.16　データ収集段階で注意すべきこと

2.5.3　収集したデータの分析と評価

 point

- A/B テストを通じて得られた施策効果の推定値には「偶然の産物かもしれない」という不確実性が存在する。
- 不確実性を評価するための手続きとして**統計的仮説検定**が存在する。
- **回帰分析**を用いた施策効果の推定では、係数として得られる施策効果の推定値について統計的仮説検定を行う。
- 統計的仮説検定においては、得られた施策効果の推定値が**統計的に有意**かどうかを通じて不確実性の評価を行う。

SMS による販促メッセージ送信③　その分析結果はどれくらい信頼できるのか？

太郎くんは、周りからの提案も受けて、A/B テストを行いデータを収集しました。その結果を図 2.17 のグラフにまとめました。

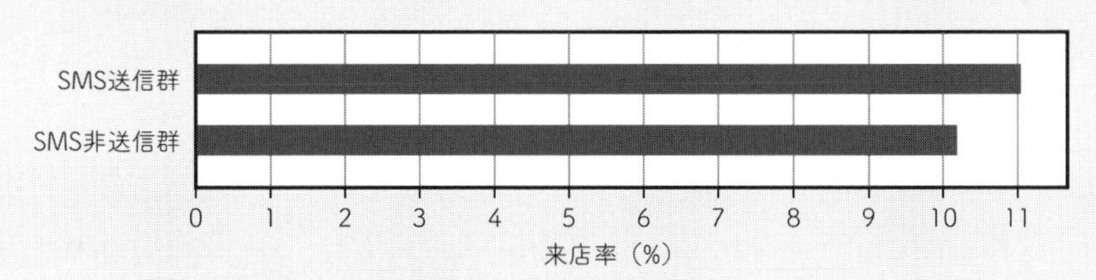

図 2.17　SMS 送信による来訪率の差（A/B テスト時）

グラフからわかるとおり、SMS を送ったほうが 1% 弱ほど店舗来店率が高いことがわかります。A/B テストで得られたデータですから、この結果は確からしいでしょう。会議では SMS によるマーケティング施策の具体的な内容が詰められようとしていました。

しかし、そのときクライアントの 1 人が次のように発言します。

「この結果って、どれくらい信頼できるんでしょう？」

考えてみると、この1%という値はどれほど信頼できるのかよくわかりませんでした。たまたま得られた施策効果が上振れしてしまったということはないでしょうか？

太郎くんは、また悩むことになります。

A/Bテストを実行したら、いよいよその結果を分析してみましょう。2.4節では、2群についてそれぞれの平均値を計算し、その差をもって施策効果としました。そして、2.4節に記述したとおり、一定の条件を満たしていれば、群間の平均の差を施策効果の推定値としてみなしてもよいのでした。A/Bテストはその条件を満たしているので、やはり群間の平均の差を算出することをもって、A/Bテストの分析としてよさそうです。

しかし、問題があるケースもあります。たとえば次のようなケースを考えてみましょう。

施策を実施して「トリートメント群の来訪率は10.01%であり、コントロール群の来訪率が10.00%であった」という結果が得られたとします。群の差は0.01%であり、トリートメント群のほうが来訪率が高いようです。しかし、このとき施策に効果があったといえるのでしょうか。

もしサンプルサイズが1億など非常に巨大であれば、そう判断しても問題ないかもしれません。しかし、サンプルサイズが10000程度の場合はどうでしょうか？　得られた0.01%という差も「たまたま偶然得られたかもしれない」と疑念をもつのではないでしょうか。

このように、分析においてはデータの不確実性をも考慮したほうがよいでしょう。2群の差が偶然の産物なのか、それとも確かな結果なのかを合わせて、A/Bテストを評価する必要があるのです。もし得られた結果が「偶然の産物かもしれない」となれば、その結果に基づいて意思決定するのは早計となるでしょう。

このような不確実性を考慮する方法として、**統計的仮説検定**が頻繁に用いられます。統計的仮説検定とは、なんらかの仮説を構築し、その確からしさをデータから算出し判断を行うというフレームワークです。施策評価においては、「施策に効果がなかった（$\tau=0$）」という仮説を構築し分析をすることが多いです。概略だけ話してもどのような手続きか想像がつきづらいでしょうから、もう少し概念的な説明をしたあとに、実例を見ていきましょう。

統計的仮説検定は1つのフレームワークであり、その実行手続きはさまざまに考えられます。たとえば、来訪率のように「来訪するか否か」という1か0をとる値を分析するときと、購買額のように連続値をとる値を分析するときで、同様の分析手続きをとれるとはかぎりません。これは自然なことです。しかし、状況に応じて手続きを使い分けることは、学習コストなども含めてなかなか高いハードルであることも真実の一面でしょう。

そこで本章では、**回帰分析**を用いることにします。回帰分析とは、ある変数と別の変数がどのような関係にあるかを分析する手法です。たとえば、売上高と広告費用の関係性、気温と水産物の漁獲量の関係性、政府支出と経済成長の関係性など、さまざまな関係性を調べるときに用いられます。この回帰分析を使って、施策とアウトカムの関係性を調べ、そのなかで統計的仮説検定を応用します。

もう少し具体的に述べると、回帰分析では変数間の関係を数式で表します。みなさんも、一度は図2.18のようなグラフを見たことがあるのではないでしょうか？　この図では、XとYからなる各々の点にあてはまるような1つの直線を描いています。この直線はXとYのあいだの関係を描写しています。

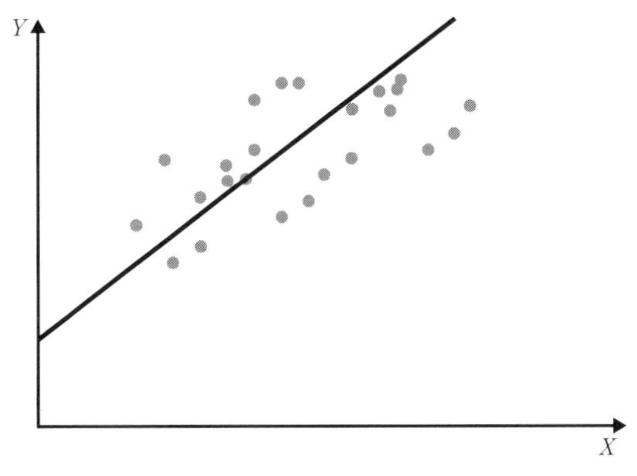

図 2.18　回帰分析のイメージ

このグラフは、Xの値が増えるほどYの値も増えているように見えます。つまり、Yの値はXの値を用いて説明できそうです。回帰分析とは、このような「アウトカムYをほかの値Xで説明するような分析」です。このとき、Yは**被説明変数**とよばれ、Xは**説明変数**とよばれます。この説明変数が1つのときは**単回帰分析**といい、複数あるときは**重回帰分析**といいます。

回帰分析は、次のような数式にて記述されます。単回帰分析の場合、この数式を**回帰式**とよびます。

$$Y_i = \beta_0 + \beta_1 X_i + \epsilon_i$$

添字iのついたY_iはサンプルiのYの値を意味します。X_iも同様です。また、β_0、β_1、ϵは初出の記号です。β_0、β_1は**係数**とよばれる値です。学校の数学の授業で$y=2+3x$のような方程式を書いて、この2や3という値を係数とよんでいたことを覚えている方も多いでしょう。β_0とβ_1はその2とか3といった値を一般化した表記です。得られたデータに係数の値は含まれないので、この値はデータから算出される値です。ϵ_iはどうにもこうにもあてはまらない誤差の部分を表し、一般に**誤差項**とよびます。回帰分析では、このβ_0やβ_1の値をデータから算出します。

次節で実際にコードを示しますが、この本では、回帰分析自体はPythonのライブラリを使って行います。そのため、回帰分析の理論やパラメーター推定の方法には深入りしませんが、関心のある方は統計学や計量経済学のテキストを見てみるとよいでしょう[*17]

A/Bテストの分析でも、回帰分析を用いることができます。説明変数として施策割当W_iを使うと、回帰式は次のような式で書けます。

$$Y_i = \beta_0 + \beta_1 W_i + \varepsilon_i \tag{2.6}$$

このとき、「$W_i=1$のときにはβ_1だけアウトカムY_iは増加する」わけですから、β_1は施策効果τを表します。A/Bテストで得られたデータを回帰分析

---

*17 安井翔太「効果検証入門」[7]や、星野匡郎らによる「Rによる実証分析（第2版）」[8]などが参考になるでしょう。

で分析する際には、β_1 の推定値 $\hat{\beta}_1$ を施策効果の推定値 $\hat{\tau}$ として分析を進めればいいのです。毎回このような言い換えをしていくのは面倒くさいので、今後は、回帰式も次のような式(2.7)で書くことにします。

$$Y_i = \beta_0 + \tau W_i + \varepsilon_i \tag{2.7}$$

この回帰式のもとで、もう少し考えてみましょう。施策がなされなかった場合（W_i=0）と施策が実施された場合（W_i=1）で、回帰式は次のように変形できます[*18]。

$$\begin{aligned} Y_i^0 &= \beta_0 \quad (W_i=0\text{ のとき}) \\ Y_i^1 &= \beta_0 + \tau \quad (W_i=1\text{ のとき}) \\ Y_i^1 - Y_i^0 &= \tau \end{aligned}$$

$Y_i^1 - Y_i^0$ は今回求めたい施策効果 τ でしたから、回帰式(2.5)の係数 β_1 は、やはり施策効果 τ を表しているのです。くわしくは解説しませんが、2 群の平均の差と単回帰によって求めた $\hat{\tau}$ は同じ値になります。

ここまで整理すれば、A/B テストの分析手法として、回帰分析を用いることができます。回帰分析による A/B テストの分析は、施策効果の推定から、その推定値の確からしさを検証する仮説検定まで、一般的に次のようなステップを踏みます。

ステップ① τ の推定値 $\hat{\tau}$ を算出する。
ステップ② $\hat{\tau}$ の標準誤差 $S(\hat{\tau})$ を算出する。
ステップ③ τ について仮説を構築する。
ステップ④ 仮説に基づいて p 値を算出し、仮説を評価する。

初出の言葉が多く出てきましたが、これらの一連の手続きは、多くの場合統計ソフトウェアが自動的にやってくれます。本書でも各値の算出は Python の

---

*18 施策の有無によって Y_i も Y_i^1 と Y_i^0 と書くのでした（2.4.2 項参照）。

ライブラリで行います。そのため本項では、言葉の意味だけ解説し、仮説検定がどのような手続きなのか理解することを目指します。

ステップ①はもう大丈夫でしょう。回帰分析によって求まる値です。

ステップ②の**標準誤差** $S(\hat{\tau})$ とは、推定された $\hat{\tau}$ がどの程度ばらつくのかという不確実性を評価した値です。A/B テストを同じように何回も実行したとしても、毎回同じような結果になるとはかぎらず、偶然の範囲で微妙に結果はばらつくでしょう。標準誤差は、そのようなばらつきの大きさを反映します。統計学を学んだことがある方は、分散や標準偏差という言葉を聞いたことがあるでしょう。それと似たような概念だと思ってください。

ステップ③では、施策効果 τ についての仮説を構築します。仮説とはなんらかの命題のことを意味し、たとえば「施策効果は 0 だった」「施策効果は 2 だった」「施策効果は -2 よりも小さかった」など、さまざまに考えることができます。ただし A/B テストの評価の際には「施策効果はなかった（$\tau=0$）」という仮説を考えることがほとんどです。この仮説を**帰無仮説**とよびます。

ほとんどの A/B テストでは、なんらかの効果があることを期待して（$\tau\neq0$）、施策を実施するケースが多いでしょう。そのため、「施策効果はなかった」とする帰無仮説は、むしろ間違っていることが期待される仮説です。なんとも倒錯しているようですが、実務ではこのような手続きが一般的なので、本書でもこの考えかたを踏襲します。

最後の**ステップ④**で、構築した仮説の妥当性を評価します。**仮説検定**においては、**p 値**とよばれる値を算出します。p 値とは「実際には帰無仮説が正しいのに（$\tau=0$）、推定値として τ とは異なる値が得られてしまう」確率を表します。たとえば、施策効果の推定値として $\hat{\tau}=0.3$ といった値が得られたとしましょう。この値は正しいかもしれませんが、「本当は $\tau=0$ なのに、たまたま $\hat{\tau}=0.3$ という値が得られてしまった」という可能性もあります。この確率を評価した値が p 値なのです。

p 値が高ければ「本当は効果がないのに、たまたま $\hat{\tau}=0.3$ という値が得られただけかもしれない」と考えます。本当は効果がない可能性を否定できないのです。このような場合を**統計的に非有意**とよび、施策効果について評価できないと判断します。逆に、p 値が小さければ「帰無仮説が間違っているのではないか」と考えることになり、逆説的に施策効果があったと判断することになるのです。

どれくらいp値が低ければ統計的に有意とするか、という基準を**有意水準**とよびます。有意水準は慣習的に10%や5%、1%が使われることが多く、状況に応じて使い分けます。

たとえば、**ステップ③**で$\tau=0$という帰無仮説を考えている場合について整理してみましょう。帰無仮説は「施策効果はなかった（$\tau=0$）」という仮説でした。有意水準としては、5%を用いるとします。帰無仮説のp値を算出したところ、それが2%だったとしましょう。p値は「実際には帰無仮説が正しいのに（$\tau=0$）、推定値として$\hat{\tau}$という値が得られてしまう」といったリスクを評価したい値ですから、その値が2%ということは、もとの帰無仮説が間違っているのではないか、と考えることになります。「施策効果はなかった（$\tau=0$）」という帰無仮説が間違っているということは、施策効果があった（$\tau\neq0$）と考えるわけです。このように仮説検定を用いて施策効果を評価します。

Tips　信頼区間

意思決定の際には、p値だけでなく**信頼区間**を用いることも可能です。信頼区間とは、分析の確からしさを表現する概念で、標準誤差から算出されます。たとえば「95%の信頼区間」と言ったときには、推定値に±1.96×標準誤差といった推定値を含んだ区間で表現されます。この「95%」とは、「100回データを変えて同じ推定を行ったとき、母集団におけるパラメーターの真の値が95回ほどはその区間に含まれる」ことを意味します。最近ではPythonやRなどで利用できるライブラリや統計ソフトウェアがこれらの計算を自動的に行ってくれるため、信頼区間の計算方法に気を配らなければいけない状況は少ないかもしれませんが、信頼区間のアイディアそのものは頭に入れておくとよいでしょう。

Tips　統計的仮説検定の「微妙」さ

「帰無仮説を棄却する」ことをもって効果ありとする前述のプロセスはしばしば強い批判の対象になっています。とくにp値は誤った解釈が相次ぐなかで、その利用をやめるべきだという声もあがるほどです。本書ではある種の割り切りとして統計的仮説検定を用いた分析を一貫して用いますが、統計的仮説検定は分析の不確実性を簡潔に評価するための方法の1つにすぎません。

そのため、実務家は統計的仮説検定を過信することなく、その限界を認識する必要があります。それにもかかわらず、手当りしだいに統計的仮説検定を乱用し、杜撰なデータ分析の結果を正当化する事例がビジネスの現場では頻繁に見受けられます。このような行為は仮説検定の不適切な運用にほかならず、分析への信頼をも損なう恐れがあります。

Tips 意思決定への隘路としての仮説検定

繰り返し強調してきたように、本書では「データ分析は効果検証のため、ひいてはよい意思決定のために行う」と考えます。分析だけで価値が生まれるのではなく、意思決定にまでつながって、はじめて価値が生まれるのです。

このとき、「どのような意思決定をするべきか？」という意思決定への向き合いかたは、データ分析のありかたにも影響を与えるはずです。長く続くサービスを運営しており、誤った施策が与えるマイナスインパクトが大きい事業では、石橋を叩いて渡るような慎重な意思決定が求められるでしょう。失敗のリスクは小さいがなにか風穴を開けるようなインパクトがなければ事業の継続が厳しいアーリーステージのベンチャー企業では、大胆かつ勇猛な意思決定が求められるでしょう。データ分析のありかたも、このような意思決定の性質を反映するべきであると考えます。しかし、本書では筆者らの力量不足も相まって、このような論点を十分に議論はできていません。

ただ、一点言及しておくべきなのは、前述の仮説検定による施策評価は「施策に効果はなかった」という判断に比重を寄せた評価方針だということです。仮説検定は、帰無仮説という「効果がない」仮説をどうやっても擁護できないときに、はじめて対立仮説を支持するという判断フローをたどります。そのため、帰無仮説に対する判断がつかないような曖昧な状況のときは、基本的に帰無仮説を支持するわけです。そのため、仮説検定を通じて意思決定をすることは、比較的保守的な意思決定方法といえそうです。

このような判断方法が望ましいかどうかは、よくよく考えるべきでしょう。「強いインパクトが出るような施策ならば、保守的なルールを敷いても乗り越えてくるだろう」という判断から、筆者は仮説検定を紹介します。しかし、仮説検定を用いることが、とるべき意思決定を妨げる隘路(おうろ)として機能する可能性について、データ分析実務者はよく考える必要があるでしょう。

2.6 Python による A/B テストデータの分析の実装

A/B テストの分析を、実際に実装してみましょう。ここでは分析と同時に、A/B テストで収集したデータを確認するバランステストを合わせて実装します。章頭で述べた、SMS による販促施策の A/B テストデータを分析することを考えます。次のように実装します。

プログラム 2.4 A/B テストによる SMS 送信施策の効果検証

```
import statsmodels.formula.api as smf

# データの取得
df = pd.read_csv(URL_LENTA_DATA)
# 共変量のバランステスト
df_balance_test = df.groupby("is_treatment")[
    ["food_share_15d", "age", "is_women"]
].mean()
# 回帰分析
result = smf.ols(formula="response_att ~ is_treatment", da
ta=df).fit()
result.summary()
```

コードを確認していきましょう。

前準備・データの取得

最初に、分析の準備から始めます。データはすでに読み込んでいるので、分析に使うためのライブラリを読み込みましょう。本書ではA/Bテスト分析用に statsmodels というライブラリを用います。statsmodels はPythonで利用できる統計解析ライブラリで、回帰分析などを実装するのに利用します。Pythonを用いたデータ解析で頻繁に言及される sklearn などと比べて、統計学的な解析をひととおり提供していることが特徴です。

statsmodels のインポートは、次のように行います。

```
import statsmodels.formula.api as smf
```

statsmodels のうち、分析を提供するインターフェイスの1つである statsmodels.formula.api というモジュールを、smf という名前で読み込んでいることに注意してください。

次にデータを取得します。2.1.1項でも解説しましたが、次のようにデータを取得し確認します。

```
df = pd.read_csv(URL_LENTA_DATA)
```

ここでは、次の表2.3がデータとして得られます。表中の response_att が被説明変数・アウトカム Y であり、is_treatment が割り当てです。

表2.3　プログラム2.4で読み込んだデータ

	is_treatment	response_att	food_share_15d	age	is_women
0	1	0	0.0000	33.0	1
1	0	0	0.0000	63.0	1
2	1	0	0.0000	51.0	1
3	0	0	0.0000	38.0	1
4	1	0	0.5105	20.0	1

共変量のバランステスト

プログラム 2.4 では、データ取得のあとに共変量バランステスト*19 をしています。アウトカムに影響を与える割り当て以外のサンプルの特徴のことを、**共変量**とよびます。A/B テストではランダムに割り当てを行うので、施策の有無を除けば、2 群は似たような特徴をもっているはずです。そこで、トリートメント群とコントロール群が似た特徴をもっているかどうかをチェックします。このチェックのことを**バランステスト**とよびます。

もしバランスしていなければ、A/B テストの分析に進むことには慎重になったほうがよいでしょう。ランダムな割り当てを意図していながらも、実はなんらかの理由でランダムな割り当てを実現できなかったのかもしれません。もしくは、ランダムではあるものの得られたサンプルサイズが少なすぎて、たまたま発生した差が支配的になっているのかもしれません。いずれにせよ、共変量がバランスしていなければ、A/B テストとしては意図どおりではありませんから、分析に進む前にその原因を調べたほうがよいでしょう。

今回の例では、次のようにバランステストを行います。

```
df_balance_test = df.groupby("is_treatment")[
    ["food_share_15d", "age", "is_women"]
].mean()
```

このうち、最初の行では、df という DataFrame オブジェクトを is_treatment 列の値に基づいてグループ分けし、各グループの food_share_15d、age、is_women 列の平均値を計算しています。その結果を df_balance_test という変数に代入しています。

*19 ここでは天下り式にバランステストの解説を行いますが、そのくわしい動機については 3.3.2 項を参考にしてください。

このdf_balance_testを表示したものが、表2.4です。たとえばトリートメント群（is_treatment = 1）の平均年齢は43.8歳であり、コントロール群（is_treatment = 0）の平均年齢は43.6歳です。この2つの差は、必要に応じて仮説検定を用いて評価すると丁寧ですが、今回は大きな差とはいえないでしょう。food_share_15dやis_womenについても同様です。結果として、is_treatmentの値によってfood_share_15d、age、is_womenが大きく異なることはなさそうです。このA/Bテストデータにおいては、バランステストはうまくいっているようです。

表2.4　共変量のバランステストの結果

is_treatment	food_share_15d	age	is_women
0	0.345580	43.578986	0.618734
1	0.348872	43.803353	0.629673

回帰分析による施策効果の分析と検証

では、実際にA/Bテストによる施策効果の分析に入っていきます。2.5節で説明したように、A/Bテストのデータ専用の特別な分析方法があるわけではありません。A/Bテストとは施策効果を検証するためのデザインであり、施策効果の分析方法はいろいろ考えられるためです。この本では、次のようなステップで、回帰分析を用いた施策効果分析を行うのでした。

ステップ① τ の推定値 $\hat{\tau}$ を算出する。
ステップ② $\hat{\tau}$ の標準誤差 $S(\hat{\tau})$ を算出する。
ステップ③ τ について仮説を構築する。
ステップ④ 仮説に基づいてp値を算出し、仮説を評価する。

それでは、このステップで実際に分析をしていきましょう。

ステップ① τ の推定値 $\hat{\tau}$ を算出する／ステップ② 標準誤差 $S(\hat{\tau})$ を算出する

まずは回帰分析によって施策効果 τ を推定し、その推定値 $\hat{\tau}$ を出してみましょう。

Pythonにおいて、回帰分析による施策効果の推定は、statsmodelパッケージを用いて次のように書けます。

```
result = smf.ols(formula="response_att ~ is_treatment", da
ta=df).fit()
result.summary()
```

この2行のコードを解説します。まず、smf.olsでは、回帰分析を行うオブジェクトを呼び出しています。この回帰分析のモデルには、formulaとよばれる文字列と、dataとよばれるpandasのDataFrameオブジェクトが必要になります。ここではresponse_att ~ is_treatmentがformulaにあたり、dfがdataにあたります。formulaの書きかたにはルールがあり[*20]、response_att ~ is_treatmentは次のような線形回帰モデルを指します。

$$\texttt{response\_att} = \beta_0 + \tau \texttt{is\_treatment} + \epsilon_i \tag{2.8}$$

これまで見てきたように、τが施策効果を表すパラメーターとなります。そのため、その推定値$\hat{\tau}$を得ることが目標になります。

続いて、fitメソッドによって線形回帰を行います。fitメソッドは回帰結果を表すオブジェクトを返すので、上のコードではそのオブジェクトをresultという変数に格納しています。続けて、回帰結果オブジェクトresultのsummaryメソッドを呼び出すことで、回帰結果のサマリーを取得します。

その結果、表2.5が得られます。

[*20] formula文では=を~と書きます。

表 2.5　回帰分析による A/B テストの分析結果

OLS Regression Results

Dep. Variable:	response_att	**R-squared:**	0.000
Model:	OLS	**Adj. R-squared:**	0.000
Method:	Least Squares	**F-ststistic:**	7.890
Date:	Sat, 20 May 2023	**Prob(F-statistic):**	0.00497
Time:	21:42:47	**Log-Likelihood:**	-12692.
No. Observations:	50000	**AIC:**	2.539e+04
Df Residuals:	49998	**BIC:**	2.541e+04
Df Model:	1		
Covariance Type:	nonrobust		

	coef	std err	t	P>|t|	[0.025	0.975]
Intercept:	0.1024	0.003	36.412	0.000	0.097	0.108
is_treatment:	0.0091	0.003	2.809	0.005	0.003	0.015

Omnibus:	23649.035	**Durbin-Watson:**	1.998
Prob(Omnibus):	0.000	**Jarque-Bera(JB):**	90406.287
Skew:	2.505	**Prob(JB):**	0.00
Kurtosis:	7.277	**Cond. No.:**	3.81

Notes :

[1] Standard Errors assume that the covariance matrix of the errors is correctly specified.

表は3つのパートから成り立っています。一番上のブロックである、1行目の `Dep. Variable:` から9行目の `Covariance Type:` までの部分では、回帰分析全体の情報をまとめています。たとえば、6行目の `No. Observations: 50000` は、サンプル数が50000であることを示しています。そのほか見慣れない項目が並びますが、いったんここではスキップします。

次のパートは、`coef` から始まるブロックです。このブロックは回帰分析の推定値を端的にまとめたもので、分析結果として `response_att = 0.1024 + 0.0091 is_treatment` という推定式が得られたことを表しています。`intercept` は式(2.8)における β_0 の推定値についての行であり、`is_treatment` は τ の推定値 $\hat{\tau}$ についての行です。

最後のパートは、`Omnibus` から始まるブロックです。この部分は、回帰分析全体の分析結果をまとめています。本書ではこれらの分析結果を使うことはないので解説は割愛しますが、気になる方は `statsmodels` のドキュメントなどを確認してください。

さて、このステップでは、施策効果の推定値と標準誤差を算出するのでした。そのため、ここでは、$\hat{\tau}$ に注目していきます。

表 2.5 なかほどの `is_treatment` 行を見てください。`coef` 列に記された `0.0091` という値が、τ の推定値です。τ は施策がなされたときの効果、すなわち施策効果を表すのでした。そのためこの結果は、SMS 送信によってユーザーがスーパーを来店する確率が平均的に 0.0091、つまり 0.91% 上昇したことを表します。

次に、その隣の `std err` 列を見てください。`0.003` という値は、その推定値の不確実性、つまり標準誤差 S を表します。

得られた推定値と標準誤差を用いて、次のステップに進みます。

ステップ③ τ について仮説を構築する

施策効果 τ の推定値と標準誤差を求めたあとは、τ についての仮説を構築します。先に示したように、ここでは一般的に「$\tau=0$」という帰無仮説を用意し、この仮説を棄却できるか否かを考えていくことになります。

実は、`statsmodel` は $\tau=0$ という帰無仮説をデフォルトとしています。そのため、仮説構築に伴う特別な操作はありません。多くの統計ソフトウェアは同様の仕様になっており、$\tau=0$ とは異なる仮説を考えたい場合には、別の実装が必要になります。本書では基本的には $\tau=0$ の帰無仮説を考えるので、今後はこのステップを省略します。

ステップ④ 仮説に基づいて p 値を算出し、仮説を評価する

得られた推定値と標準誤差から、仮説検定を行います。再び表 2.5 の中央のブロックを見てみましょう。**t 値**とよばれる値を示すのが `t` 列であり、その仮説検定の結果、帰無仮説が正しいのに $\hat{\tau}$ が得られる確率を表すのが `P>|t|` 列に記された p 値です。p 値は 0.005 なので、$\hat{\tau}$ についての帰無仮説は棄却されることになります。つまり、施策効果の推定値 、$\hat{\tau}$ として得られた 0.91% という推定結果は、統計的に有意であったということです。

これらの結果から、「SMS 送信には効果があり、その施策効果の推定値は 0.91% である」ことがわかりました。

2.7 A/B テストのアンチパターン

ここまで、効果検証を行うために必要な A/B テストの基本知識と、シンプルな実装を見てきました。しかし A/B テストは、ただ実行するだけ実現できるわけではありません。

ここまで見てきたように、A/B テストはアイディアの簡易さのわりに、デザイン全体をよくよく検討してみると意外に考えることが多いものです。それに応じて 2.5 節で考慮すべき点を列挙しましたし、この分野で定評のある書籍 [1] においても A/B テストデザインの紹介に多くのページが割かれています。

しかしながら、現実問題として、実務ではデザインの難しさを見過ごしたまま A/B テストを始めてしまうことも多々あります。ほとんどの実務担当者は A/B テストの専門家ではないので、「A/B テストとはランダムに 2 群に分けることだ」という素朴な認識だけをもっていて、困難さをそもそも認識していないケースもあるでしょう。

そうやって行われた A/B テストのなかには、間違いや推奨されない点（**アンチパターン**）を含むものがあります。やっかいなのは、A/B テストがアンチパターンに陥っていたとしても、行っている本人はその構造に気づきにくいという点です。

身も蓋もないことを言ってしまえば、私たちは本質的に愚かなのであり、まさか自分が誤った実践をしているとは思いもしないものです。そうなると、せめて典型的なアンチパターンについての事例を収集し、ネガティブなチェックリストとして意識することが重要になります。しかし、多くの学問的な教科書は実務的なノウハウの記述をほとんど含まず、実務者は自分の経験や周囲の人の経験を通じて学ぶしかありません。さらに、実務的な本や議論であっても、成功事例と比較すると失敗事例はあまり紹介されない傾向があります。結果として、A/B テストの実務では、多くのアンチパターンが見過ごされる傾向にあるのです。

ここでは、そのようなアンチパターンのうち、頻繁に観察されるものを列挙するかたちで紹介します[*21]。

施策効果があるアウトカムを探してしまう

「事前に定めたゴールメトリクスだと統計的に有意な結果を観察することができなかったな。このままレポーティングしたら、炎上が必至だ……」

「ゴールメトリクス以外で施策効果が確認できる指標はないか探して、それをレポーティングしよう」

A/B テストを行う場合、不確実性がつきものです。実務者にとって大きなストレス要因の1つは、コストをかけて実施しても、期待どおりの結果が得られるとはかぎらないことでしょう。

A/B テストを計画しているときは、当然「効果があるはずだ」と考えているため、期待外れの結果に直面すると「そんなはずはない」と認知の歪みが生じることがあります。とくに、A/B テストに対する理解が不十分で、効果がなかった／わからなかったという分析結果を「成果が得られなかった」と解釈する組織では、成果が出ないとされることに対する焦りがストレスを増幅させるでしょう。

このような状況では、「なにかしら別の指標で施策効果が現れているのではないか？」とゴールメトリクス以外のさまざまな指標の分析が始まることがあります。たとえば、目標としていた売り上げに施策効果が見られなかった場合、「売り上げの分散が大きいため、偶然失敗したのかもしれない」と考え、来店数やウェブサイトへのアクセス数、ソーシャルメディアでの言及数などの指標に対する施策効果を調査し、どれか1つでも統計的に有意な結果がないかを探すわけです。

[*21] ここでは、A/B テストのデザイン全体に関わるものを取り上げています。3.2.1 項でとりあげる割当単位と分析単位の不一致や、3.4 節でとりあげるバッドコントロールなども、A/B テストの分析における重要なアンチパターンです。

しかし、このような「効果があるアウトカムを探す」方法は推奨されません。なぜなら、多くのアウトカムを対象に分析すると、偶然にも統計的に有意な結果が得られるアウトカムが存在する可能性があるからです。しかし、それは偶然の結果に過ぎません。その１つを過大評価して「施策がもともとのゴールメトリクスには効果がなかったかもしれないが、別の指標には効果があった。その背後には自然な理由がある」と報告しても、ほかの効果がなかった指標を無視している事実は変わりません。このような方法で得られた結果は信頼性が低く、**p-hacking**や**チュリーピッキング**という言葉とともに問題視されています。データに対して誠実でありたいならば、まずはもともとのゴールメトリクスへの分析結果を虚心坦懐に眺めるべきでしょう。

A/Bテストの停止を逐次的に定めてしまう

「できるかぎりA/Bテストの期間を短くして、ネクストアクションにつなげたいな」

「日次でA/Bテストの結果を分析して、有意な結果が得られたところでテストを終了して意思決定しよう！」

A/Bテストは時間的にもコストがかかります。そのため、できるだけ早く結果を出して意思決定を行いたい実務者には、データ収集の工程を早めに終わらせる誘因があります。とはいえ、効果が出ていないA/Bテストを終了しても意味ないですから、頻繁に聞くユースケースが「効果が出るまで定期的にA/Bテストを分析し、統計的に有意な結果が出たタイミングでテストを終了させる」というものです。このようにすれば、確かに意思決定までの時間を短くできます。本書ではこういったA/Bテストの実行方法を、**A/Bテストの逐次停止**とよびました。

しかし、このようなA/Bテストの逐次停止は推奨されません。確かにこの方法のもとでは、意思決定までのリードタイムは短くできるかもしれません。しかし、その代わり、意思決定は間違った分析に基づく質の低いものになっているかもしれません。くわしくは2.5.1項を参照してください。

A/B テストのデザインを定めずにテストを始めてしまう

「施策効果を明らかにするために A/B テストを行っています！」
「ねえ、この施策の目的って来訪率の向上だけど、それがわかるようなデータを収集しているんだっけ？」

本章で強調したように、A/B テストはテストデザイン全体を考えて設計する必要があります。「いまさら繰り返さなくても十分にわかっているよ」という声が聞こえてくるようですが、実務では、案外その当たり前から外れている局面に出会います。メンバーから「A/B テストを開始しました！」という威勢のよい連絡をもらって掘り下げて聞いてみると、「なぜそのメトリクスをゴールメトリクスにしたのか？」「どのしてそのような割り当てを行ったのか？」という質問に対しては十分な回答が返ってこない……よくよく聞いてみれば、テストデザインに対する十分な検討を経ずに A/B テストを開始してしまったと判明することがあります。

その背景には、いろいろな事情があることでしょう。ありがちなのは「A/B テストではランダムに 2 群に分けさえすれば施策効果の推定ができる」という過剰に簡略化した理解が浸透しているケースです。そしていざデータを収集し分析する段に至ってあらためて考えてみると、「もしかしてやりたい分析ができないかもしれない」と気づいたりするわけです。ほかにも、業務や納期の逼迫といったリソースの問題も、「とりあえず A/B テストを開始しないといけない」といった焦燥感からテストデザインの軽視につながりやすい印象があります。

しかし、いうまでもありませんが、テストデザインを定めてから A/B テストを行うべきです。ゴールメトリクスを検討しないまま A/B テストを始めてしまえば、収集しているデータには本当に知りたい指標がなかったということにもなりかねません。分析方法に対する十分な検討がなければ、誤った分析方法を採用してしまい、誤った意思決定をも導きかねないのです。「ランダムに 2 群に分ける」ことは単なる手続きであって、それだけで A/B テストの成功を保証するものではありません。テストデザイン全体を十分に検討しなければ、適切な分析結果を得ることができないのです。

テスト後の分析を怠る／結果ばかりを気にする

「ある施策について A/B テストをやってみたけど、統計的に有意な効果は出なかったな」

「効果が出なかったことをいつまでも振り返ってもしょうがない。早く次の施策を実施しよう！」

A/B テストによるデータ収集が終わり施策効果を分析したところ、思ったほどのインパクトがないことや、統計的に有意な結果にはならないことがままあります。むしろ、そういうケースのほうが圧倒的に多いかもしれません。

そういったときによく見かけるのは、結果に意気消沈し、実行した A/B テストに蓋をして、次の施策や分析に移ってしまうデータサイエンティストの姿です。データをいくらこねくり回したところで結果は変わらないわけで、そうなると「次にいこう」と考えるのは自然な発想かもしれません。

しかし、失敗したテストからも、なにがうまくいかなかったのか、どのように改善すべきかといった情報を得ることができます。たとえば、ゴールメトリクス以外の面で変化が起きているかもしれません。そのような変化がなぜ生まれたのかを考察し続ければ、自然とその裏にあるメカニズムに対する理解が深まることでしょう。そうなるとビジネスに対する解像度も自然と高くなり、よい仮説やよい施策が生まれやすくなるはずです。

多くの A/B テストは、多大なコストを支払って実行されています。「効果がありませんでした」と結果を簡単に切り捨てるのは、もったいないことです。コストは多大であるのにもかかわらず「施策効果があった」「なかった」といった結果ばかりを気にしているのでは、賭け金を積んでギャンブルに参加しているのと大差がありません。A/B テストの「勝ち負け」で一喜一憂するべきではなく、背景にあるメカニズムを理解することに努めるべきです。

真の KPI を見過ごしてしまう

「新しい機械学習モデルを導入して A/B テストを実行したところ、ゴールメトリクスに設定している指標が改善しました！」
「よかったね。でも、そのゴールメトリクスの設定は適切なの？」

本書では、A/B テストを分析する際には、ゴールメトリクスを明確に設定する必要があると述べました。これは、分析者がビジネス上の適切なゴールメトリクスを正確に設定できるという前提があるからです。しかし、実際にはこの前提が成り立っていない現場も少なくありません。

たとえば、機械学習による予測タスクを別のモデルに置き換える施策を実施した場合を考えてみましょう。A/B テストを行い、予測性能の向上を計測するためにゴールメトリクスとして logloss*[22] を設定することにします。機械学習の問題としては、この設定にとくに問題はありません。

しかし、もし目標がビジネス上の KPI である場合、このゴールメトリクスの設定は本当に適切でしょうか？　もし売り上げ向上を目的とした施策であったのならば、予測性能の向上が売り上げの向上を必ずしも意味するわけではないので、その A/B テストの分析は適切でなかったといえるでしょう。実際、このような状況は多くの現場で頻繁に見られます。

結局のところ、適切なゴールメトリクスを設定できなければ、どれだけ正確な分析結果が得られても正しい意思決定にたどり着くことはできません。適切なゴールメトリクスの設定は難しい問題であり、データ分析者にとって興味深い課題でもあります。

ローカルな指標で一喜一憂

「新たな施策がページ A で実装され、その結果ページ A での KPI が改善しました！」
「あれ、でもビジネス全体での KPI には変化がないんだけど？」

*[22] なにかを分類するタスクにおける評価指標の 1 つ。機械学習モデルによる分類が正確かどうかを表します。

ゴールメトリクスが明確に設定されていても、それをサービスのどの範囲で集計するかには自由度が存在します。よって分析者は、A/B テストにおいて、たびたびローカルな指標を集計するかどうかに悩まされることになります。ここでのローカルな指標とは、たとえばサービスにおいて特定のページ経由の売り上げを集計したり、条件に当てはまるユーザーの売り上げを集計したりすることです。

このようなローカルな指標は、効果が観測されやすいことが経験的に知られており、実務では好まれる傾向にあります。たとえば、あるページを経由した売り上げを指標とする場合、別のページを経由した売り上げの変動がデータから排除されるため、一見効果は見えやすくなります。それにより、ときには施策の立案者がローカルな指標で見てほしいという提案を行うことすらあります。しかし、特定のページを経由した売り上げを指標とした場合に排除される「別のページを経由した売り上げの変動」は、本当に排除してよいものなのでしょうか？

特定のページへの遷移を促す施策によってあるページ経由の売り上げが増える一方で、同じぶんだけ別ページの売り上げが減少している場合を考えてみましょう。このとき、別ページ経由の売り上げを無視すると、施策は売り上げに対して大きな貢献を行う施策として評価されます。しかし、全体を見ると売り上げはなんら変化しておらず、施策は売り上げの中継地点を変えた効果しかもたないことになります。

残念ながら、ローカルな指標を熟慮せずに利用することは、「よい効果をなるべくレポートしたい」という忍耐なき分析者のインセンティブと、「よい効果をなるべく出したい」というプロジェクトのインセンティブとが合致した結果として起こっています。つまり、ある種の均衡状態にあるわけです。

このような均衡状態から抜け出すには、まず、施策が別の個所にも影響していることを示すことが重要です。それ自体は、施策の挙動を理解していればどこで施策の悪影響が発生するのかは想像できるため、分析の難易度はあまり高くはありません。しかし、実験後の分析を怠っている場合、このような均衡から自ら抜け出すことはほぼ不可能でしょう。

効果に対する想像力の欠如

「この施策でうまくいくと思います！」
「でもこの施策って、結局 0.01% のユーザーにしか影響与えないよね」

A/B テストで検証する施策のなかには、構造上効果が限定的になるものが多く存在します。たとえば、アプリのなかでコンテンツを並び替えるような施策を考えてみましょう。このとき、施策の効果は、ユーザーの画面上の変化から発生することになります。

並び替えても画面上の変化が少ない場合は、あまり効果を期待できません。また、並び替えの対象になるユーザーが限定的である場合は、得られる効果は全体としては小さいものとなります。加えて、機械学習の性能を改善した場合の A/B テストでは、性能が向上していてもサービス上の変化が微小なものになりがちなので、効果は限定的になる傾向があるので注意しましょう。

このような「実際にサービスで起きる変化がほぼない施策」の A/B テストを行ったとしても、実質的に得られるメリットは、効果の意味でもサービスの理解の意味でもほとんどないでしょう。

このような構造を理解せずに分析を始めてしまった場合、実態としてはほぼ同質のグループの比較をしつつも、それを認識せずに効果を追い求めることになります。この構造を施策の構想段階で理解できていれば、こういった「あまり意味のない A/B テスト」は止められるかもしれません。

3章

A/Bテストを用いて実務制約内で効果検証を行う

この章では、2章で解説したA/Bテストの、より柔軟なデザインと分析方法を説明します。実務でA/Bテストを実行するときに、たびたびぶつかる課題を整理したのち、A/Bテストのデザイン自体に問題がないかどうか確認する手法や、さまざまな要件に沿ったA/Bテストのデザインや分析方法を紹介します。

3.1 実務におけるA/Bテストの課題

 point

- 実務において、A/Bテストは必ずしも適用可能ではない。
- A/Bテストをうまく実行できていると思っていても、実際にはそうでないケースが存在する。

A/Bテストが適切に実行されているかどうか確認するには？

販促SMS送付施策がうまくいき、太郎くんの担当する会社では、A/Bテストを継続的に行う機運が高まっています。ただし、A/Bテストを行うためのオペレーションやシステムを毎回用意するのはあまりに大変です。そこで、A/Bテストを実行し分析を行うためのシステムを開発することになり、太郎くんはそのプロジェクトの担当に任命されました。

プロジェクトの要件を定めていると、メンバーから次のような質問が太郎くんに寄せられました。

「そういえば、A/Bテストそのものが意図どおり実行できているかどうかって、どうやって確かめればいいんでしょうか？」

システムを構築するからには、そのシステムが意図どおり動いているかを確認しなければいけません。ソフトウェア開発におけるテストとよばれるその工程を、A/Bテストではどのように行えばいいのか、という疑問のようです。

「とりあえず、割り当てがランダムになっていることを確認できるようにしてください」

一応そのように指示しましたが、1回1回の割り当てがランダムであればA/Bテスト全体がうまくいっている、といえるのでしょうか？　どうすればよいのか、太郎くんは頭を悩ませることになります。

前章では、A/B テストの概要を説明してきました。そのなかで、A/B テストで収集されたデータの 2 群の差を施策効果の推定値とみなせることや、仮説検定を用いて推定結果の不確実性を評価できることを見てきました。A/B テストのアイディアの根幹は、サンプルをランダムにトリートメント群とコントロール群へ割り当てることです。たったそれだけのシンプルな手続きで実行できるのが A/B テストの強みであり、あとは A/B テストを数多く回して、意思決定の PDCA を高速で回していくだけのように思えます。

すでに多くの実務家は「A/B テストを用いることで、誤りのない分析そして意思決定ができるらしい」という認識をもっています。この本を手にとる方も、一度はそういった言説に触れているのではないでしょうか。

しかし、ビジネスの現場で効果検証に携わる者としては、頻繁に「A/B テストは難しい」という感想をもちます。一部のテック企業では効果検証を専門とするチームがおかれていることすらあります。すでに 2 章で、A/B テストのデザインとその難しさについて大きく紙面を割いているように、実務において A/B テストを確かに機能させて活用することは、いうほど容易ではないのです。

たとえば、A/B テストを実装してデータを集めてみたら問題が判明した、というケースには頻繁に遭遇します。これは、「トリートメント群とコントロール群を等確率で割り当てしたはずなのに、実際に得られたデータではトリートメント群のサンプルのほうが圧倒的に少なかった」などのケースです。この状況を無視してそのまま分析した場合、正しい施策評価を行っているつもりでも、バイアスの残る分析をしてしまうことになります。

データ収集後の分析が問題を発生させているケースにも、頻繁に遭遇します。その典型的な例の 1 つとして、3.2.1 項では、割当単位と分析単位の不一致という状況を挙げています。そのような状況では、状況に応じて適切な分析手法を採用しないといけないのですが、多くの分析者がその観点を見過ごしてしまうのです。この場合、問題の所在を見過ごして意思決定をしてしまうという意味では、むしろ A/B テストを行わないほうがまだマシなのかもしれません。

また、A/B テストの実行そのものが困難だと認識されているケースもあります。その典型的な例が、A/B テストの実施が公平感を損なうなど、社会倫理的に許されないケースです。教育業界を例に考えてみましょう。自治体の教育委員会の担当者が「塾など民間事業者の活用が子供の学力を向上させるのではないか？」という仮説から、通塾に使えるクーポンを配る A/B テストを企画するとします。そのようなとき、自然に想起されるのは、クーポンの配布をするか否かという割り当てを子供ごとにランダムに行う A/B テストでしょう。

この企画は、必ずや大きな批判の対象になるでしょう。塾に通える子供と通えない子供が生まれてしまって、不平等だからです。その不平等さは「炎上」を招きかねません。そのリスクを考慮して「A/B テストは許可できない」とする判断は合理的です。このように、施策対象となった人が利益を享受するような A/B テストは、実施そのものが困難になることは少なくないでしょう。

しかし、このようなケースでは、A/B テストの実行は難しいのでしょうか？　想定した設計での A/B テストが許可されないのであれば、諦めて経験に頼った意思決定をするべきなのでしょうか？

言うまでもなく、そうではないはずです。考えるべきなのは、「A/B テストはできないのだ」と短絡して悲嘆に暮れることではなく、「では、どうすれば“マシ”な分析ができるか？」という建設的な態度のもとで、意思決定のための手段を講じることです。本章では、そのようなときも A/B テストを実施可能にしうる A/B テストのデザインを紹介します。

次の 3.2 節では A/B テストのデザインがうまくいっているかどうか確認するテスト手法を、3.3 節ではなんらかの事情により割り当てに偏りが出てしまう場合の対処法を、3.4 節では小さな効果を効率的に分析する方法を、3.5 節ではとくに効果のあるサンプルを見つけるための方法を紹介します。これらのテクニックは、前述したような A/B テストにおける実務上の課題を解決するものになるでしょう。

すべてとはいえないものの、本章で紹介するパターンを押さえれば、多くの場面で A/B テストが実行できるようになります。さっそく次節から、A/B テストのデザインが適切かどうかを確認する手法である、A/A テストを見ていきましょう。

3.2 A/A テスト：A/B テストの信頼性を担保する

point

- 実務において、A/B テストは頻繁に失敗している。
- **A/A テスト**は、トリートメント群とコントロール群に同じ施策を割り当ててデータ収集と分析を行うことで、A/B テストのシステムの問題を発見するテスト手法である。
- **A/A テストのリプレイ**は、シミュレーションにより A/A テストを擬似的に複数回行うことで、分析方法の問題を発見するテスト手法である。

本節では、A/B テストが適切に実行できているかどうか、という信頼性を検証するテスト手法として、「A/A テスト」と「A/A テストのリプレイ」を紹介します。この 2 つの手法は、A/B テストのために実装した「施策を実施してデータを収集するためのシステム」や、「収集したデータの分析」などで起こりうる問題を発見するための手法です。

手法の説明に入る前に、まずは、A/B テストがうまくいかない状況を確認していきます。

3.2.1 A/B テストは頻繁に「失敗」する

実務において、A/B テストは頻繁に「失敗」しています。これは分析の結果が意義あるものでなかったという意味ではなく、言葉どおりに A/B テストの適切な実行そのものに失敗している、ということです。

このように強い言葉を使うと、そんなバカなと思うかもしれません。A/B テストは、単にサンプルをトリートメント群とコントロール群とにランダムに割り当てるだけで実行できる効果検証フレームワークですから、その手続きはきわめて簡単に見えます。しかし多くの現場では、その「簡単に見える A/B テスト」を適切な方法で実行することに失敗しているのです。

いくつか失敗の例を見ていきましょう。

失敗例①：実装ミスによるロギングの失敗

「ある企業が、新しい広告キャンペーンの効果を検証するために、A/B テスト実行するケース」を考えてみましょう。ウェブサイトの訪問者をランダムに2つのグループに分け、別々の広告を表示させる A/B テストを実行したとします。

しかし、トリートメント群のユーザーに対して広告を表示させるシステムプログラムにミスがあり、特定の条件をもつユーザー……たとえば年齢が20代のユーザーの**ロギング**（ログの記録）に失敗していたとしましょう。この場合、トリートメント群のデータは一部欠損してしまいます。

この一部が欠損したデータを分析した場合、分析対象となる施策効果には「広告キャンペーンの効果」だけでなく、「トリートメント群に20代のユーザーがいないという効果」も含まれてしまっているでしょう。これは、設計時に想定していた施策内容とは異なるはずです。

データが欠損するようなミスがあれば現場の人間が気づくのでは、と思うかもしれません。しかし A/B テストを実行したあとに、トリートメント群とコントロール群のアウトカムの数字を比較する以上のことをできている実務者は、必ずしも多くはないでしょう。さらにいえば、このような実装ミスが直感的にはわかりにくい部分で問題を引き起こしていて、気づかないままでいることもあるでしょう。正直にいえば、筆者自身も、これまでの経験を振り返ったときに自信満々ではいられません。

失敗例②：施策実施時期の考慮もれ

2つのUIを比較する A/B テストを実行したとします。この A/B テストでは、ウェブサイトを訪れたユーザーをランダムに振り分けて表示するUIを定めていましたが、コントロール群に関わるサーバーがテスト期間中に一部停止してしまいました。そして、サーバーが停止しているあいだ、すべてのユーザーに対してトリートメント群のUIを見せていました（図3.1）。

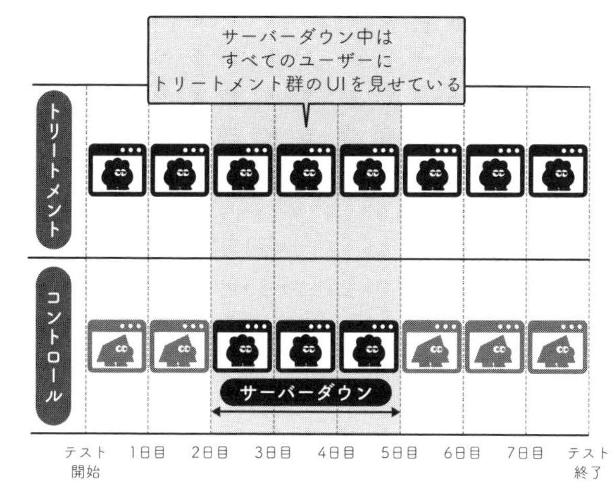

図 3.1 失敗例②：施策実施時期の考慮もれ

A/B テストを実行するのは、たいていは新しい機能や実装を試すときです。ですから、サーバートラブルのような施策の実装における不備はつきものです。

この場合、サーバー停止期間中のデータは分析の対象からは外すべきです。なぜなら、その期間の割り当ては、必ずトリートメント群の UI を用いる割り当てになっており、A/B テストのデータとしては不適当だからです。

「データが増えるなら、その期間も分析対象に含めたほうがよいのでは？」と考える人もいるかもしれません。しかし、この期間中になにかしらのイベントがありユーザーの行動が活発になった場合、そのデータは片方の UI のデータのみに入り込むことになります。これによって、このデータを分析すると、本来の効果以外にもイベントによる効果も含まれるものとなってしまいます。

このような施策実施時期の考慮もれには、実は頻繁に出会います。情報が適切に連携されずに分析チームがトラブルを把握していない場合もあれば、集計用のクエリにミスがあるケースもあるでしょう。また、A/B テストを行うためのシステムが整備され、自動的にレポーティングされているような組織だと、そもそもこういった事態に気づきにくい場合があります。とくに定期的に上がってくるレポート上の数値をチェックするだけのオペレーションフローになっている場合は、このような状況が珍しくありません。

失敗例③：割当単位と分析単位の不一致

割当単位と分析単位がズレているA/Bテストのデザインは、失敗しやすい傾向にあります。**割当単位**とは施策を行う対象の単位であり、**分析単位**とは分析対象の単位です。この2つのあいだにズレがあると、A/Bテストは失敗することがあるのですが、言葉による説明だけだとイメージしづらいかもしれません。そのため、シミュレーションを用いた具体例を見てみましょう。

例として、ウェブアプリのUI変更のA/Bテストを考えてみます（図3.2）。ウェブアプリのUI変更のA/Bテストでは、割当単位がしばしばユーザーとなります。トリートメント群のユーザーには新UIを、コントロール群のユーザーにはこれまで同様のUIを表示する、といった具合です。

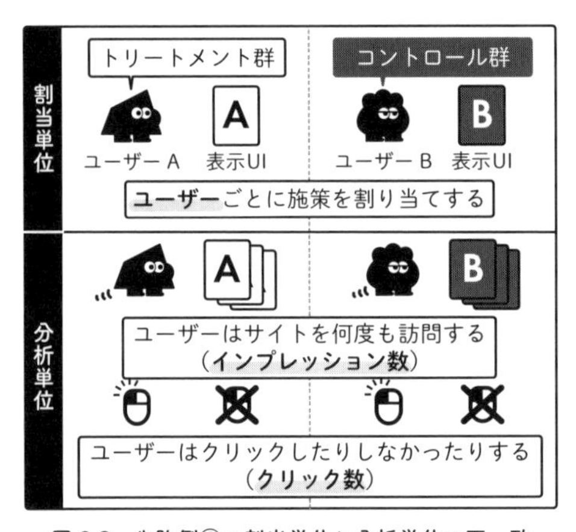

図3.2　失敗例③：割当単位と分析単位の不一致

ウェブ系のサービスの指標でほかに割当単位となりそうなものとして**インプレッション**（ページの表示回数）などが考えられますが、インプレッションを割当単位にしてしまった場合、ユーザーがページを更新したりサイト内を回遊して同じページに戻ってきたりするたびに、表示されるUIが変わってしまうことになります。これはユーザー体験をいちじるしく毀損するおそれがあるので、UI変更のA/Bテストで割当単位をユーザーとするのは一般的な判断だといえます。

アウトカムとして考えられる指標もいくつかありますが、ここではCTR(クリック率)としましょう。思わずクリックしたくなる魅力的なウェブページデザインを発見するため、A/BテストでCTRをアウトカムとすることは、広く行われています。CTRはクリック数÷インプレッション数で算出するため、アウトカムであるCTRを求める分析単位はクリック数とインプレッションとなります。

このとき問題となるのは、割当単位がユーザーでありながら、分析単位はユーザーではなくクリック数とインプレッション数であることです。こういった状態は「割当単位と分析単位がずれている状態」とよばれ、実のところ、頻繁にA/Bテストが失敗するデザインパターンの1つです。

このような状況を人工的に再現したデータで分析してみましょう[*1]。表3.1は、その生成データを示しています。

表3.1 生成したシミュレーションデータ

	uid	is_treatment	is_click
0	0	0	1
1	0	0	0
2	0	0	0
3	0	0	0
4	0	0	0
…	…	…	…
10635	199	1	0
10636	199	1	0
10637	199	1	1
10638	199	1	0
10639	199	1	1

[*1] シミュレーションデータを組成するコードはサポートページに掲載してあります。

データの各行は、インプレッションを表します。uid列はそのインプレッションを発生させたユーザーのIDを表し、is_click列は表示されたUIが最終的にクリックされたか否かを表します。is_treatment列は割り当てを表します。トリートメント群ならば1、コントロール群ならば0になります。割り当てはユーザーごとになされます。

このシミュレーションデータでは、uid列やis_click列とは関係なく、ユーザーごとにランダムにis_treatment列を割り当てています。つまり、このデータは、トリートメント群のユーザーとコントロール群のユーザーのあいだでクリックの発生確率に差がでないように作られています。そのため、このデータを対象にA/Bテストの分析を行えば、統計的有意差は見られないはずです。

このデータを対象に、A/Bテストの分析をしてみましょう。これまで同様に、次のようなコードで回帰分析を行います。

プログラム 3.1　割当単位と分析単位が不一致なシミュレーションデータの回帰分析

```
df_cluster_trial = pd.read_csv(URL_CLUSTER_TRIAL)
result = smf.ols(
    formula="is_click ~ is_treatment", data=df_cluster_tri
al
).fit()
result.summary().tables[1]
```

このコードは、2.6節で解説した回帰分析を用いた施策効果分析とほぼ同じです。読み込むデータだけ変えてあります*2。

このコードの実行結果は、表3.2のようになります。

*2 ライブラリのインポートは省略してあります。もとのコードはサポートページに示したjupyter notebookを参照してください。

表 3.2　プログラム 3.1 の実行結果

	coef	std err	t	P>|t|	[0.025	0.975]
Intercept	0.5216	0.008	69.521	0.000	0.507	0.536
is_treatment	−0.0232	0.010	−2.365	0.018	−0.043	−0.004

is_treatment という係数に係る p 値は 0.018 と有意であり、トリートメント群とコントロール群のあいだに、CTR の差が見られる結果となりました。つまり、本当はトリートメント群とコントロール群のあいだに差などないのにもかかわらず、その差を認めてしまう結果になっているのです。このような現象が恒常的に起こるのであれば、割当単位と分析単位が不一致であることを原因として A/B テストが失敗している、と考えてよいでしょう。

3.2.2　A/B テストの失敗は 2 種類のケースに大別できる

A/B テストの失敗には、大別して次の 2 種類が存在します。

- **データの適切な収集に失敗しているケース**
- **収集したデータの適切な分析に失敗しているケース**

前項で挙げた「実装ミスによるログ記録の失敗」はデータの収集に失敗しているケース、「割当単位と分析単位の不一致」は分析に失敗しているケースといえるでしょう。「施策実施時期の考慮もれ」をどちらに分類するかは悩ましいところですが、サーバーダウンをしていた時期を分析から外すべきだったのだとすれば、両方の要素があるといえるでしょう。

残念ながら、このような「A/B テストの失敗」は、実務的にありふれています。上に挙げた事例は、決して「まれに起こる特殊ケースを大袈裟に言い換えたもの」ではないのです。ユーザーをトリートメント群とコントロール群に割り当てるロジックに偏りがある、ロギングが正しくなされていないなど、A/B テストを司るシステムのバグは常に警戒しなくてはいけません。

加えて、上の「割当単位と分析単位のずれ」の例のように、分析の段階で失敗しているケースもあります。A/B テストは設計や実装を間違えると、「2 群間に差がある」という結果をほぼ必ず出すようになるのです。正直なところ、筆者らは、失敗に備えていない A/B テストの結果を無条件で信じることはできません。

次項から説明を始める **A/A テスト**は、こういった失敗を検知するテスト手法です。ただし、「データの適切な収集に失敗しているケース」と「収集したデータの適切な分析に失敗しているケース」では、それぞれ別の方法で間違いを検知します。前者は A/A テストを実行することで、失敗の検知を行うことが通例です。一方、後者は A/A テストのリプレイを実行することで、事前の分析方針の誤りを検知できます。次項から、これらの手法について紹介します。

3.2.3 A/A テスト

A/A テストとは、A/B テストと同様にサンプルをランダムな 2 群に分けて、それぞれに同じ施策を割り当てるテスト手法です。つまり、A と B ではなく、A と A を比較するのです（図 3.3）。

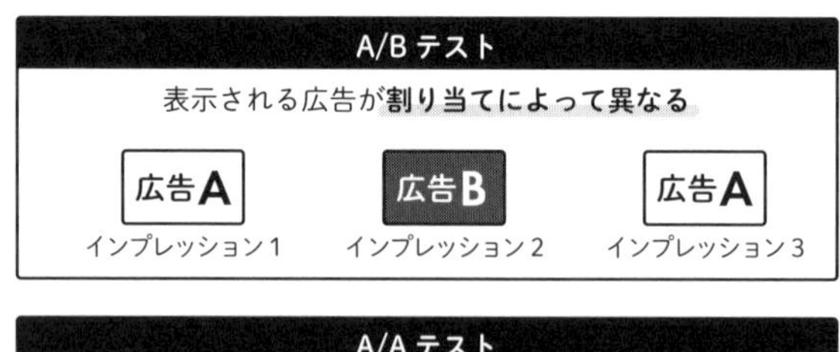

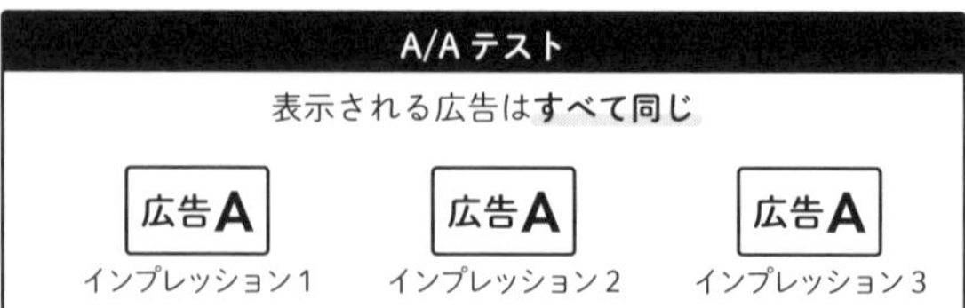

図 3.3　A/A テストのイメージ

A/A テストでは、どちらの群に対しても同じ施策を割り当てるので、サンプルの行動が2群間で等しいことはほとんど自明です。そのため、テストが正しく設計されていれば、それらの群の傾向には差がないことが期待されます。差がある場合は、システム上のバグや集計ミス、評価指標の計算方法などの、施策実施やデータ収集のしくみが不適切である可能性があります。2群の差は、A/B テストと同様に、効果の推定結果や p 値を用いて評価されます。

A/A テストの考えかたは、**プラセボ**（placebo）とよばれる考えかたを応用したものです。プラセボとは、もともとは医学研究において「有効な成分が入っていない偽薬を服薬したにもかかわらず症状が改善される現象」を指す言葉です。施策の効果検証においては、得られた施策効果がプラセボによるものではないことを期待します。そこで、A/A テストはプラセボが存在しないことを示すために、偽薬と同じように効果がない「偽」の処置を行い、その効果を測定するのです。そして、意図どおり偽の処置の効果がなければ、手続きに問題はないと判断するわけです。A/A テストは、A/B テストに潜む誤りを発見し、A/B テストの信頼性を高めます。いわばソフトウェア開発におけるテストと同じ役割を担うものなのです。

A/B テストで施策を実施しデータを収集するシステム自体に問題がある場合、事前に気づくことは困難です。どれだけ注意深く確認したとしても、「本当はどこかにバグが潜んでいるかも」という疑念を拭いきることはできません。そのため、A/A テストでシステムそのものの妥当性を検証することが有用なのです。

A/A テストは「2群への施策内容が等しい A/B テスト」ですから、実装や分析方法は A/B テストとまったく同様です。むしろ、いま企画している A/B テストと、施策内容以外はメトリクスから分析手法まで同一になるようにするべきです。その一方で、A/A テストにおいては2群のあいだの差が統計的に有意ではないことを期待します。そのため実務では、多くの場合、仮説検定を行って帰無仮説を棄却できないことをもって A/A テストに成功したと判断します。

A/A テストの手順

A/A テストは、以下のような3つの手順で行います。

手順①　ランダムに割り当てを行う

実行予定の A/B テストと同じ手法を用いて、ランダムな割り当てを行います。もし A/B テストでユーザーごとに割り当てを行うのならばユーザーごとに割り当てを行い、地区ごとに割り当てを行うのならば地区ごとに割り当てを行います。

手順②　2群に対して同一の施策を実施しデータを収集する

割り当てを行ったサンプルに対して施策を実施し、A/B テストと同じ手法を用いてデータを収集します。このとき、施策内容はトリートメント群とコントロール群とで完全に同一とします。

手順③　A/B テストで実行予定の分析を行う

収集したデータに対して、A/B テストと同じ手法を用いて分析を行います。本書では A/B テストの分析に回帰分析を用いるので、ここでも回帰分析を用いて p 値などの統計量を算出し、推定効果の検証を行います。

こうして手順を見てみると、施策内容が2群で共通していること以外は、A/B テストとまったく同一の流れであることがわかります。

A/A テストの実装

ここからは、A/A テストを実装してみましょう。とはいえ、分析手法はこれまでと同様で、異なるのは個々の割り当て群に対する施策内容だけです。

想定する A/B テストは、ウェブアプリが表示される（インプレッション）ごとに広告をランダムに変えて、変更後の CTR に差があるかどうか調べるものです。ウェブ業界などでは一般的な A/B テストの設計でしょう。ただし、ここでは A/A テストを行いたいので、表示する広告はまったく同一のものとします。

今回は、A/A テストを行って得られたデータとして、この状況を想定したシミュレーションデータを用意しました（表 3.3）。

表 3.3 シミュレーションデータ：ウェブアプリの UI 変更

	imp_id	is_treatment	is_click
0	0	1	0
1	1	1	0
2	2	1	1
3	3	0	1
4	4	0	1
...	...	...	...
9995	9995	1	1
9996	9996	1	1
9997	9997	0	1
9998	9998	1	0
9999	9999	1	1

データの各行はインプレッションを表します。データには imp_id・is_treatment・is_click の 3 つのカラムが含まれています。それぞれ、インプレッション ID、「トリートメント群か否か」の割り当て、「クリックがあったかどうか」というアウトカムを表します。

このデータは実際のログデータを模したものになっており、とくに重要なのは「割り当てにかかわらず同様の施策を行っており、トリートメント群とコントロール群のあいだには CTR の差がないデータにしている」ことです。

それでは、実際に A/A テストの分析を行いましょう。分析方法は A/B テストとまったく同様に行いますから、クリックの有無をアウトカムとして回帰分析を行います。

プログラム 3.2 A/A テストの分析（成功例）

```
df_aatest = pd.read_csv(URL_AATEST)
result = smf.ols(
    formula="is_click~is_treatment", data=df_aatest
).fit()
result.summary().tables[1]
```

このコードの実行結果は、表3.4のようになります。

表3.4　プログラム3.2の実行結果

	coef	std err	t	P>|t|	[0.025	0.975]
Intercept	0.4988	0.007	70.327	0.000	0.485	0.513
is_treatment	0.0102	0.010	1.015	0.310	−0.009	0.030

分析の結果、トリートメント群とコントロール群のあいだに統計的に有意な差はありませんでした。is_treatmentにかかる推定値が0.0102でp値が0.310と、有意ではありません。これは$is_treatment=0$という仮説を棄却できなかったということであり、すなわち、トリートメント群とコントロール群のあいだのCTRに差がないという仮説を棄却できなかったということです。前述のとおり、トリートメント群とコントロール群のあいだにはCTRの差がないデータにしてあったため、仮説を棄却できないことはA/Aテストとして期待どおりの結果だといえます。実装するA/Bテストのシステムバグはないとして、実際のA/Bテストに進んでよいでしょう。

このように、A/Aテストは通常のA/Bテストと同様の手続きを行いつつ、トリートメント群とコントロール群のあいだにCTRの差がないことを確かめていくことで、A/Bテストのシステムが適切に機能していることを保証する手続きなのです。

3.2.4　A/Aテストのリプレイ

続いて、A/Aテストのリプレイについて説明していきましょう。

3.2.2項で説明したように、A/Bテストは、適切な分析の失敗が理由となってうまくいかないケースがあります。分析方法そのものの妥当性は、実際にA/Aテストを行うのではなく、「あたかもA/Aテストを行ったかのような分析」を繰り返し実行することで検証できます。シミュレーションを用いてA/Aテストを擬似的に複数回行うことを、**A/Aテストのリプレイ**とよびます。

A/Aテストを実際に何度も行うと時間的にも予算的にもコストがかさんでしまいますが、シミュレーションであれば何度でも実行できますし、十分な回数繰り返せるため検証の精度も高くなります。

A/A テストのリプレイの手順

A/A テストのリプレイは、次の手順で行います。

手順① データを用意する

A/A テストでは実際にデータを収集しましたが、A/A テストのリプレイはあくまでシミュレーションなので、最初にデータを用意します。事前に A/A テストを行っている場合はそのデータを使ってかまいませんし、過去に行った同様の形式の A/B テストのデータや、既存のログデータを A/B テスト実施時に得られるであろうデータ形式に整えたものでもかまいません。

手順② ランダムに割り当てを行う

データを用意したら、サンプルをトリートメント群とコントロール群に割り当てます。ここでの割り当ては実際の A/B テストとは異なり、施策実施を伴わない疑似的なものですが、実際の A/B テストで用いるものと同じ割当方法を用いてください。

手順③ A/B テストで実行予定の分析を行う

割り当てが終わったら、実際の A/B テストと同じ手法を用いて分析を行います。A/A テスト同様、本書では分析結果を表す値として p 値を用います。p 値の算出の手続きは、A/B テストと同様です。

ここまでの手順①と手順②を通して、A/A テストを疑似的に 1 回行いました。

手順④ 手順②と手順③を十分な回数繰り返す

手順②と手順③からなる擬似的な A/A テストを繰り返します。テスト回数は適当に決めればよいですが、次の手順⑤でヒストグラムをプロットするので、その図が綺麗に見える 300 回ほどが 1 つの目安となります。

繰り返す際の注意点は、手順②における割り当てを、同一手法で各回ごとに変える必要があるということです。割り当てを変えなければ、何度シミュレーションを重ねたとしても、手順③における分析結果は毎回同一になってしまいます。実務的には、乱数生成の seed を変えたり、ハッシュのソルトを変えることで対応できるでしょう。

手順⑤　手順③によって得られた値の分布を確認する

手順④の終了後、分析者の手もとにはシミュレーションした数だけのｐ値があるはずです。このｐ値が従う分布をチェックして、分析手法に問題がないかどうかを検証します。可視化すると分布をチェックしやすいので、本書ではヒストグラムで表します。

A/B テストのデザインが成功している場合のヒストグラム

図 3.4 は、A/B テストのデザインが成功している場合に得られるヒストグラムの例です。

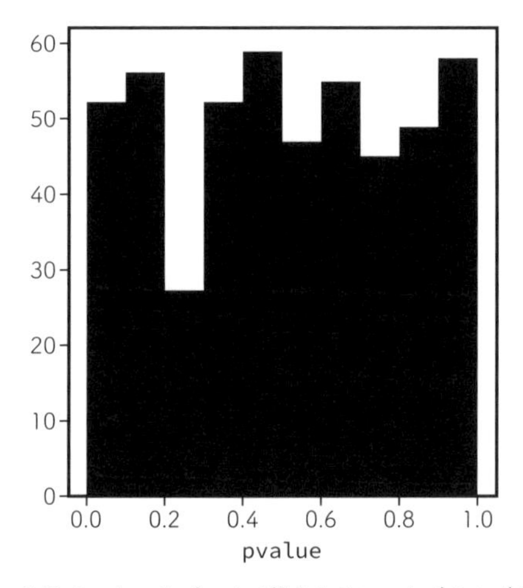

図 3.4　A/A テストのリプレイで得られるヒストグラム（成功時）

A/B テストの分析方法に問題がなければ、この分布は一様分布に近い分布になります。

一様分布とは、ある範囲内のすべての値が同じ確率で起こる現象を表す分布です。ｐ値の分布について考えている場合、ｐ値が 0 から 1 のあいだで等確率で得られるときに、「得られたｐ値は一様分布になっている」と表現します。

図 3.4 のｐ値の分布を表すヒストグラムには極端な凸凹がなく、「一様分布に近いかたちである」といえます。ただ、ｐ値が 0.2 のところで図が凹んでおり、頻度が少なくなっていることが気になる人もいるでしょう。もし「本当に一様分布になっているのか？」という点について定量的に評価したいときは、

このあとの「A/A テストのリプレイの実装」で紹介するコルモゴロフ－スミルノフ検定を使うとよいでしょう。

A/B テストのデザインに失敗している場合のヒストグラム

もし p 値の分布が一様分布になっていなければ、分析方法に問題があることを疑うとよいでしょう。図 3.5 は、A/B テストのデザインが失敗している場合に得られるヒストグラムの例です。

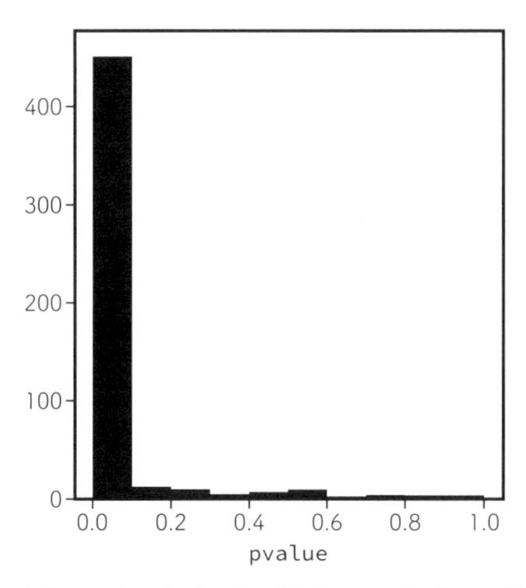

図 3.5　A/A テストのリプレイで得られるヒストグラム（失敗時）

p 値の分布が 0 付近に偏っており、一様分布とはほど遠い形状をしています。また、p 値が 0 近くになりやすいということは、分析方法として 2 群のあいだの差を検知しやすいことを意味します。A/A テストでは 2 群間の差はないはずなので、これは奇妙だといえるでしょう。この状態で A/B テストを実行した場合、たとえ本当は効果がなかったとしても、差がある分析結果を得ることになります。すなわち、その分析方法には不具合が潜んでいると考えるのが自然です。

A/A テストのリプレイの実装

A/A テストのリプレイを実装してみましょう。データはさきほどの A/A テストと同じものを用います。

A/A テストのリプレイでは、A/A テストの割り当てを変えながら複数回シミュレートするのでした。これは for ループを用いることで実装できます。

プログラム 3.3　A/A テストのリプレイの実装①

```
def assign_treatment_randomly(imp_id, salt):
    return (
        int(hashlib.sha256(f"{salt}_{imp_id}".encode()).he
xdigest(), 16)
        % 2
    )


# セットアップ
df_aatest = pd.read_csv(URL_AATEST)
rng = np.random.default_rng(seed=0)
replays = []
# for-loop による繰り返し処理
for i in tqdm(range(300)):
    # 擬似的な割当
    salt = f"salt{i}"
    df_aatest["is_treatment_in_aa"] = df_aatest["imp_id"].
apply(
        assign_treatment_randomly, salt=salt
    )
    # 擬似的な割当の下での分析
    result = smf.ols(
        formula="is_click ~ is_treatment_in_aa", data=df_a
atest
    ).fit()
    pvalue = result.pvalues["is_treatment_in_aa"]
    # 情報の格納
    replays.append(pvalue)
```

紙面の都合で省略していますが、最初に hashlib、pandas、NumPy、statsmodels、tqdm という 5 つのライブラリをインポートしています。tqdm は進捗を可視化するライブラリです。

```
def assign_treatment_randomly(imp_id, salt):
    return (
        int(hashlib.sha256(f"{salt}_{imp_id}".encode())
.hexdigest(), 16)
        % 2
    )
```

assign_treatment_randomly 関数は、A/B テストで用いられた割当方法を再現する関数です。この関数はインプレッションを表す imp_id と文字列 salt を受け取り、ハッシュ化を通じたランダムな割り当てを行います[*3]。重要な点は、この「ランダムな割り当て」の方法が「もとの A/B テストと同じルールによる割り当てである」ということです。

```
# セットアップ
df_aatest = pd.read_csv(URL_AATEST)
rng = np.random.default_rng(seed=0)
replays = []
```

このブロックでは、A/A テストで用いる情報をセットアップしています。すなわち pd.read_csv で変数 df_aatest にデータを読み込み、np.random.default_rang では疑似乱数発生器を得ています。replays には空のリストが代入されています。のちほど、replays には A/A テストの情報を格納していきます。

[*3] このランダムな割り当ての手法については、2.5.1 項の Tips で解説しています。

```
# for-loopによる繰り返し処理
for i in tqdm(range(300)):
```

次のブロックはfor-loopによる繰り返し処理を行っています。ここでは300回のループを実行しています。その際にtqdmを用いていますが、これはループの進捗状況を可視化するための処理で、省いても処理に問題はありません。

では、各ループを見ていきましょう。

```
    # 擬似的な割当
    salt = f"salt{i}"
    df_aatest["is_treatment_in_aa"] = df_aatest["uid"].app
ly(
        assign_treatment_randomly, salt=salt
    )
```

ここでは新しいsalt値を生成し、そのsalt値とdf_aatestのuid列のもとで、assign_treatment_randomly関数を使ってランダムな割り当てを行います。この割り当て結果は、新しい列is_treatment_in_aaに格納されます。

```
    # 擬似的な割当の下での分析
    result = smf.ols(
        formula="is_click ~ is_treatment_in_aa", data=df_a
atest
    ).fit()
    pvalue = result.pvalues["is_treatment_in_aa"]
```

ランダムな割り当てが完了したら、A/B テストと同様の分析を行います。その結果から is_treatment_in_aa の p 値を取得します。

```
    # 情報の格納
    replays.append(pvalue)
```


最後に、for-loop の最後に得られた p 値を replays に追加します。

この結果を、可視化のライブラリである matplotlib を利用して、ヒストグラムとして可視化してみましょう。プログラム 3.4 は、プログラム 3.3 の続きです。

プログラム 3.4　A/A テストのリプレイの実装②（可視化）

```
fig, ax = plt.subplots(1, 1, figsize=(5, 4))
ax.hist(replays)
ax.set_facecolor("none")
ax.set_xlabel("pvalue")
ax.set_title("distribution of pvalue")
plt.show()
```

matplotlib は、Python でよく用いられるグラフ描画ライブラリです。細かい解説は省きますが、上の各種コードは次のような指示を意味しています。

- fig, ax = plt.subplots(1, 1, figsize=(5, 4))：
  1 行 1 列の（つまり単一の）描画領域を用意し、図のサイズを 4×5 インチに設定しています。

- ax.hist(replays)：
  リスト replays からヒストグラムを描画します。

・ax.set_facecolor("none")：
グラフの背景色を透明に設定します。

・ax.set_xlabel("pvalue")：
x 軸のラベルに「pvalue」という文字列を設定します。pvalue は p 値のことです。

・ax.set_title("distribution of pvalue")：
グラフのタイトルに「distribution of pvalue」という文字列を設定します。

・plt.show()：
描画したグラフを表示します。

この結果、図 3.6 のようなグラフが表示されます。

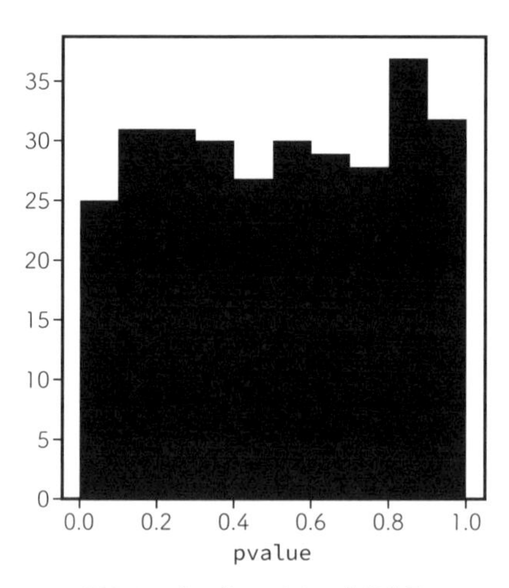

図 3.6　プログラム 3.4 の実行結果

表示されたヒストグラムは一様分布に見えますが、念のためチェックしましょう。**コルモゴロフ－スミルノフ検定**は、2つのデータセットが同じ分布に従っているかどうかを調べるための手法です。今回の A/A テストのリプレイで得られた p 値の分布と一様分布が同じ分布かどうかを確認します。実際には、次のように行います。

プログラム 3.5　コルモゴロフ－スミルノフ検定による分布の確認

```
stats.kstest(replays, "uniform", args=(0, 1))
```

上のコードでは、科学技術計算を行うライブラリの scipy から、stats モジュール配下にあるコルモゴロフ－スミルノフ検定を実行する関数 kstest を利用しています。この結果は、次のように表示されます。

プログラム 3.5 の実行結果

```
KstestResult(statistic=0.04504551195892681, pvalue=0.56112
15508935568, statistic_location=0.6883788452922601, statis
tic_sign=-1)
```

コルモゴロフ－スミルノフ検定における帰無仮説は「得られたデータが提示した分布（この場合は一様分布）に従っている」というものです。得られた p 値は約 0.56 であるため、帰無仮説を棄却することはできません。すなわち「一様分布であることを否定できない」ということです。A/A テストのリプレイから得られた p 値の分布は一様分布だと確認できたため、この A/B テストはうまくいっているといえます。

A/B テストの設計時は、このような A/A テストのリプレイによって設計や分析方法の妥当性を確認できます。もし A/A テストのリプレイで失敗してしまった場合[*4]、その A/B テストは本当は効果がないのにもかかわらず「効果がある」という結論を出してしまう A/B テストのデザインになってしまって

[*4] その一例を 3.3.1 項で紹介しています。

いるのです。このようなA/Bテストは「コストをかけて間違った意思決定を導いてしまう」という意味で、有害ですらあります。これを回避するためにも、A/Bテストを行う前にはA/Aテストのリプレイが重要になるのです。

残念ながらA/Aテストに失敗してしまった場合は、どこに問題があったかを探ることから始めます。先に分類したとおり、失敗しているA/Bテストは多くの場合「収集」もしくは「分析」のどちらかに問題を抱えています。このどちらに分類されるのかなどを指針として問題箇所を探り、設計したA/Bテストのデザインを修正していく必要があります。

3.3 柔軟なA/Bテストのデザイン

 point

- 実務において、サンプルごとのランダムな割り当てが、常に可能であるとはかぎらない。
- **クラスターA/Bテスト**は、複数のサンプルを束ねるクラスターを対象にランダムな割り当てを行うA/Bテストのデザインである。
- **層化A/Bテスト**は、サンプルが集まって形成される層ごとにランダムな割り当てを行うA/Bテストのデザインである。
- クラスターA/Bテストや層化A/Bテストは、分析時に専用の分析方法を必要とする。

ランダムな割り当てが難しい場合は？

太郎くんは、SMS送信施策が成功したこともあり、引き続き似たような販促関連の施策提案を行っています。その一環として、割引クーポンの配布という施策を考えました。割引という原価も相応にかかる施策であるため、効果の測定については特別な注意が必要です。

そこで太郎くんは、A/Bテストによる割引クーポンの配布施策の効果検証を提案します。しかし、その提案に対して、次のような意見が出ました。

「A/Bテストを行うと、クーポンが配布されるユーザーと配布されないユーザーに分かれますよね？　それだと実行が難しいかもしれません」
「どうしてですか？」
「いまはSNS社会です。ユーザー間で格差が生じるような平等感に欠ける施策を行うと、ほぼ確実にクレームにつながってしまいます。私たちとしては、実験的なマーケティング施策のために、そこまでのリスクをとることはできません」

クライアントの意見はもっともな話です。しかし、このままではA/Bテストができません。割引クーポン施策の効果の分析は難航してしまいました。

A/Bテストの要点はランダムな割り当てです。これにより、バイアスが含まれない分析が可能になります。このようなA/Bテストとして、多くの人が思い浮かべるのは、サンプルごとに割り当てを行うA/Bテストのデザインでしょう。

しかし実務においては、ランダムな割り当てが難しいケースがしばしば存在します。その1つとして、ユーザーとの信頼関係の問題が挙げられます。今回の太郎くんのエピソードや、章頭で示した塾のクーポン配布などは、その一例です。

ユーザー間で平等性に欠ける施策は、クレームが寄せられる事態に発展する可能性があります。消費者向けのサービスを運営している企業は、そのような事態をなんとしてでも避けなければなりません。そして同様の問題を抱えたシチュエーションは数多く存在します。私たちはいつでもA/Bテストを実行可能であるわけではありません。

それでは、この場合はA/Bテストを諦めなければならないのでしょうか？いいえ、必ずしもそうではありません。なぜなら、A/Bテストのデザインを工夫することで、A/Bテストの実行を阻むような要因を乗り越えられるからです。

本節では、A/Bテストの柔軟なデザインの例として、**クラスターA/Bテスト**と**層化A/Bテスト**を紹介します。この2つのデザインは、部分的にランダムな割り当てを行うことで、通常のA/Bテストと同様の状況を部分的に作り出すものです。本節では、説明の都合上、サンプルごとに割り当てを行うデザインを指して「通常のA/Bテスト」という言葉を用います。それは、多くの人がA/Bテストと聞いたときに思い浮かべるのが、このデザインだからです。とくに割り当ての方法間において、手法的な優劣関係や通常／特殊といった対立的な関係があることは意味しないので注意してください。

A/Bテストにおいて本質的に重要な点は、「ランダムな割り当ての存在」です。「サンプルごとに」ランダムな割り当てを行うというやりかたは、その手法の1つに過ぎません。データセットのなかになんらかのランダムな割り当てが存在すれば、そのランダム性を活かして、通常のA/Bテストと同様に施策効果を推定可能となるのです。これらの手法であらゆる状況がカバーできるわけではありませんが、通常のA/Bテストができない状況では、検討するべき分析デザインになるでしょう。

3.3.1 クラスターA/Bテスト

point

- **クラスターA/Bテスト**は、複数のサンプルを束ねるクラスターを対象にランダムな割り当てを行うA/Bテストデザインである。
- 分析単位と割当単位が不一致なケースなど、気づかないままクラスターA/Bテストを行っているケースも多い。
- クラスターA/Bテストによって収集されたデータは、通常のA/Bテストと同様に分析することはできない。**クラスター頑健標準誤差**を用いて分析する必要がある。
- クラスターA/Bテストは、実質的なサンプルサイズが少なくなってしまうことが弱点である。

クラスター A/B テスト：
サンプルをまとめたグループによる割り当てのデザイン

クラスター A/B テストは、サンプルそのものではなく、サンプルをまとめたグループに対してランダムな割り当てを行うデザインです。この割当方法のイメージを、図 3.7 に示しました。図中の丸の一つひとつはサンプルを表しており、灰色の丸はトリートメント群であることを、白色の丸はトリートメント群であることを示しています。

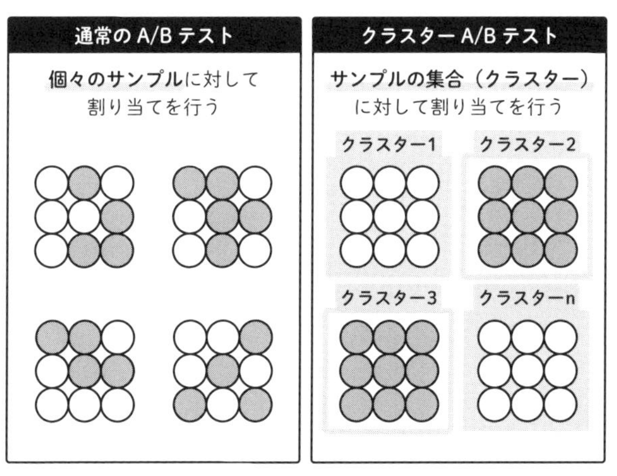

図 3.7　通常の A/B とクラスター A/B テストの割り当てイメージ

左側の図は通常の A/B テストでの割り当てをイメージしており、トリートメント群かコントロール群かは個々のサンプルごとにランダムに定まっています。一方、クラスター A/B テストではサンプルの集合、つまり**クラスター**に対して割り当てを行っています。そのため、トリートメント群に割り当てされたクラスター内のサンプルはすべてトリートメント群になっており、コントロール群に割り当てされたクラスター内のサンプルはすべてコントロール群になっています。

クラスター A/B テストのアイディアは、A/B テストを実行できる状況を広げてくれます。たとえば、さきほどのクーポン配布の例を考えてみましょう。

ユーザーごとにクーポンの配布の有無を変えると、ユーザーの平等感が崩れてクレームにつながるため、A/B テストが実行できないという問題がありました。しかし、店舗を割当単位としてクラスター A/B テストを実行することを考えてみたらどうでしょうか？　つまり、クーポンを配布する店舗とクーポンを配布しない店舗をランダムに割り当てるのです。

この方法であれば、クーポン配布店舗では、ユーザー全員にクーポンを配られるので、ユーザーの平等感も保たれます。見せかたや設計を工夫して平等感を保ちながら施策を実施できれば、クレームの可能性は低くなり、A/B テストが実行可能になるかもしれません*[5]。このように、クラスター A/B テストを利用することで、割当単位を柔軟に変更し実行可能な A/B テストをデザインできるのです。

さて、クラスター A/B テストは、そうと意識しないまま実務で使われていることがあります。わかりやすいのは、3.2.1 項の「失敗例③：割当単位と分析単位の不一致」として紹介した、ウェブアプリの UI 変更の例です。あの失敗例は、分析単位はクリック数とインプレッションでしたが、割当単位はユーザー体験を毀損するリスクを避けるためにユーザーとしたのでした。

この「ユーザー単位に割り当てを行っている状況」を、さきほどの図 3.7 のように表現してみましょう（図 3.8)。各々の点はセッションを表し、それを束ねるかたちでユーザーが存在します。そのユーザーごとにトリートメント群かコントロール群かの割り当てが行われます。

*[5] たとえば徒歩 5 分圏内の複数の店でクーポンの有無が分かれている場合には、不公平感も出やすいうえに、ユーザーがクーポンに合わせて来店する店舗を変えてしまうかもしれません。しかし、県ごとにクーポンの有無が決まるような場合であれば、こういった問題は小さくなると考えられます。

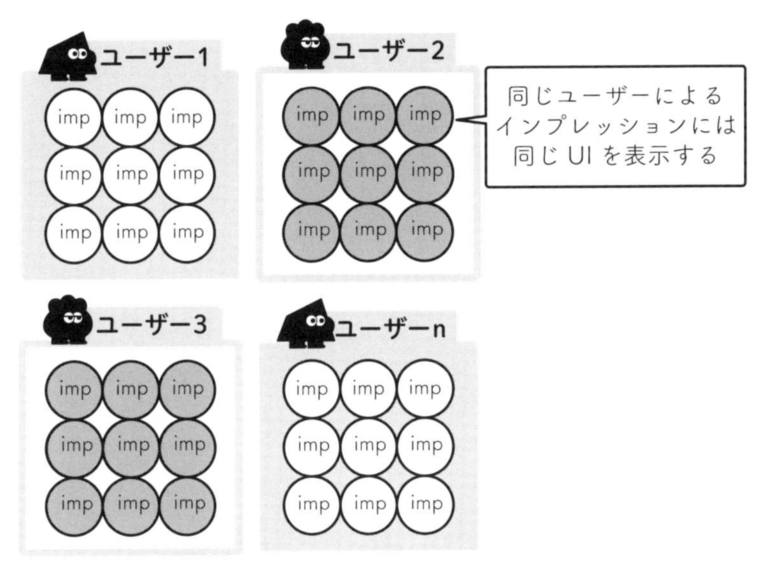

図 3.8 UI 変更におけるクラスター A/B テスト

図 3.8 中の白色の丸と灰色の丸は 1 回のインプレッションを表し、その丸をまとめている大きな枠はインプレッションの主体であるユーザーを表しています。トリートメント群かコントロール群かという割り当てはユーザー単位で行われるので、ユーザー枠内のインプレッションは「灰のみ」か「白のみ」のいずれかで、2 つが混ざっていることはありません。

気づいている人も多い思いますが、図 3.8 は、図 3.7 右側のクラスター A/B テストの図解とそっくりです。割当単位と分析単位の不一致の例として挙げたウェブアプリの UI 変更の A/B テストのデザインは、実はクラスター A/B テストのデザインだったのです。ここでは、個々のサンプルであるインプレッションを、ユーザーというクラスターでまとめていることになります。

「では、割当単位と分析単位の不一致は、実は失敗ではないのか」と思うかもしれません。しかし、冒頭で述べたように、クラスター A/B テストで集めたデータは、通常の A/B テストと同じ方法では正しく分析できません。適切な分析方法の選択を誤ってしまうと、「割当単位と分析単位の不一致」が発生する状況になってしまいます。そして、本来は施策効果がないであろう状況であっても、施策効果があると認めてしまう可能性が出てきます。こういった分析は、信用がおけないばかりか、どのような結論でも導きうる恣意的な分析にすら堕す危険性があるシロモノなのです。

この誤ったクラスター A/B テストの分析は、実務において頻繁に見過ごされています。「やりたい施策や可能な割当単位を考慮して自然に A/B テストのデザインを定めていったら、知らず知らずのうちにクラスター A/B テストになっていた。しかし、クラスター A/B テストで収集されるデータになっていることには気づかず分析を行っていた」というケースは珍しくありません。ユーザーを割当単位とした A/B テストが広く使われていることを思えば、このような状況は実務で頻発しているはずです。

その一方で、クラスター A/B テストに合わせた分析事例はそこまで広く知られていないようです。そう思うと、背筋が凍る思いの読者の方もいるに違いありません。

クラスター A/B テストの弱点：精度がクラスター数に依存する

具体例の紹介に入る前に、クラスター A/B テストの弱点についても言及しておきます。クラスター A/B テストにおける割り当ての単位はクラスターであり、クラスターの総数が割り当ての総数でもあります。そのため、効果検証における分析の確らしさはクラスター数によって定まります。クラスター数が少なければ分析の確からしさは悪化し、クラスター数が十分に多ければ分析の効率は良化します。そのためクラスター数が少ないなかでの A/B テストは十分に機能しない恐れがあります[*6]。

当然ですが、クラスター数はサンプル数よりも少なくなります。そのため、特段の理由がないならば、通常の A/B テストを採用するべきです。

[*6] 〔1〕などでも同様の議論をしているため、気になる方は参照してください。

クラスターA/Bテストの間違った分析をA/Aテストのリプレイで検出する

実際に、クラスターA/Bテストで収集されたデータの分析例を見ていきましょう。まずは、通常のA/Bテストの分析ではうまくいかないことを確認するために、失敗例を再現してみます。

ここでは、さきほど「実はクラスターA/Bテストのデザインになっている」と説明した、3.2.1項の「失敗例③：割当単位と分析単位の不一致」のデータを再掲します（表3.1）。こうしてデータ構造を見てみると、ユーザーが何度もインプレッションする状況に対してユーザーごとの割り当てが行われているという、まさにクラスターA/Bテストが想定している状況であることがわかります。

表3.1（再掲） クラスターA/Bテストで収集されたデータ

	uid	is_treatment	is_click
0	0	0	1
1	0	0	0
2	0	0	0
3	0	0	0
4	0	0	0
…	…	…	…
10635	199	1	0
10636	199	1	0
10637	199	1	1
10638	199	1	0
10639	199	1	1

クラスターA/Bテストというデザインは、通常のA/Bテストと同じ手法では正しい分析ができません。本当に正しい分析ができないのか確認するために、3.2.4項で紹介したA/Aテストのリプレイを行ってみます。A/Aテストのリプレイは、A/Bテストのデザインにおける問題を発見するためのテスト手法で、とくに分析方法の不備を検出できるのでした。

プログラム3.6は、クラスターA/Bテストデータに対するA/Aテストのリプレイの実装例です。

プログラム 3.6　A/A テストのリプレイ（クラスター A/B テストのデータに対して通常の A/B テストの分析方法を適用した場合）

```
def assign_treatment_randomly(uid, salt):
    return (
        int(hashlib.sha256(f"{salt}_{uid}".encode()).hexdi
gest(), 16)
        % 2
    )


df_cluster = pd.read_csv(URL_CLUSTER_TRIAL)
rng = np.random.default_rng(seed=0)
replays = []
for i in tqdm(range(300)):
    # 擬似的な割当
    salt = f"salt{i}"
    df_cluster["is_treatment_in_aa"] = df_cluster["uid"].a
pply(
        assign_treatment_randomly, salt=salt
    )
    # 擬似的な割当の下での分析
    result = smf.ols(
        formula="is_click ~ is_treatment_in_aa", data=df_c
luster
    ).fit()
    pvalue = result.pvalues["is_treatment_in_aa"]
    # 情報の格納
    replays.append(pvalue)
```

3.2.4 項で解説した A/A テストのリプレイのコードとほぼ同じですが、1 点だけ、次の回帰を実行している箇所に着目してください。

```
    result = smf.ols(
        formula="is_click ~ is_treatment_in_aa", data=df_c
luster
    ).fit()
    pvalue = result.pvalues["is_treatment_in_aa"]
```


この回帰分析は、通常の A/B テストのものと同様です。このコードの実行結果を matplotlib で可視化した結果のヒストグラムを、図 3.9 に示しました。

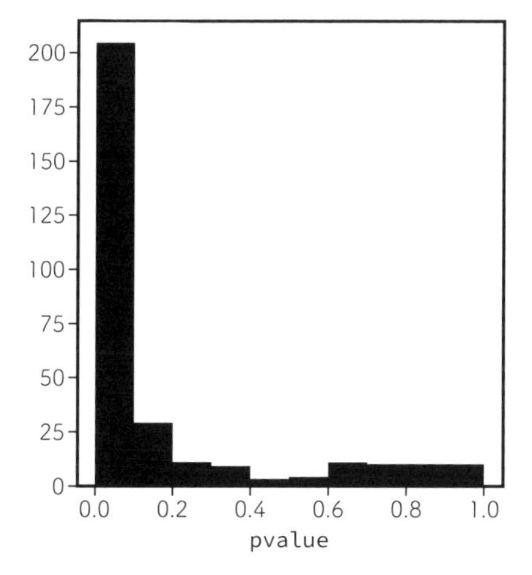

図 3.9　プログラム 3.6 の出力結果の可視化

得られたヒストグラムを見ると、p 値が 0 に近いほうが、明らかに出現頻度が高いことがわかります。3.2.1 項でもそうでしたが、クラスター A/B テストとして収集したデータに対して通常の A/B テストの分析を行うと、仮に本当は効果がなかったとしても統計的に有意な結果が出やすくなります。その結果として、A/A テストのリプレイをしたときに、偏った分布をもつヒストグラムが生まれるのです。

分析方法が適切である場合、p 値のヒストグラムは、3.2.4 項で見たように、一様分布のような形状になるはずなので、A/A テストのリプレイは失敗したといえるでしょう。やはり、クラスター A/B テストで通常の A/B テストの分析手法を用いることは、擁護できない選択なのです。

クラスター A/B テストの分析方法

それでは、クラスター A/B テストではどのように分析を行えばよいでしょうか？　その方法はさまざまに考えられますが、本書では回帰分析を活用する方法を紹介します*7。クラスター A/B テストでは、次のような回帰式を考えます*8。

$$Y_{ic}=\beta_0+\tau W_c+\epsilon_{ic} \tag{3.1}$$

このクラスター A/B テストではクラスターが全部で C 個あり、あるサンプルはそのうちのクラスター c に所属しているとします。Y_{ic} はクラスター c に所属するサンプル i のアウトカムです。W_c はクラスター c の割り当てです。「クラスター A/B テストでは、各々のサンプルの割り当てはクラスターという粒度で定まる」ことが、クラスターを表す添字 c を通じて読み取れます。ϵ_{ic} はクラスター c に所属するサンプル i の誤差項です。

この回帰式の推定の際は、**クラスター頑健標準誤差**を用います。クラスター A/B テストはサンプルの単位と割り当ての単位が異なるため、誤差項 ϵ_{ic} に特有の構造を課して標準誤差を算出します。このようなアイディアに基づいて算出された標準誤差のことを、クラスター頑健標準誤差とよびます。

---

*7 〔1〕などの A/B テストを解説する本や資料には、こういったクラスター A/B テストの分析方法として**デルタメソッド**を紹介しているものが多いです。デルタメソッドも有用な方法ですが、専門的な論文を読んで使いこなせるチームでないと利用するのは難しいでしょう。統計解析の初心者であってもライブラリの支援を得やすいという点で、本書では後述するクラスター頑健標準誤差を利用した方法を紹介します。デルタメソッドとクラスター頑健標準誤差は、同じ結果になることがわかっています〔9〕。

*8 回帰式で記述されてもわかりにくいという方は、後述する分析例を見ていただくのがよいかと思います。

たとえばユーザーをクラスターとするとき、同一ユーザーの行動や振る舞いはある程度似通ってくると考えられます。クラスターごとに割り当てを行うならば、このようなクラスター内での類似性を考慮して分析しないといけないのです。この割り当てがクラスター単位であるときの標準誤差の用いかたを理解するためには、発展的な統計学の学習が必要であり、本書ではこれ以上の解説をしません。ひとまず、「違うものを使わないといけない」という点だけ把握してください。

Tips 俳句

さきほど名前を紹介したクラスター頑健標準誤差について、計量経済学では次のような「俳句」が知られています。

T-stat looks too good
Use robust standard errors-
significance gone.

これは、「統計的に有意な差があるように見えて喜んでいたが、頑健標準誤差を用いるとその有意差はなくなってしまった」という内容です。苦労して収集したデータから見えてきた関係性が、クラスター頑健標準誤差を用いることで統計的な有意差が得られなくなってしまうというのは、分析者からすれば目の前にあったご馳走にありつけないようなものです。悲哀を表現するこの俳句が密かに人気を誇っていることからも、クラスター頑健標準誤差を用いることの重要性がうかがえます。

クラスターA/Bテストの分析の実装

クラスターA/Bテストの分析を実装してみましょう。例として、これまで同様にウェブアプリのUI変更の例を考えます。すなわち、データは3.2.1項の表3.1で示したものです。そのため、ここでは「施策効果はない」という分析結果になることを期待します。このクラスターA/Bテストデータを用いた分析は、次のように実装します。

プログラム 3.7　クラスター A/B テストデータの分析

```
df_cluster_trial = pd.read_csv(URL_CLUSTER_TRIAL)
# 施策効果の推定
result = smf.ols(
    formula="is_click ~ is_treatment", data=df_cluster_tri
al
).fit()
# クラスター頑健標準誤差を用いて分析する
result_corrected = result.get_robustcov_results(
    "cluster", groups=df_cluster_trial["uid"]
)
result_corrected.summary().tables[1]
```

2.6 節で紹介した回帰分析の実装とほとんど変わりませんが、1 点だけ大きく違うところがあります。それは、次の分析結果を得る部分です。

```
result_corrected = result.get_robustcov_results(
    "cluster", groups=df_cluster_trial["uid"]
)
result_corrected.summary().tables[1]
```

ここがクラスター頑健標準誤差を用いて分析を行っている箇所です。具体的には、result という名前がついたオブジェクトの get_robustcov_results 関数を用いて、クラスター頑健標準誤差を用いた分析結果を得ています。その際に groups=df_cluster_trial["uid"]のところでクラスターとして uid を表す列を指定し、uid が同じであれば同じクラスターであることを入力しています。

結果として、表 3.5 のような分析結果を得ます。

表3.5 プログラム3.7の実行結果

	coef	std err	t	P>|t|	[0.025	0.975]
Intercept	0.5216	0.033	15.632	0.000	0.456	0.587
is_treatment	−0.0232	0.043	−0.539	0.590	−0.108	0.062

施策効果を表すis_treatmentにかかるp値は0.590であり、推定結果は統計的に有意ではありません。通常のA/Bテストの手法で分析したとき（表3.2）の施策効果の推定値が有意であったことと比較すれば、期待どおりの結果になっているといえるでしょう。このように、クラスターA/Bテストでは、誤差項に一定の仮定を課して推定値の標準誤差を補正しながら分析を行うのです。

念のため、このクラスターA/Bテストが意図どおりに機能することを確かめていきましょう。クラスターA/Bテストにおける分析手法の正しさを示したいので、失敗例を示したときと同様に、A/Aテストのリプレイを行えばよさそうです。

プログラム3.8 A/Aテストのリプレイ（クラスターA/Bテストのデータに対してクラスター頑健誤差を用いて分析を行った場合）

```
def assign_treatment_randomly(uid, salt):
    return (
        int(hashlib.sha256(f"{salt}_{uid}".encode()).hexdi
gest(), 16)
        % 2
    )


rng = np.random.default_rng(seed=0)
replays = []
for i in tqdm(range(300)):
    # 擬似的な割り当て
    salt = f"salt{i}"
```

```
    df_cluster["is_treatment_in_aa"] = df_cluster["uid"].a
pply(
        assign_treatment_randomly, salt=salt
    )
    # 分析
    result = smf.ols(
        formula="is_click ~ is_treatment_in_aa", data=df_c
luster
    ).fit()
    result_corrected = result.get_robustcov_results(
        "cluster", groups=df_cluster["uid"]
    )
    pvalue = result_corrected.pvalues[
        result_corrected.model.exog_names.index("is_treatm
ent_in_aa")
    ]
    # 情報の格納
    replays.append(pvalue)

fig, ax = plt.subplots(1, 1, figsize=(5, 4))
ax.hist(replays)
ax.set_facecolor("none")
ax.set_xlabel("pvalue")
ax.set_title("distribution of pvalue")
plt.show()
```

このプログラムの実行結果が、図3.10です。

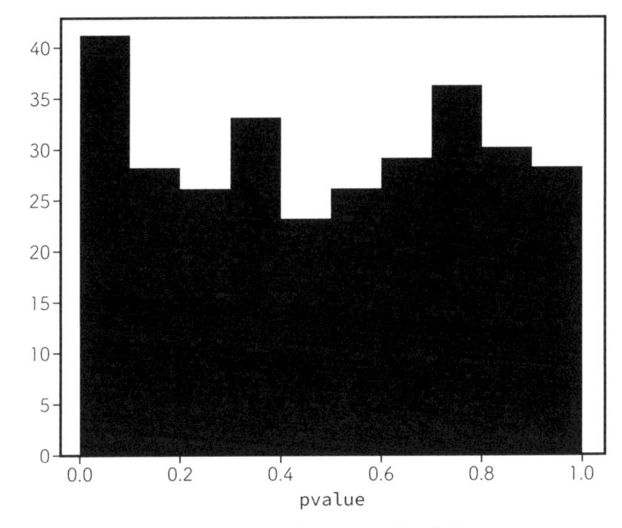

図 3.10 プログラム 3.8 の実行結果

結果からわかるとおり、得られたp値の分布は一様分布に近いようです。このように、クラスター頑健標準誤差を用いることで、クラスターA/Bにおける施策効果分析が可能となります。

Tips アイディアでA/Bテストを行う

筆者の近所にあるドラッグストアには公式モバイルアプリがあり、そのアプリでは、店舗ごとの購買情報の閲覧やクーポンの利用が可能です。クーポンのなかには、図3.11のようなルーレット形式のものがあり、ルーレットを回して当たりが出るとクーポンを獲得できます。

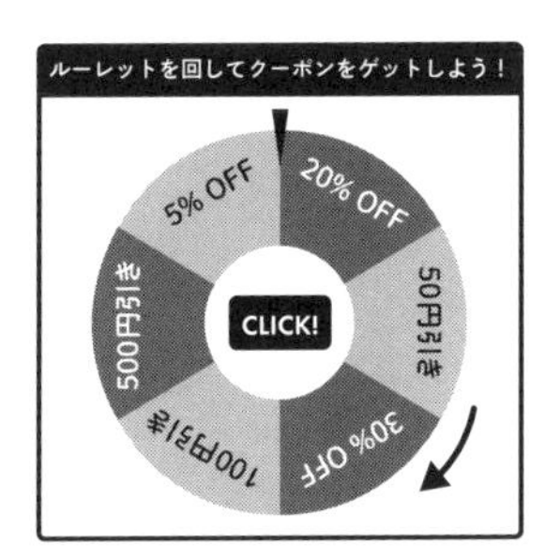

図 3.11 ドラッグストア公式アプリのルーレットクーポンのイメージ

筆者は、このようなゲーム要素はA/Bテストを自然に導入するよい方法だと思いました。もしクーポンがユーザーごとに配布・非配布に分けられていた場合、不平等感が生まれてしまい、A/Bテストそのものが中止になる可能性があります。しかし、ゲーム形式にすることで、「ゲームで運がよかったからクーポンをもらえた」という感覚になり、不平等感は比較的軽減されるでしょう。そして、ゲームを通じてクーポンを配布することで、A/Bテストを自然に行うことができます。

A/Bテストは、時に不公平・不平等感をもたらすことがありますが、アイディア次第で適切に導入することも可能です。ゲーム要素を取り入れることはその一例です。実務の現場ごとに状況は異なるため、A/Bテストの担当者それぞれが独自のアイディアを考案する必要があります。

そのようなアイディアの1つとして、「段階的に施策を導入する際の順番をランダムに割り当てる」という方法が知られています。「段階的な施策の導入」とは、施策を全サンプルに対して同時に実施するのではなく、施策の適用範囲を段階的に広げていくものです。たとえば、2段階を想定した場合、1段階目ではサンプルの一部に施策を導入し、2段階目では1段階目で対象外だった人に施策を導入します。

この場合、この段階的な施策の導入にあたっての順番をランダムに割り当てることを考えます。つまり、ユーザーによって1段階目で施策の対象になるか、2段階目で施策の対象になるかをランダムに割り当てるのです。A/Bテストにおいて施策を行った群と行わなかった群が存在すると、不平等感が生じてしまいますが、全サンプルが最終的に施策の対象になることを考慮すると、その不平等感は軽減されます。その後は、通常どおりA/Bテストによって得られたデータを分析し、結果を評価するだけです。

ランダムな割り当てに懸念がある状況であっても、簡単にA/Bテストの実行を諦めなくてもよいかもしれません。まずはA/Bテストを可能にするアイディアを考えてみるところから始めてもよいでしょう。

3.3.2 層化A/Bテスト

 point

- **層化A/Bテスト**は、サンプルが集まって形成される層（**サブグループ**）ごとにランダムな割り当てを行うA/Bテストである。
- 層化A/Bテストは、サブグループごとでの均等な割当割合を実現でき、より効率的な施策効果分析を可能にする。
- 層化A/Bテストで収集したデータを分析するためにはサブグループごとに**ダミー変数**を組み込んだ分析を行う。

ランダムな割り当てで発生した偏りがアウトカムに影響を与えそうな場合は？

太郎くんは新たなプロジェクトにアサインされ、今回はとある化粧品の購買額の向上を目指すことになりました。とはいえ、相変わらずやるべきことはA/Bテストに変わりありません。しかし、A/Bテストのためにユーザーをトリートメント群とコントロール群に割り当てたところ、次のような事実に気づきます。

「あれ、トリートメント群の男性割合は55%で、コントロール群の男性割合は45%になっているな」

ユーザーごとにランダムにトリートメント群とコントロール群に割り当てたのですが、性別の割合に差が生まれてしまいました。この偏りそのものはおかしくない事象ですが、太郎くんは不都合な点に気づきます。

「今回の商材は女性向けの化粧品だ。おそらく、男性は今回販促する化粧品をほとんど買わないだろう。そうなると、この性別割合の違いがそのまま結果に影響するのでは？」

このA/Bテストで知りたいことは、性別がこの化粧品の購買額に与える影響ではなく、マーケティング施策の効果です。このままでは、A/Bテストを行っても知りたい効果を得ることは難しいかもしれません。

ランダムな割り当ては均等な割り当てを必ずしも実現しない

A/Bテストを実行してみたはいいものの思うようにワークしなかった、という話は、実務においても頻繁に耳にします。これまでにもいろいろな理由を議論してきましたが、それ以外によくある理由として「サンプルごとにランダムな割り当てをした結果、分析がうまくいくとは思えない偏った割り当てになってしまった」というケースが挙げられます。

さきほどの太郎くんのケースを考えてみましょう。ランダムな割り当ての結果として、トリートメント群の男性割合が“たまたま”55%になっています。ランダム割当の結果として性別の比率に差が生まれること自体は、自然に起こりうる偏りです。しかし、この“たまたま”の偏りが、バイアスのない分析を妨げる可能性があります。女性のほうが当該化粧品を購入しやすい傾向にある場合、女性の割合が“たまたま”低くなってしまったトリートメント群は、その“たまたま”の偏りが購買金額に反映されて、本来よりも低い施策効果が導かれてしまうかもしれません。

このように、ランダム割当の結果として生じうる“たまたま”の偏りは、時として分析結果にバイアスを与えてしまう可能性があります。サンプルの“たまたま”な偏りが、アウトカムに強い影響を与える**共変量**（2.6節参照）であればなおさら、このような問題は深刻になります[*9]。

---

*9 逆にいえば、アウトカムと相関が弱い変数ならば、このような偏りは問題ありません。実務において、とりとめもない値も含めて多くの変数がログデータに残っていると思われます。そういったなかで、気にしなくてもよいものはやはり気にしなくてよいわけです。

このような失敗がどれくらい発生するか想像してみるために、シミュレーションをしてみましょう。男女がちょうど半々いる500人のサンプルに対してランダムな割り当てを行った場合の、トリートメント群の男性割合を計算してみます。この割り当てを100回行ったときの、男性割合のヒストグラムを見てみましょう。このシミュレーションは、次のコードで簡単に実行できます。

プログラム3.9 シミュレーション：ランダムな割り当てをした場合の性別割合の偏り

```
rng = np.random.default_rng(seed=0)
ratio = [
    rng.choice([0, 1], p=[0.5, 0.5], size=500).mean()
    for _ in range(100)
]
plt.hist(ratio)
plt.xlabel("male ratio")
plt.ylabel("frequency")
plt.show()
```

このコードを実行すると、図3.12が表示されます。このグラフからは、少なくない頻度で男性割合45%や55%といった「偏った」値が実現していることを見てとることができます。つまり、ランダムな割り当てを実施していても、偶然の結果として重要な変数の割合が偏ってしまうのです。みなさんがA/Bテストを実施した際にも、こういった問題が起きていると考えられます。

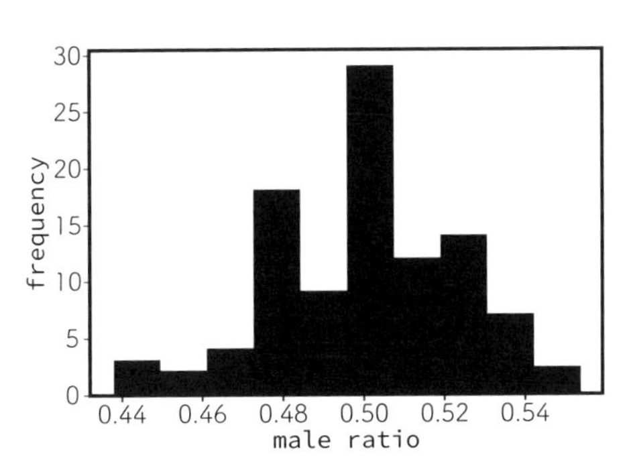

図3.12 プログラム3.9の実行結果

厄介なのが、このような不均衡な割り当ては、しばしば分析工程に入ってから発見されるということです。ランダムな割り当てを行うだけ行って、男女割合の違いといったサンプルの偏りまでは考えないまま、施策を実施してデータ収集を終えてしまうケースがあとを絶ちません。多くの実務家が、データ収集を終えていざ分析となった際に事前の仮説どおりの結果を得られず、くわしく調べていくなかで属性が偏っていることに気がつくのです。コストをかけてA/Bテストを実行したのにもかかわらず、偏ったデータを得てしまうことは痛恨の極みでしょう。このような失敗の可能性を前にして、「A/Bテストはランダムに割り当てを行うのだ」と、原理原則を振りかざし偏ったデータを用いることは、正しい意思決定という目的からするとむしろ有害だといえます。

さらに、この「ランダムな割り当ては均等な割り当てを必ずしも実現しない」体験は、歪んだ知見を現場にもたらす場合もあります。筆者は以前、ランダムな割り当てでは体重が均等にならないことから、データを体重で並び替えて、上から順番にトリートメント群とコントロール群に割り当てている例を見たことがあります。このような割り当てを行えば、確かに体重は両群はほとんど均等になります。一方で、これではランダムな割り当てにはなっておらず、常にトリートメント群のほうが平均的な体重は高くなってしまいます。

このように、「偏った割り当てが分析の障害になるのだから、均等な割り当てをはじめからしてしまえばよいのでは」という発想に到達する人は珍しくありません。しかし、このやりかたでは、正しく効果検証を行うことはできません。

では、どうしたらよいのでしょうか？

層化A/Bテスト：共変量を利用した割り当てのデザイン

このようなときに使える手法として、**層化A/Bテスト**が存在します。層化A/Bテストはデータをいくつかの**サブグループ**[*10]に分割し、そのなかで均等にランダムな割り当てを行う方法です。図3.13にアイディアを図示してあります。図内の白と灰は割り当てを意味し、4つのサブグループのなかにある丸は、白か灰かをランダムに割り当てされています。各々の丸がサンプルを表すとすれば、サブグループとは、性別や地域など特定の変数の値が同一となる集合のことを指します。

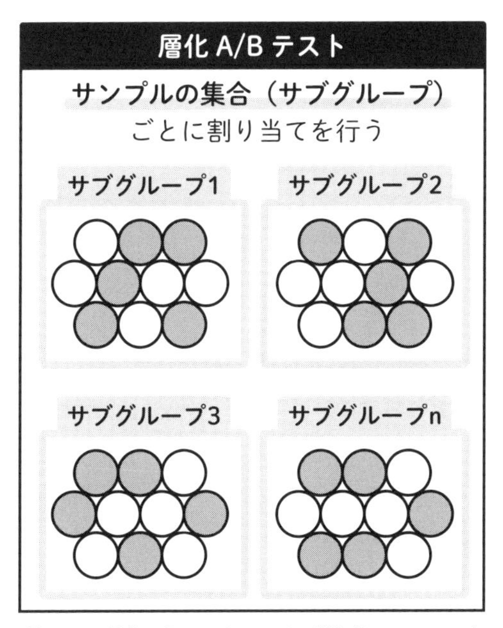

図3.13 層化A/Bテストにおける割り当てのイメージ

*10「サブグループ」は、strataという用語の訳として使っています。単純に和訳すると「層」となるのですが、わかりにくいので、本書ではサブグループとします。

層化 A/B テストとは、このようなサブグループごとにランダムな割り当てを行うデザインです。各々のサブグループのなかでは、白か灰かが均等に５つずつ割り振られています。こうすれば、均等な共変量の値を生むことができます。

層化 A/B テストは、いわば「サブグループごとに A/B テストを行うデザイン」と考えることができます。さきほど、ランダムな割り当てが逆説的に均等ではない共変量の値を生む可能性があることを指摘しましたが、層化 A/B テストではそのような心配はありません。なぜならば、そのような懸念がある共変量でサブグループへの分割を行うような層化 A/B テストを行えばよいからです。

たとえば、年齢が大きくアウトカムと相関してしまう可能性があるならば、そもそも年齢のセグメントを用いて層化 A/B テストを行えばよいのです。もちろん、後述するように、その場合には層化 A/B テスト専用の分析方法を用いる必要があります。しかし、アウトカムと相関が強い変数が事前に既知である場合には、層化 A/B テストは非常に強力な A/B テストデザインになるのです。

層化 A/B テストの利点：リスクの低減と効率化

層化 A/B テストを通常の A/B テストと比較したときの利点を整理しておきます。まず、層化 A/B テストは、偏ったサンプル割り当てを防止することで、分析が失敗するリスクを低減させることができます。すなわち、層化 A/B テストは、ランダムな割り当てがかえって偏ったサンプル割当を引き起こし、分析が失敗する可能性を低下させるのです。偏ったサンプル割当に悩んでいる実務家にとっては、層化 A/B テストというデザインは力強い味方になるのです。

*11 統計学の言葉でいえば、検出力が向上します。

加えて、層化A/Bテストは、層の作りかた次第で通常のA/Bテストよりも大きく「効率的」になります*11。施策効果の分析において、効果があるときに正しく「効果がある」といえるかどうかは、意思決定の質を保つために重要です。たとえば、サンプルサイズが少ないときには、どうしても分析結果の不確実性が高く「効果はありそうなんですが、サンプルサイズが少ないので確度は低いです」といった煮え切らない態度をとることになります。そのため、十分に検討された層化A/Bテストを実行することは、多くのサンプルサイズを確保できない実務の現場において有用なのです。

層化A/Bテストの欠点：オペレーションコストの増大

とはいえ、層化A/Bテストに欠点がないわけではありません。欠点の1つとして、実務上のオペレーションコストが挙げられます。事前にサブグループを定める必要があることから、どの変数を使ってサブグループを作るかを考える必要があります。つまり、ただ割り当てを行う通常のA/Bテストと比べると、適切な共変量を選びそのもとでサブグループを作るコストが追加で必要となります。加えて、このオペレーションはすべて施策実施前に終わらせないといけません。実務家は、偏りの修正と効率という2つのメリットと比較するなかで、層化A/Bテストを用いるかどうかを定める必要があります。

層化A/Bテストの割当方法

層化A/Bテストでは、サンプルをサブグループに分割したあとにランダムな割り当てを行います。サブグループの分割方法に定められたルールはないため、おかれている状況に応じた分割を行えばよいでしょう。たとえば、いま関心のある変数が3つあれば、その3つすべてを用いたサブグループ分割を行えばよいわけです。

このとき、節頭で挙げた性別のような、アウトカムと相関が強い変数を用いてサブグループ分割を行うと、層化A/Bテストのメリットを享受しやすくなります。性別がアウトカムに強い影響を与えるならば、性別ごとに均等な割り当てを行えばよいのです。このような処置をすることで、分析がより効率的になり、不均等な共変量の割り当てに対してより頑健な分析が可能になります。

ここまで、3.3.1項および3.3.2項を通じて、A/Bテストとして決まりきったなにか1つの割り当ての方法があるわけではなく、さまざまな割り当て方法があることを説明してきました。すなわち、クラスターA/Bテストおよび層化A/Bテストを用いることで、ランダムな割り当ての単位をさまざまに考えることができます。実務家は、現場の状況に応じて、複数の選択肢のなかから適切な割り当て方法を選択する必要があります。2章で強調したように、A/Bテストを用いて適切に施策効果分析をするためにはデザインが重要であり、クラスターA/Bテストや層化A/Bテストとはその一例でもあるのです。

層化A/Bテストの割り当ての実装

それでは、層化A/Bテストによる割り当ての実装例を見ていきましょう。イメージを掴むために、表3.6に示すデータを対象にします。

表3.6 タイタニック号の乗客データ

	survived	sex	pclass
0	0	male	3
1	1	female	1
2	1	female	3
3	1	female	1
4	0	male	3
…	…	…	…
886	0	male	2
887	1	female	1
888	0	female	3
889	1	male	1
890	0	male	3

このデータは、データサイエンス業界でたびたび演習に用いられる、タイタニック号の乗客データを抜粋したものです*12。今回のデータは、生存(survived)、性別(sex)、客室等級(pclass)の3つのカラムから構成されています。

*12 本データセットは層化A/Bテストの割り当て方法のイメージを掴むために利用しています。使用にあたっての含意は存在しません。

このサンプルに対する層化A/Bテストの割り当てを考えます。今回は、性別と客室等級でサブグループを考えます。実装の例は以下のとおりです。

プログラム 3.10　層化A/Bテストにおけるランダムな割り当て

```
def assign_strata(df_group, ratio_treat, rng, column_nam
e):
    num_samples = round(len(df_group) * ratio_treat)
    df_group[column_name] = 0
    treat_indices = rng.choice(
        df_group.index, num_samples, replace=False
    )
    df_group.loc[treat_indices, column_name] = 1
    return df_group


# データの読み込み
df_titanic = sns.load_dataset("titanic")[
    ["survived", "sex", "pclass"]
]
# groupbyメソッドを用いて無作為抽出
rng = np.random.default_rng(11)
df_titanic_assigned = df_titanic.groupby(
    ["sex", "pclass"], group_keys=False
).apply(
    assign_strata, ratio_treat=0.3, column_name="is_treat"
, rng=rng
)
```

少しだけこのコードについて説明します。最初に定義した関数、assign_strataについて見ていきましょう。

```
def assign_strata(df_group, ratio_treat, rng, column_nam
e):
    num_samples = round(len(df_group) * ratio_treat)
    df_group[column_name] = 0
    treat_indices = rng.choice(
        df_group.index, num_samples, replace=False
    )
    df_group.loc[treat_indices, column_name] = 1
    return df_group
```

関数 assign_strata は、DataFrame のかたちで受け取ったデータ df_group を指定の割当比率 ratio_treat で 1 か 0 に割り当てする関数です。その際に、乱数生成器 rng、割り当てを表すカラム名 column_name も利用します。ここでは、受け取ったデータのサンプルサイズを調べ（len(df_group)）たのちに割り当て比率である ratio_treat をかけることで、1 を割り当てるサンプル数 num_samples を得ています。

次に、乱数生成期 rng の choice 関数は、データ（df_group）の行番号のリスト（df_group.index）から num_samples の数だけ抽出を行います。選ばれた行番号に対してトリートメントを表す 1 を付与しています（df_group.loc[treat_indices, column_name] = 1）。あとは、この関数を利用してサブグループごとに割り当てを行っていきましょう。

```
# groupby メソッドを用いて無作為抽出
rng = np.random.default_rng(11)
df_titanic_assigned = df_titanic.groupby(
    ["sex", "pclass"], group_keys=False
).apply(
    assign_strata, ratio_treat=0.3, column_name="is_treat"
, rng=rng
)
```

ここでは、DataFrameに対して用いることができるメソッドgroupbyを利用して、性別（sex）および客室等級（pclass）の値ごとにデータを分割しています（DataFrameGroupByというオブジェクトを得ます）。分割されたデーター一つひとつに対して、applyメソッドを用いて関数assign_strataを実行しています。その際、割当比率ratio_treatとして0.3を渡し、割り当てを表すカラム名としてis_treatを渡しています。すなわち、トリートメント群になるのは全体の3割です。

以上のコードによって得られたデータdf_titanic_assignedでは、どのような割り当てがなされているでしょうか。はたして、層化A/Bテストで狙っていた、サブグループごとの均等な割り当ては実現できているでしょうか。その点を調べるために、次のようにサブグループごとの割当比率を見てみましょう。

プログラム 3.11　サブグループごとの割当比率を確認する

```
df_titanic_assigned.groupby(["sex", "pclass"])["is_treat"]
.mean()
```

プログラム 3.11 の実行結果

```
sex     pclass
female  1         0.297872
        2         0.302632
        3         0.298611
male    1         0.303279
        2         0.296296
        3         0.299712
Name: is_treat, dtype: float64
```

すべてのサブグループにおいて、割当比率は 30% に近くなっています。層化 A/B テストの意図どおり割り当てができているといえるでしょう。

層化 A/B テストの分析方法

層化 A/B テストで収集されたデータは、どのように分析すればよいでしょうか？　いくつかの手法が考えられるのですが、本書では回帰分析を活用する方法を紹介します。層化 A/B テストでは、やはり通常の A/B テストとは異なる分析手法をとる必要があります。

具体的には、次のような回帰式を考えます。回帰式で記述されてもわかりにくいという方は、後述する例を見ていただくのがよいかと思います。サブグループの数は S 個あるとします。

$$Y_{i,s}=\beta_1\underbrace{\mathbf{1}_{i,1}}_{i\text{ が }s_1\text{ に所属するならば 1、それ以外で 0 をとる値}}+\beta_2\mathbf{1}_{i,2}+\cdots+\beta_S\mathbf{1}_{i,S}+\tau W_{i,s}+\epsilon_{i,s}=\sum_{s\in S}\beta_s\mathbf{1}_{i,s}+\tau W_{i,s}+\epsilon_{i,s} \tag{3.2}$$

$Y_{i,s}$ は、サブグループ s に所属するサンプル i のアウトカムです[*13]。$\mathbf{1}_{i,s}$ はサンプル i がサブグループ s に所属するとき 1 をとり、それ以外のときには 0 をとる値です。β_s は $\mathbf{1}_{i,s}$ についての係数で、回帰分析を通じて推定されるもの

[*13] あるサブグループ s に所属するサンプル i は、ほかのサブグループ s' にも所属することはないとします。

です。これらの項を各サブグループごとに考えるので、$\sum_{s \in S} \beta_s \mathbf{1}_{i,s}$ としてまとめて記述します。

これは、データ分析に関する記述において頻繁に使われる、**ダミー変数**とよばれる変数を式に加える操作です（次のTipsを参照）。そのうえで、サブグループ s に所属するサンプル i の割り当てを $W_{i,s}$ と記述し、その係数を τ とします。$\epsilon_{i,s}$ はサブグループ s に所属するサンプル i の誤差項です。

Tips ダミー変数

データ分析において、ダミー変数とは、性別・出身地・会社名といった簡単には数値化しにくいカテゴリカルなデータを数値データに変換した値です。

出身地を例として考えてみます。データには、X、Y、Z の3つの出身地が観察されているとしましょう。その場合、サンプルごとに「出身地が X ならば1とし、X 以外ならば0をとる」ような値を作ります。同様に「出身地が Y ならば1とし、Y 以外ならば0をとる」「出身地が Z ならば1とし、Z 以外ならば0をとる」という変数も作ることができます。これらの変数をダミー変数とよびます。

通常、ダミー変数を作って統計的な分析をするときには、1つの値を基準にして作成します。出身地についてのダミー変数を作るときには、X、Y、Z のどれか1つを基準値として、ダミー変数の作成の対象から外します。専門的になるので解説を省略しますが、基準となる値を決めることは、分析において多くのメリットがあります。

式(3.2)を回帰分析で推定し、τ について得られた推定値 $\hat{\tau}$ を、層化A/Bテストによって得られた施策効果の推定値とするのです。あとは、これまで行ってきたように、推定値 $\hat{\tau}$ の不確実性を仮説検定や信頼区間などを用いて評価しましょう[*14][*15]。

*14 本書では複雑さを避けるために、最も簡易な手法としてダミー変数を用いた回帰分析を紹介しました。しかし本書で示した方法は、実は一般的な方法ではありません。また、一般的な手法とは、推定しようとする効果が異なります。とくに本書で紹介した手法の推定対象は、平均処置効果とは異なるという点については注意を払ってもよいかもしれません。いずれにせよこれらの議論は高い専門性を要するので、実務者は注意点として知っておけばよいでしょう。一般的な手法に関心がある読者は、〔6〕や〔10〕などの論文を参照してください。

層化 A/B テストの分析の実装

層化 A/B テストの分析を実装してみましょう。ここではシミュレーションによって作成されたサンプルデータを用います（表 3.7）。

表 3.7　シミュレーションデータ：層化 A/B テスト

	is_treatment	group_name	y
0	0	0	−7.094851
1	0	0	−2.853676
2	1	0	−3.024156
3	1	0	−4.989469
4	1	0	−2.724840
...	...	...	...
104	0	1	−9.971287
105	1	1	−10.593688
106	1	1	−6.990840
107	0	1	−7.833720
108	1	1	−9.780341

このデータは、3つのカラムから構成されています。is_treatment 列は、そのサンプルがトリートメント群であれば 1 をとり、コントロール群であれば 0 をとるダミー変数です。group_name 列は個々のサブグループに割り振られた番号を指します。y 列はアウトカムです。

ここから、is_treatment が y に与えている影響、つまり施策効果を見ていきます。このデータは施策効果が 0.5 になるように作成しています。そのため、分析の推定結果が 0.5 に近ければ、適切な分析ができているといえるでしょう。

まずは通常の A/B テストと同じ分析をしてみましょう。通常の A/B テストの分析は、次のように実行するのでした。

---

*15　本手法で得られる値は、いわば複数の層ごとの施策効果を平均したものになります。そのため、分析時には層ごとにも施策効果を推定し、本手法で推定した施策効果と層ごとの施策効果に違いがないか、全体の正負の符号は大体同方向となっているかを観察し、違和感の確認をすると親切でしょう。

プログラム 3.12 層化A/Bテストの分析（通常のA/Bテストと同様に行った場合）

```
df_stratified = pd.read_csv(URL_STRATIFIED_TRIAL)
# 分析
result = smf.ols(formula="y ~ is_treatment", data=df_strat
ified).fit()
result.summary().tables[1]
```


プログラム3.12の実行結果は、表3.8のようになります。

表3.8 プログラム3.12の実行結果

	coef	std err	t	P>|t|	[0.025	0.975]
Intercept	−5.9951	0.332	−18.036	0.000	−6.654	−5.336
is_treatment	0.5530	0.468	1.182	0.240	−0.375	1.481

施策効果の推定値は、is_treatmentという行に表されています。推定値は0.5530と、真の施策効果である0.5に近いです。しかしその標準誤差は0.468と比較的大きく、p値も0.240と統計的に有意ではないことがわかります。そのため、仮説検定による判断を行うとすると、「効果はあるかもしれないけど、確からしいとまではいえない」という煮えきれない結果になってしまいます。

次に、式3.2で示した層化A/Bテストのための分析を実装してみましょう。

プログラム 3.13 層化A/Bテストの分析（ダミー変数を利用した場合）

```
result = smf.ols(
    formula="y ~ is_treatment + C(group_name)", data=df_st
ratified
).fit()
result.summary().tables[1]
```

これまでの回帰分析とほとんど同様ですが、入力する回帰式が y ~ is_treatment + C(group_name)となっており、C(group_name)が加えられています。これは、group_name カラムをダミー変数として回帰モデルに加えることを意味しています。C()でカラム名を囲むことで、ダミー変数として定義しているのです。これは式(3.2)と同様です。

プログラム 3.13 の実行結果は、表 3.9 のようになります。

表 3.9　プログラム 3.13 の実行結果

	coef	std err	t	P>|t|	[0.025	0.975]
Intercept	−4.7373	0.141	−33.649	0.000	−5.016	−4.458
C(group_name)[T. 1]	−5.2247	0.216	−24.182	0.000	−5.653	−4.796
is_treatment	0.5301	0.184	2.878	0.005	0.165	0.895

施策効果の推定値は is_treatment 行に記されており、その値は 0.5301 です。注目するべきなのは標準誤差です。表 3.8 では標準誤差が 0.468 であるのに比べると、この推定値の標準誤差は 0.184 とより小さくなっています。この結果は、分析の不確実性が低下していることを示しています。それに伴い p 値も 0.005 となり、1% の水準で統計的に有意な結果を示しています。

このように、層化 A/B テストで得られたデータは、適切な手法を適用することで適切な分析が可能になるのです*16。

*16 ただし、本節で行っている、層化 A/B テストとして割り当てを行い収集したデータを用いて「通常の A/B テストの分析」と「式(3.2)での分析」を比較するのは、やや不当な比較かもしれません。割り当てと分析はセットであり、比較するならば「サンプルごとの割り当てと分析」の結果と「層化 A/B テストによる割り当てと分析」の結果であるべきだからです。本書はこれ以上の議論を行わず天下り式の紹介に留めますが、関心がある方は巻末のブックガイドなどを参照しながら A/B テストのデザインについての発展的な学習を行うとよいでしょう。

3.3.3 A/B テストにおける処置と割り当ての不一致

 point

- A/B テストでは、トリートメント群に割り当てられたのにもかかわらず、施策が実施されないケースがある。この状況を**処置と割り当ての不一致**、もしくは**ノンコンプライアンスな状況**とよぶ。
- 処置と割り当ての不一致が起きている状況では、**Intent to Treat** の分析と**操作変数法の 2 段階推定を用いた処置効果の復元**の 2 つの手法を考えることができる。

施策が意図どおりに実施されなかった場合はどうしたらよいのだろう？

太郎くんは、相変わらずクーポン配布施策の効果検証を行っています。ただし、今回はメールでクーポンの配布を行うことになりました。各ユーザーにクーポン配布のメールを送信し、各ユーザーはメール内に記載されている URL をタップすることで、該当クーポンを使用できるようになる仕様です。

太郎くんは、ユーザーをクーポンを配布する群と配布しない群に分け、通常どおりの A/B テストを実行しその結果を報告しました。

すると、次のような質問が寄せられました。

「あれ、そういえば、トリートメント群って全員がクーポンを認知しているんでしたっけ？」

「いえ、クーポン配布メールに気づいていないユーザーもいるようです。メールの開封率は 100% ではありませんでした」

「そういうユーザーはクーポンが配布されていることに気づいているのでしょうか？　もし気づいていないとしたら、それってクーポンを配布していないことと同じではないですか？」

太郎くんは、その質問にうまく答えられませんでした。

施策における意図と実態の乖離

本節までは、トリートメント群に割り当てたサンプルには施策を実施することができるという前提で議論を行ってきました。

しかし、実は必ずしもそうではありません。さきほどの太郎くんの例を考えてみましょう。ここで知りたかったのは、「クーポンの配布」という施策が与える影響です。一方で、実際に行われた施策は「クーポンURLが記されたメールの送信」になります。この2つは似ているようで微妙に異なります。メールを受信しても、開封しないユーザーがいるためです。

たとえば、メールマガジンは自動的にゴミ箱に割り振られるように設定しているユーザーは、少なくないでしょう。こういったユーザーはそもそもクーポンの存在を認識していないので、施策が適切に実施されたとしても「クーポンが配布された」とは言いがたいわけです。

実務における「施策の意図（**施策意図**）」と「実際に行われた施策（**施策実施**）」は、以下のように整理できます。

- **施策意図**：施策をサンプルやユーザーに対して行おうとしているという意思や意図のこと。
- **施策実施**：実際に施策が行われたこと。施策意図とは異なり、現実の制約やユーザーの行動によって変化する可能性がある。

メールでのクーポン配布でいえば、施策意図は「トリートメント群にメールでクーポンを配布する」、施策実施は「クーポンメールの送信」となります。このように、施策意図と施策実施は乖離することがあります。施策が意図どおり実施されないケースのことを、**処置と割り当ての不一致**、もしくは**ノンコンプライアンスな状況**とよびます。これは、製薬などの臨床の現場で古くから問題視されてきた課題です。

新薬の効果検証では、伝統的にA/Bテストと同様の手続きが行われてきました。その際、トリートメント群として新薬を処方されたにもかかわらず、その新薬を服薬しない被験者の存在が指摘されてきました。このような「割り当てを行っても施策に従わないサンプル」のことを、以降は**ノンコンプライアンスなサンプル**とよびます。

ノンコンプライアンスなサンプルが存在する状況下では、分析に注意が必要です。トリートメント群には施策を受けていないサンプルもおり、その事実を無視した分析結果は、施策を受けていないサンプルの影響を大きく受けてしまいます。

このような場合、どうしたらよいでしょうか。ノンコンプライアンスなサンプルが存在しないように、強制的に施策を実施すればよいのでしょうか？

治験の例を考えれば、実験の管理者が服薬状況を注意深くモニタリングすることで、ノンコンプライアンスなサンプルをかぎりなく0にできるかもしれません。しかし、そのような強制力を発揮することが難しいケースも多いでしょう。たとえば、クーポン配布メールの例を思い出せば、全員にメールを開くことを強制することは、国家権力をもってしてもなお難しいでしょう*17。

さて、このときやってはいけない分析の例として、トリートメント群を「意図どおり施策を実施したサンプルだけに絞る」ことが挙げられます。クーポンの配布の例でいえば、クーポンメール配布後にメールを開いた人をトリートメント群、クーポンメールが配布されなかった人をコントロール群として分析すると、バイアスのある施策効果を推定してしまいます。この手法は、基本的には正しい分析結果を導きません。メールを開いたユーザーとメールを開いていないユーザーのあいだには、なにかしらの差がありそうだからです。

たとえば、近々来店する予定があるユーザーは、そのときの購買をお得にするために積極的にメールを開封するインセンティブがあるでしょう。メールを開封したユーザーに絞って分析することは、単にメール開封率が高いユーザーの性質を調べるだけになってしまう可能性があります。これは2.3節で記したバイアスを含んだ分析にほかなりません。ランダムな割り当てこそがA/Bテストの最も重要な要素ですが、このようにサンプルを絞ってしまうと割り当てはランダムではなくなってしまいます。

施策意図の効果の分析：Intent to Treat

ここで、とりうる方針を2つ挙げます。1つめの方針は、施策効果そのものの分析を諦めて、施策意図の効果を分析することです。ノンコンプライアンスなサンプルが存在するA/Bテストにおいても、「クーポンを配布しようとし

---

*17 もしそんなことが可能であるならば、A/Bテストの前にその管理社会っぷりに思いを馳せるべきでしょう。

た」「新薬を処方して服薬させようとした」という施策意図の効果ならば分析できます。A/B テストで行った割り当てが、そのまま「施策を行おうとしている」施策意図の有無を表すからです。このような施策意図の効果のことを、**Intent to Treat** ともよびます。Intent to Treat の効果は必ずしも知りたかった施策効果そのものではないかもしれません。それでも、なにもわからないよりは幾分もマシでしょう。状況によっては、Intent to Treat の効果しか分析できないこともあります。太郎くんの例でいえば、メールの開封を観測できない場合はそうなることでしょう。そのようなときには、メールの配布という施策意図についてのデータしかないため、施策意図の効果を分析するほかありません。

施策効果の復元：操作変数法の 2 段階推定

もう 1 つの方針は、施策を実施した効果を復元するというものです。「施策を行おうとした」という施策意図の情報と「施策を行った」という施策実施に関する情報があれば、その両者から施策効果を分析することができます。

復元の方法として、本書では**操作変数法の 2 段階推定**という手法を紹介します。この手法の理論を説明することは本書の範囲を超えるため、本書では手順だけを紹介します*[18]。X_i という共変量をもつサンプル i に対して、割り当てを W_i と表し、施策が実施されたかを T_i で表すとします。その際の施策 T_i がアウトカム Y_i に与えた影響の分析は、次のようなステップを踏みます。

手順① 施策を割り当てで回帰分析する

次のような回帰式(3.3)を推定します。

$$T_i = \gamma_0 + \gamma_1 W_i + \gamma_2 X_i + \epsilon_i \tag{3.3}$$

これは、ランダムに割り振られた割り当てを説明変数として、施策を実施したかを被説明変数とする回帰分析です。章頭の例でいえば「トリートメント群に割り振られたか否か」が説明変数となり、「クーポンを受信したか＝メールを開封したかどうか」が被説明変数となります。このとき、性別や年齢といった共変量 X_i を加えることができます*[19]。

*[18] 実務ではこの手順すらライブラリの支援の下でスキップして分析することができます。
*[19] 割り当て以降に得られる情報を共変量に用いてはいけません。

手順② 回帰分析に基づいて予測値を算出する

手順①のあと、γ_0 や γ_1 などの推定値として $\hat{\gamma}_0$ や $\hat{\gamma}_1$ といった値を得ています[*20]。これらの推定値を用いて、施策の予測値 $\widehat{T}_i$ を算出します。

$$\widehat{T}_i = \hat{\gamma}_0 + \hat{\gamma}_1 W_i + \hat{\gamma}_2 X_i + \epsilon_i$$

この $\widehat{T}_i$ は実際の割り当ての値とは異なり、予測値に過ぎません。手順①と手順②を合わせて、**2段階推定の1段階目**とよびます。

手順③ アウトカムを予測値で回帰分析する

手順②で求めた予測値 $\widehat{T}_i$ を説明変数にして、分析したいアウトカムを被説明変数とする回帰分析を行います（式(3.4)）。これが**2段階推定の2段階目**です。

$$Y_i = \beta_0 + \tau \widehat{T}_i + \beta_1 X_i + \xi_i \tag{3.4}$$

このとき、τ の推定値 $\hat{\tau}$ が、いま関心を寄せている施策 T_i の効果の推定値になります。このように2つの回帰式を推定していくため、操作変数の2段階推定とよばれています。

ある程度くわしい人向けに念のため注記しておきますが、操作変数法を用いれば常に施策効果が分析可能になるというわけではありません。操作変数法とは数多くの書籍で紹介されている手法であり、ともすれば「操作変数法を用いれば施策効果を分析できるのだ」という誤った理解を惹起しかねません。強調しておきますが、操作変数法そのものが適用可能なケースというのは非常にまれで、非専門家が軽々しく手を出してよいものではありません。

*20 このとき、$\hat{\gamma}_1$ が統計的に有意かどうかは気にしてもよいでしょう。もし $\hat{\gamma}_1$ が統計的に有意でなければ、割り当て W が施策の実施に影響を与えているとはいえません。その場合、テストデザインになにかしらの問題を抱えている可能性が高いです。

本書では、「A/B テストを実施してノンコンプライアンスなサンプルが存在する」という特定の状況において、操作変数法の 2 段階推定という手法を適用することができると言っているに過ぎません。ただ、A/B テストの分析時にはその状況に頻繁に遭遇するため、特別に紹介しているのです。

ノンコンプライアンスな状況下における A/B テストの分析の実装

手触りをつかむために、ノンコンプライアンスな状況下における A/B テストの分析を実装してみましょう。想定するのは、太郎くんが取り組んだ「メールによるクーポン配布施策についての A/B テスト」のケースです。クーポンをメール配信しても開封されるとはかぎらないという状況下で、クーポンメール配布の効果を調べるために A/B テストを行ったとします。

A/B テストのあと、表 3.10 のようなデータが収集されたとしましょう。

表 3.10　クーポン配布データ

	assignment	x	is_deliver	purchase
0	0.0	0.017286	0.0	10563.182011
1	1.0	−0.037921	1.0	8861.781424
2	1.0	0.056103	0.0	11450.231477
3	1.0	−0.213583	0.0	8357.833101
4	0.0	0.023237	0.0	10755.016507
…	…	…	…	…
995	0.0	−0.082353	0.0	9127.673875
996	0.0	−0.108672	0.0	9919.530298
997	1.0	−0.125113	0.0	9469.139734
998	1.0	0.140215	1.0	11103.908090
999	1.0	−0.091654	0.0	9566.498515

assignment 列は A/B テストにおける割り当てを表しています。1 はトリートメント群、0 はコントロール群です。トリートメント群に対してはメールを送信しますが、必ずしもメールが開封されるわけではありません。その「メールを開封したか」を表しているのが is_deliver 列です。メールを開封したか否かにかかわらず、その後対象となったユーザーの購入額を表したのが purchase というカラムです。x 列はユーザーのなにかしらの特徴を表すカラムです。

最初に、通常のA/Bテストと同様に分析をしてみます。この場合、次のような回帰式(3.5)を推定することになります。

$$purchase_i = \tau_0 + \tau_1\, assignment_i + \epsilon_i \tag{3.5}$$

この回帰式における τ_1 が施策効果であり、クーポンメールの配信効果となります。では、この式を推定してみましょう。これまで同様に、回帰式の推定は次のように実装できます。

プログラム 3.14　施策意図の効果の分析：Intent to Treat

```
df_noncompliance = pd.read_csv(URL_NONCOMPLIANCE)
# Intent to Treatの分析
result = smf.ols(
    formula="purchase ~ assignment", data=df_noncompliance
).fit()
result.summary().tables[1]
```

この結果は、表3.11のように出力されます。この結果を解釈してみましょう。施策効果 τ_1 にあたるものが、assignment行coef列に書かれている197.0536という値です。すなわち、トリートメント群に割り当てられメールが送信されたことで、購買金額が1人当たり197円ほど増加しているということを指し示しています。

表 3.11　プログラム 3.14 の実行結果

	coef	std err	t	P>|t|	[0.025	0.975]
Intercept	9918.2820	64.690	153.321	0.000	9791.338	1e+04
assignment	197.0536	72.320	2.134	0.033	15.890	378.217

このデータをよくよく見てみると、おもしろいことがわかります。次のようにして、トリートメント群およびコントロール群の平均的なメール開封割合を見てみます。

プログラム 3.15　平均的な開封割合の確認

```
df_noncompliance.groupby("assignment")["is_deliver"].mean
()
```

プログラム 3.15 の実行結果

```
assignment
0.0    0.000000
1.0    0.450102
Name: is_deliver, dtype: float64
```

コントロール群である $assignment_i=0$ なユーザーの開封割合は当然 `0` ですが、トリートメント群である $assignment_i=1$ なユーザーであっても、開封割合は `0.450102`、つまり 45% 程度です。クーポンを配布することを狙ってトリートメント群であっても、メールを開けてすらいないユーザーが半数程度いるのです。つまり、さきほどの効果は、45% ほど存在する開封していないユーザーを含めたうえでの 1 人当たりの効果だったことになります。開封していない場合には効果が 0 であるため、197 円という施策効果の推定値は実際にクーポンが配布されたユーザーでの効果よりもかなり小さい値だったと考えられます。

Intent to Treat の分析としての構造を整理しておきましょう。今回のトリートメント群は「メール送信を行った群」であり、言い換えれば「クーポンを配布しようとする意図が所在する群」だといえます。これを分析した結果得られるのは、「クーポン配布の効果」ではなく、「クーポンを配布しようとした」という意志／意図の効果を推定したものだ、といえるでしょう。表 3.11 は、この「意志の推定」の結果でした。実際にどれだけの人にクーポン配布がなされたかどうかは別として、クーポンを配布しようという意思は購買金額を 197 円上昇させたといえます。

しかし、意思決定において、クーポン配布の効果そのものを知りたいこともあるでしょう。クーポンの配布には割引というコストがかかりますから、その効果がコストに見合うものであればメールの送信範囲を拡大させればよいですし、見合うものでなければ縮小させなければいけません。Intent to Treat の効果は補助的な情報にはなるかもしれませんが、決定的な情報にはなりません。

クーポン配布そのものの効果を推定するために、さきほど紹介した操作変数の2段階推定を行います。手順はすでに紹介しましたが、例題の状況に合わせて、再度その手順を示します。

最初に、次の式(3.6)による1段階目の回帰分析を行います。

$$is\_deliver_i = \gamma_0 + \gamma_1\, assignment_i + \gamma_2 x_i + \xi_i \tag{3.6}$$

この回帰によって、$\hat{\gamma}_0$ や $\hat{\gamma}_1$ といった係数の推定値を得ることができます。この推定値を用いると、次のような式(3.7)を用いて、$is\_deliver_i$ の予測値 $\widehat{is\_deliver_i}$ を計算できます。

$$\widehat{is\_deliver_i} = \hat{\gamma}_0 + \hat{\gamma}_1\, assignment_i + \hat{\gamma}_2 x_i \tag{3.7}$$

予測値 $\widehat{is\_deliver_i}$ を用いて、2段階目として回帰式(3.8)を推定します。

$$purchase_i = \beta_0 + \beta_1 X_1 + \tau\, \widehat{is\_deliver}_i + \epsilon_i \tag{3.8}$$

この回帰式の推定によって得られた推定値 $\hat{\tau}$ が、施策効果の推定値です。このように2つの回帰式を推定していくため、操作変数の2段階推定とよばれるのでした。

では、この式を推定してみましょう。プログラム3.16は、Intent to Treat の分析（プログラム3.14）と重複する箇所があるので、一部データの読み込みなどを省略しています。

プログラム 3.16　施策効果の復元：操作変数法の 2 段階推定による分析

```
# 操作変数法の 2 段階推定
iv = IV2SLS.from_formula(
    formula="purchase ~ 1 + [is_deliver ~ assignment] + x",
    data=df_noncompliance,
).fit()
iv.summary.tables[1]
```

この分析では、linearmodels ライブラリを用いています。Python では、これまで使ってきた statsmodels や機械学習を得意とする sckit-learn などのライブラリがよく用いられますが、それらのライブラリは施策効果の分析で頻繁に用いる手法が網羅されていないのが実情です。

一方、施策効果推定によく使う手法が含まれているライブラリが linearmodels です。紙面では省略しましたが、from linearmodels.iv import IV2SLS というコードによって、linearmodels から iv モジュールをインポートして IV2SLS クラスを利用できるようにしています。

操作変数の 2 段階推定にあたるのが、以下の部分です。

```
iv = IV2SLS.from_formula(
    formula="purchase ~ 1 + [is_deliver ~ assignment] + x",
    data=df_noncompliance,
).fit()
```

IV2SLS クラスの from_formula メソッドを使用して回帰式を定義し、DataFrame である df_noncompliance をデータとした操作変数の 2 段階推定をしています。ここでは purchase ~ 1 + [is_deliver ~ assignment] + x としていますが、これが操作変数の 2 段階推定特有の記法です。

[is_deliver ~ assignment] という箇所で 2 段階推定の 1 段階目のアウトカムと説明変数を指定しています。is_deliver がアウトカムになり、assignment は 2 段階推定の 1 段階目で用いる説明変数（**操作変数**）になります。

明示して書かれていませんが、1段階目でほかの説明変数としてxも自動的に使われます。ただしxは、2段階推定の2段階目でも用いるために、[is_deliver ~ assignment]というブロックには入りません。結果として、2段階推定の1段階目では、

$$is\_deliver_i = \gamma_0 + \gamma_1\, assignment_i + \gamma_2 x_i + \xi_i$$

という式(3.6)と同様の式を考えることになります。

そして、2段階目を表す式がpurchase ~ 1 +[.] + xの部分です。このうち、[.]は1段階目の式[is_deliver ~ assignment]を短縮して表記しており、さらに2段階目では1段階目の推定から得られた予測値を意味します。結果として、これは式(3.8)を表現しているのです。

この結果は、表3.12のように出力されます。

表3.12　プログラム3.16の実行結果

	Parameter	Std. Err	T-stat	P-value	Lower CI	Upper CI
Intercept	9943.6	42.853	232.04	0.0000	9859.6	1.003e+04
x	9714.6	290.72	33.416	0.0000	9144.8	1.028e+04
is_deliver	533.98	141.26	3.7802	0.0002	257.12	810.84

is_deliver行が、$\widehat{is_deliver_i}$に係る係数τの推定値$\hat{\tau}$の情報を表しています。その推定値は533.98であり、5%有意水準で仮説検定を行ったとき、有意な値になります。これはクーポン配布によって購買金額が約534円上昇していることを示しています。Intent to Treatの分析で得られた値が197円であったことと比較すれば、施策効果がより大きく推定されていることがわかります。

操作変数の2段階推定を用いることで、メールを開かずクーポンを受け取っていない人の存在を考慮して分析できます。クーポンを受け取っていない人は、クーポン配布によって購買することはありません。そのため、そのような人の影響を排除することは、施策効果の推定値が大きくなる方向に作用するのです。このように、ノンコンプライアンスな状況を考慮するか否かで、分析結果も大きく異なってくるのです。

Tips 局所平均処置効果

本章の2段階推定の手続きで求めた施策効果は、実は2.4節で解説した平均処置効果（ATE）とは微妙に異なるものであることを注記しておきます。すべてのサンプルでの平均的な施策効果を指しているのが平均処置効果だとすれば、本章で求めたのは一部のサンプルにおける平均的な施策効果です。このような一部のサンプルにおける平均的な施策効果を、**局所平均処置効果（LATE : Local Average Treatment Effect）**とよびます。

どのように一部のサンプルかを説明するのは複雑になってしまうので割愛しますが、本書の例でいえば、メール送信によってメールを開いたユーザーのみにおける施策効果になります。このトピックに興味のある方は、本書の最後に挙げたブックリストから計量経済学のテキストを参照してください。

Tips 高度（？）な手法を使うときは

施策効果の2段階推定分析は専門的な手続きを多く含んでしまうため、慣れない人は不安を感じてしまうかもしれません。そのため、実際に分析／レポーティングするときは、Intent to Treatの効果と合わせて報告をすると、より丁寧な分析になるでしょう。

3.4 効率的な分析：共変量のコントロール

A/Bテストを行って効果を確かめたい施策は、期待される効果が必ずしも高いわけではありません。たとえば、UIの細かな変更を考えてみましょう。ボタンの色を変えたり、レイアウトを変更したり、訴求内容を変えたりすることで、売り上げが何倍にもなるとは容易に想定できません*21。むしろ「効果はあるかもしれないが、劇的な変化は期待できない」とされるような施策こそ、効果を確かめたいという動機からA/Bテストの対象になります。

*21 ただし、〔1〕では、Bingの収益を大きく変えたA/Bテストとして検索画面の表示方法の変更に関するA/Bテストの例が紹介されています。一般的に、かつ簡単に想定することはできませんが、そういった事例がないわけではありません。

しかし、そのような小さな施策効果はその他の要因に埋もれてしまいがちです。よりドラスティックな変化を生むその他の要因の前では、施策効果による変化があまりにも小さいことがあるのです。たとえば、アプリにおける1つの機能の改善を行っても、サービス全体での売り上げへの影響を知ることはかなり難しいでしょう。これはユーザーからの売り上げのほとんどが、扱う商品やコンテンツなどの検証したい機能以外の要因に左右されており、検証しようと思っている機能の影響は、それと比べるとはるかに小さいからです。そのようなとき、これまで本書で扱ってきたような施策効果の分析は難しくなってしまいます。

このような問題への対応策として、本節では、共変量を制御することで、施策効果の分析を効率的に行う方法を紹介します。**共変量**とは、割り当て以外のデータに存在し、アウトカムに影響を与える変数の総称でした（2.6節）。共変量を用いて分析することで、アウトカムの変動のうち、A/Bテストに由来しないものをあらかじめ制御して分析するのです。こういった制御のことを「**共変量をコントロールする**」と表現することもあります。

もしサンプルサイズが大きく共変量のバランスがとれている場合には、共変量の制御の必要性は低いことを強調しておきます。その場合、小さい効果であっても、共変量に埋もれずにその施策効果を見つけることができるからです。確保できるサンプルサイズが少ないなかでの試みの1つが、共変量のコントロールなのです。

実は、すでに似たような分析を3.3.2項にて紹介しています。層化A/Bテストの利点の1つとして「偶然のサンプルの偏り（共変量）の影響を軽減する」というものがありました。共変量を影響を制御しようとするという意味では、本節の内容と変わらないように思います。あえていうならば、「ランダムに割り当てを行ったのに、たまたまトリートメント群は年齢構成が偏ってしまった」のような事象を事前に回避しようとするのが層化A/Bテストであり、事後的に影響を制御しようとするのが共変量のコントロールだ、といえます。

それでは、共変量をコントロールしたA/Bテストの分析の方法を見ていきましょう。数式で表してみると、たとえば共変量Xを入れてA/Bテストを分析をする場合は、次のような式(3.9)を推定することになります。

$$Y_i = \beta_0 + \tau W_i + \eta X_i + \epsilon_i \tag{3.9}$$

相変わらず関心があるのはτの値であり、ηは関心の対象ではありません。

共変量を考慮したA/Bテストの分析の実装

実際の分析コードも見ていきましょう。データは、2章で扱ったSMS送信施策のA/Bテストのものを用います。

プログラム 3.17　共変量を考慮したA/Bテストの分析

```
df_abtest = pd.read_csv(URL_LENTA_DATA)
result_with_covariates = smf.ols(
    formula="response_att ~ is_treatment + food_share_15d
+ age + is_women",
    data=df_abtest,
).fit()
result_with_covariates.summary().tables[1]
```

データの読み込みなどの解説は省略します。実際に回帰分析を用いているのは、次の部分です。

```
result_with_covariates = smf.ols(
    formula="response_att ~ is_treatment + food_share_15d
+ age + is_women",
    data=df_abtest,
).fit()
```

回帰分析の際に用いている回帰式を表す文字列が、`response_att~is_treatment+food_share_15d+age+is_women`となっています。これまで説明変数として用いてきた`is_treatment`のほかに、`age`（年齢）、

is_women（女性か否か）、food_share_15d（これまでの購買に占める食料品率）が新たに加わっています。式(3.9)と照らし合わせれば、この3つがX_iにあたるわけです。式(3.9)では、わかりやすくするために共変量を1つしか表記しませんでしたが、必ずしも1つである必要はありません。

結果は表3.13のようになります。施策効果を表すis_treatmentにかかる係数τの推定値は0.0072、すなわち0.72%です。

表3.13 プログラム3.17の実行結果

	coef	std err	t	P>|t|	[0.025	0.975]
Intercept	0.0539	0.005	10.555	0.000	0.044	0.064
is_treatment	0.0072	0.003	2.285	0.022	0.001	0.013
food_share_15d	0.1713	0.003	51.131	0.000	0.165	0.178
age	−0.0003	9.3e−05	−3.047	0.002	−0.000	−0.000
is_women	0.0033	0.003	1.157	0.247	−0.002	0.009

ここで、共変量を用いずに分析した2.6節の推定結果が、0.91%であったことを思い出しましょう。共変量をコントロールすることで、施策効果の推定値は少し小さくなったものの、正負やおおまかな数字の大きさには変化がありません。このことから、今回のA/Bテストの分析結果は、共変量のコントロールに依らない比較的頑健な結果といえるでしょう*[22]。

共変量を用いた分析の注意点：バッドコントロール

ここまで、共変量を用いた効率的なA/Bテストの分析を紹介してきましたが、注意しなくてはいけない論点があります。それは**バッドコントロール**とよばれる論点です。バッドコントロールとは、「共変量として不適切なものを用いてしまうと、本来の効果を見誤ってしまう」という概念です。

例として、クーポン配布が店舗での購買額に与える影響を見るA/Bテストを考えてみましょう。クーポン配布が必ず購買につながるわけではないと気づいた分析者が、「来店したかどうか」という共変量をコントロールして効果を

*[22] 推定された標準誤差にも大きな差は見られず、共変量が施策効果の推定に与えた影響は小さいと考えられます。

見ようとします。来店したかどうかは当然購買額に大きな影響を与えるため、この共変量を用いることは妥当に思えます。

しかし、この共変量を用いることはバッドコントロールになります。なぜなら、クーポンの配布は来店の有無にも影響を与えうるからです。クーポンの配布によって、店舗の存在が想起され来店するようになるのかもしれません。そうして来店したユーザーのうちいくらかは、そのまま店舗に来て購買をしたとしましょう。これもまたクーポンの配布影響の1つです。「来店の有無をコントロールする」という操作によって、来店の有無が購買に与える影響を適切に考慮して分析することができません。そのため、このような共変量を用いてしまうと、クーポンの効果を見誤ってしまいます。

どのような共変量がバッドコントロールになりうるのでしょうか？　若干発展的なトピックになるため、詳細に議論をするのはここでは避けます。しかし、実務的には、「**施策よりもあとに発生するイベント**」や「**施策によって影響を受ける可能性がある共変量**」はバッドコントロールになりうるということを覚えておいてください。たとえばクーポン配布の例では、来店の有無は施策よりもあとに発生するイベントであるため、バッドコントロールになりうるということです。なにかしらの変数を使って発展的な分析をするという意味では、このあと3.5.1項で紹介するサブサンプルを使った分析でも、バッドコントロールの問題は起こりうることに注意してください。

バッドコントロールは、実務で意識せずに犯しやすい誤りの1つです。ありがちなのは、A/Bテストを行い分析をしてみたが不明瞭な結果になってしまったときに、いろいろな試行錯誤のなかでバッドコントロールな共変量が入ってしまうことがあります。クーポン配布の例でいえば、分析結果のミーティングなどで誰かが「来店者だけに絞って効果を見てみたらどうでしょう？」と一見建設的な提案をして、かえって誤った分析に陥ってしまう……という展開は実に起こりえそうです。せっかくA/Bテストを行ったのにもかかわらず、このような誤った分析による意思決定が行われれば、かえって有害です。そのため、データ分析の実務者は、この論点を十分に理解して気をつける必要があります。

Tips 分析方法によって結果が大きく異なるとき

ここまで、さまざまなA/Bテストの分析方法を紹介してきました。しかし、これらの分析方法を実務で使ってみようとすると、ちょっと悩ましいことになるかもしれません。1つのA/Bテストのデザインに対して、採用できる分析方法は1つではないからです。

たとえば、本節のように共変量のコントロールを考えるときは、「共変量をコントロールしないパターン」「共変量Xだけコントロールするパターン」「共変量Xと共変量Yだけコントロールするパターン」のように、いくらでも分析方法のパターンを考えることができます。

複数の分析方法のなかから、どれを採用したらよいのでしょうか？　これは難しい問題であるうえに、分析者の誠実さが問われうる問題でもあります。複数の分析間で分析結果に大きな違いがない場合は、比較的選択は容易です。各分析のなかで、ある種最大公約数的に結果を解釈していけばよいからです。

一方で、複数の分析間で分析結果に大きな違いがある場合はどうでしょうか。このよう状況は決してまれではありません。推定された施策効果の正負が違うようなケースも頻繁に発生します。もし経験豊富なデータサイエンティストがいれば、そういった状況下でも一番信頼できる分析手法を選べるかもしれません。しかし多くの場合はそうではないですし、経験豊富な専門家であっても判断に困るケースも多いです。実務的には「分析方法によって結果が違う」という状況そのものを「なにを仮定するかによって結果が異なることそのものが頑健さに欠ける」として判断を保留したほうがよいでしょう。

ただし、なかには、「よい結果になった！」と報告するために、複数の分析方法から都合のよいものだけを選んでレポーティングしてしまうケースも存在します。このような行為のことを、p値に絡めて**p-hacking**とよんだり、単に**チェリーピッキング**とよんだりします。組織のKPIが「A/Bテストで成功した施策数」などになっていれば、このような行為を働いてしまう誘因になりますし、そもそも自分がチェリーピッキングをしていることに気づいていないケースも多々あります。信頼のおけるデータ分析組織を築くためには、そのような分析のアンチパターンが起きないような組織を作ることが重要です。

3.5 施策効果の異質性：どこで効果があるのか知る

「効果が高い相手にだけ」施策を実施することは可能だろうか？

太郎くんは、SMSによる販売促進施策のA/Bテストの結果をレポートにまとめ、クライアントにその効果をプレゼンしています。

「A/Bテストによる分析の結果、SMS送信施策は高い販売促進効果があることがわかりました！　この施策を全ユーザーに向けて実施しましょう！」

A/Bテストという信頼性の高い手法から得られた結果であるため、説得力がありましたが、クライアントから次のような疑問が寄せられました。

「効果が高かった人にだけSMSを送信すれば、より効率的な施策になるのではないでしょうか？」

太郎はすぐには答えられませんでした。確かに効果が高い人にだけSMSを送信すれば、効率的な施策になるかもしれません。しかし、現時点では施策効果の推定値しか手もとにありません。

クライアントの質問には、どうすれば答えることができるでしょうか？

これまで説明してきた方法でA/Bテストを行うことで、施策効果を分析できます。施策に効果があるかないかという評価をする方法は、単に平均の差を見たり、統計学的に評価してみたり、といろいろ考えることができました。しかし、もとになる仮説はただ1つ、「施策効果があるか否か」というものです。施策効果分析も、「A/Bテストを通じて収集されたデータに対する施策効果の推定値」という1つの値を得るのみでした。

しかし、施策効果は必ずしも一様ではありえません。同じ施策であっても、ある人に対しては高い効果を発揮して、別の人に対してはまったく効果を発揮しない、ということは当たり前に起こりえます。

たとえば、男性向け美容品に関するクーポンを配布する施策を考えます。この施策が男性に与える影響と女性に与える影響は、当然異なるでしょう。また、美容品であることを鑑みると、男性のなかでも高齢層と若年層のあいだで影響が異なりそうです。

施策効果は個人ごとに異なるものです。このような個人ごとの効果の違いを、**異質性**（**heterogenuity**）とよびます。異質性を踏まえて考えてみると、A/B テストでわかるのは平均的な効果であり、個人ごとに異なる施策効果を「均した」ものだった、ということがわかります。

おそらく実務においても、この異質性を知りたいというニーズは強いでしょう。A/B テストを行って「施策効果がなかった」という報告が上がってきたとして、本当にまったく効果がなかったのか、それとも効果があった人となかった人がいたのかを知りたい、と考えるのは自然なことです。なかには「施策に効果がなかったことを認めたくない」という認知的不協和の発露も多そうですが、美容品の例のように、効果があるセグメントが容易に想像できるような施策もあるからです。

どうにかして、個人ごとの施策効果の分析できないでしょうか？　施策効果は一人ひとり異なりうるのですから、その値を得ることができれば、「高い効果が期待できる個人だけを対象にして施策を行う」などの活用方法が見えてきます。

この個人ごとの施策効果は Individual Treatment Effect*[23] とよばれますが、残念ながら、その分析方法の解説は本書の範囲を超えてしまいます。しかし、この分野は機械学習と融合しながらいままさに学問的に進展しているため、近い将来は施策効果分析における必須テクニックの 1 つになる*[24] でしょう。

---

*[23] この個人ごとの施策効果は、状況に応じて Heterogeneous Treatment Effect や Conditional Average Treatment Effect など、さまざまなよばれかたをしています。

*[24] たとえば、アップリフトモデリングなどはすでにいくつかの実務家向けの本でも紹介されている技術になります。

そこで本書では、異質性を比較的容易に分析するために、もう少し粗い粒度で考えてみます。すなわち、サンプルをいくつかのセグメントに分けて、セグメントごとの施策効果を分析するのです。典型的なセグメントの例として、男女などの性別や年齢層を挙げることができるでしょう。Individual Treatment Effectといえるほど細かい粒度ではありませんが、実務的には十分有用です。多くのマーケティングの現場ではセグメントに分けた施策立案を行なっているでしょうから、むしろこのような考えのほうが馴染みやすいかもしれません。個人ごとの施策効果を分析することが難しくても、セグメント程度の粒度であれば、そこでの施策効果を分析することが可能です。

具体的な方法として、以下の2つが考えられます。

1. セグメントごとにサブサンプルに分割する。
2. セグメントの交差項を入れて分析を行う。

以降では、それぞれについて簡単な解説と分析の実装を行います。

3.5.1 セグメントごとにサブサンプルに分割する

サブサンプルとは、その名のとおり、もとのデータの一部を抽出してできるデータのことです。A/Bテストで得られたデータを、いま関心があるセグメントごとに分割することで、複数のサブサンプルを作ることができます。それぞれのサブサンプルに対して回帰分析を行うことで、異質性を分析することが可能です。すなわち、それぞれのサブサンプルごとの分析結果の違いを観察することで、異質性を評価することができるのです。

サブサンプル分割による異質性の分析の実装

実際に分析してみましょう。例として考えるのは、2章でもとりあげた販促SMS送信施策についてのA/Bテストの分析です。2.6節ですでに分析したとおり、A/Bテストから施策効果は0.91%と推定されています。ただし、これはデータ全体での平均的な値です。

そこで、「もしかすると男女といった性別によって効果が違うかもしれない」という異質性について分析することにします。次のコードで分析可能です。

プログラム 3.18　サブサンプル分割による異質性の分析

```
# サブサンプル分割
df_abtest = pd.read_csv(URL_LENTA_DATA)
df_men = df_abtest.loc[df_abtest["is_women"] == 0, :]
df_women = df_abtest.loc[df_abtest["is_women"] == 1, :]
# 推定(is_women = 0)
result_men = smf.ols(
    formula="response_att ~ is_treatment", data=df_men
).fit()
# 推定(is_women = 1)
result_women = smf.ols(
    formula="response_att ~ is_treatment", data=df_women
).fit()
# 推定した結果をまとめて表示
summary_col(
    [result_men, result_women],
    model_names=("only men model", "only women model"),
    stars=False,
)
```


このサンプルコードでは、これまでよく扱ってきたライブラリのほかに、statsmodels から summary_col という関数をインポートして用いています。この関数は、のちほど推定結果を並べるために用います。

データを読み込んだあと、データを男性だけのサブサンプルと、女性だけのサブサンプルに分けます。

```
df_men = df_abtest.loc[df_abtest["is_women"] == 0, :]
df_women = df_abtest.loc[df_abtest["is_women"] == 1, :]
```

df_abtest は A/B テストデータを表す pd.DataFrame です。df_abtest.loc[df_abtest["is_women"] == 0, :]という命令では、is_women という列が 0、すなわち男性である行だけを取り出しています。こうして男性や女性といったセグメントのサブサンプルを抽出し、それぞれ df_men と df_women という名前の pd.DataFrame のオブジェクトとしてもちます。

あとは、これまでの A/B テストと同様の手続きで、それぞれ分析をするだけです。まずは男性サブサンプルである df_men を分析してみましょう。

```
# 推定(is_women = 0)
result_men = smf.ols(
    formula="response_att ~ is_treatment", data=df_men
).fit()
```

result_men を表示すると、表 3.14 のようになります。すなわち、男性サブサンプルにおいて、施策効果の推定値は 0.0135 となります。

表 3.14　プログラム 3.18 の実行結果（男性だけに絞った場合）

	coef	std err	t	P>|t|	[0.025	0.975]
Intercept	0.1010	0.005	22.021	0.000	0.092	0.110
is_treatment	0.0135	0.005	2.543	0.011	0.003	0.024

同様に、女性サブサンプルについても分析してみます。

```
# 推定(is_women = 1)
result_women = smf.ols(
    formula="response_att ~ is_treatment", data=df_women
).fit()
```

この結果は、表 3.15 のようになります。すなわち、女性サブサンプルにおいて、施策効果の推定値は 0.0065 となります。

表 3.15　プログラム 3.18 の実行結果（女性だけに絞った場合）

	coef	std err	t	P>|t|	[0.025	0.975]
Intercept	0.1032	0.004	29.006	0.000	0.096	0.110
is_treatment	0.0065	0.004	1.583	0.113	−0.002	0.014

最後に、この 2 つの分析結果を並べて表示しましょう。

```
# 推定した結果をまとめて表示
summary_col(
    [result_men, result_women],
    model_names=("only men model", "only women model"),
    stars=False,
)
```

この結果は、表 3.16 のように表示されます。

表 3.16　2 つのサブサンプルでの分析を並べる

	only men model	only women model
Intercept	0.1010	0.1032
	(0.0046)	(0.0036)
is_treatment	0.0135	0.0065
	(0.0053)	(0.0041)
R-squared	0.0003	0.0001
R-squared Adj.	0.0003	0.0000

サンプル全体における施策効果の推定値と、サブサンプルにおける施策効果の推定値の違いに注目します。2 章で見たように、サンプル全体での施策効果の推定値は 0.91% でした。一方、サブサンプルをくわしく見てみると、男性サブサンプルでは施策効果の推定値が 1.35% と高く、女性サブサンプルでは施策効果の推定値が 0.65% と低いことがわかります。

このような施策効果の差は、本章でとりあげられている異質性に関連しています。つまり、SMSの送信施策がユーザーの購買行動に与える影響には性別による違いがあり、男性のほうが効果が高く、女性のほうが効果が低いことがわかったのです。

3.5.2 セグメントの交差項を入れて分析を行う

サブサンプルに分割することの弱点は、異質性を統計的に評価することが難しいことです。上の例では、男性セグメントにおける施策効果は1.35%であり、女性セグメントにおける施策効果は0.65%でした。その差は0.70%ポイントであり、これがセグメントによる施策効果の異質性であると説明しました。

しかし、この0.70%ポイントという値は、統計的にどれほど確からしいのでしょうか？　もしかすると、本当は異質性などないのにもかかわらず、たまたま得られた結果が0.70%ポイントなのかもしれません。このような異質性の分析についても、分析結果の不確実性を評価することはできないのでしょうか？しかしサブサンプルに分割した場合、異質性を統計的に評価することには、一定の専門的知識が要求されます。

異質性を考える別の方法として、**交差項**をとりいれた分析があります。これは、2章でとりあげた回帰式に、交差項とよばれるセグメントを表すダミー変数と割り当てを表す変数をかけた値を追加する方法です。

理解を簡単にするために、性別（男女）でセグメントを作ったケースのことを考えてみましょう。交差項を入れた回帰式は、次のような式(3.10)で表されます。

$$Y_i = \beta_0 + \tau W_i + \alpha S_i + \gamma W_i S_i + \epsilon_i \tag{3.10}$$

S_iはもしiが女性ならば1をとり、男性ならば0の値をとるダミー変数とします。W_iS_iはW_iとS_iを掛けた項です。つまり、トリートメント群かつ女性であるときに1をとり、それ以外の場合は0をとります。このようなW_iS_iの値は、割り当てと性別セグメントについての**交差項**とよばれます。

回帰分析を用いて式(3.10)を推定することで、施策効果の異質性を分析できます。すなわち、γの値を、セグメントSと基準となるセグメントのあいだでの異質性の程度、すなわち施策効果の差を表す値とするのです。この方法の利点は、これまでと同様の手続きで異質性の不確実性を統計的に評価できる点です。これまで同様に、γを仮説検定をしてあげればよいのです。

交差項による異質性の分析の実装

具体的にやってみましょう。表3.17にある`is_women`というカラムが「女性かどうか」を表すダミー変数です。女性かどうかをダミー変数としているので、以降の分析における基準は「女性かどうか」になります。このデータでの分析は、プログラム3.19のようになります。

表3.17 女性ダミー

	is_women
0	1
1	1
2	1
3	1
4	1
...	...
49995	1
49996	0
49997	1
49998	1
49999	0

プログラム3.19 交差項による異質性の分析

```
import pandas as pd
import statsmodels.formula.api as smf

# サブサンプル分割
df = pd.read_csv(URL_LENTA_DATA)
```

```
# 推定
result_hetero = smf.ols("response_att ~ is_treatment + is_
    women +
    is_treatment * is_women", data=df_abtest).fit()
# 推定結果の表示
result_women.summary().tables[1]
```

ほとんどの部分がこれまでのコードと重複しているため、あらたまっての説明は不要でしょう。

このコードの実行結果は、表3.18のようになります。

表3.18　プログラム3.19の実行結果

	coef	std err	t	P>|t|	[0.025	0.975]
Intercept	0.1010	0.005	22.184	0.000	0.092	0.110
is_treatment	0.0135	0.005	2.562	0.010	0.003	0.024
is_women	0.0022	0.006	0.380	0.704	−0.009	0.014
is_treatment:is_women	−0.0070	0.007	−1.050	0.294	−0.020	0.003

式(3.10)のγにあたる `is_treatment * is_woman` にかかる係数の推定値は −`0.0070` になります。これは男性（`is_woman=0`）と女性（`is_woman=1`）を比較したときに、女性のほうが男性と比べて施策効果が0.70%ポイント低いことを表します[*25]。しかし、p値は `0.294` であり、この推定値は有意ではありません。男性と女性でデータから推定される施策効果が違うからといって、その異質性は有意ではないのです。このデータの分析結果からは、性別による施策効果の異質性に立脚しすぎた判断や意思決定はリスキーであることが読み取れます。

*25 基準セグメントである男性において、`is_treatment` にかかる係数の推定値は `0.0135` です。女性への施策効果の推定値は、ここから、0.0135-0.0070=0.0065と計算されます。

Tips 異質性の分析のために、交差項とサブサンプルのどちらを用いるべきか？

ここまで、サブサンプル分割と交差項の利用という2つの異質性の分析の手法を紹介してきました。それでは、異質性の分析をしようとするとき、この2つの分析方法のどちらを利用すればよいのでしょうか？ 上の例ではサブサンプル分割も交差項の利用も同じ結果を返してきましたが、同じ結果を返すのならば、どちらでもよいのでしょうか？

実のところ、その考えかたは必ずしも正しくありません。この2つの分析方法のどちらを採用するかによって、分析結果が異なるケースは存在します。それは、共変量を用いて分析をするケースです。あらためて、共変量 X を用いた分析において推定する式を再掲します。

$$Y_i = \beta_0 + \tau W_i + \eta X_i + \epsilon_i$$

このとき、サブサンプルを用いて解析する場合は、X_i にかかる係数の推定値 $\hat{\eta}$ の値がサブサンプルによって異なります。しかし、交差項を用いて分析をする場合は、推定される $\hat{\eta}$ の値は1つです。このように、分析方法によって結果は微妙に違ってくるのです。

この2つの分析方法は、状況に応じて使い分けされるべきです。セグメントによって共変量がアウトカムに与える影響が大きく違うことが想定される場合には、サブサンプルに分けて分析をすることが望ましいでしょう。

一方で、交差項を用いるべきユースケースもあります。たとえば本節で挙げたように、異質性を統計的に評価をしたいという場合には、交差項を用いた分析方法が便利です。また、できるかぎり η を効率的に推定するために交差項を用いる、というユースケースも考えられます。サブサンプルを分割していくと1つのサブサンプルにおけるサンプルサイズは小さくなってしまうため、最終的には分析が難しくなってしまうからです。

4章

Difference in Differencesを用いて効果検証を行う

この章では、施策前後のデータを用いて分析を行うDID（差分の差法）について説明します。基本的な考えかたと実装を紹介したのち、DIDが適用できるか否かを判断するための考えかたなどを解説していきます。

4.1 DID（差分の差法）：施策実施前後の違いを捉える

point

- 実務ではA/Bテストなしで分析をしなければならない状況は多い。
- 意図的な介入によって作られたわけではないデータのことを**観察データ**とよぶ。
- 観察データを用いた分析のことを**観察データ分析**とよぶ。
- Difference in Differences（**DID：差分の差法**）は観察データ分析の１つ。

A/Bテストが実施できないときの分析はどうすればいいんだろう？

A/Bテストを使いこなせるようになった太郎くんは、効果検証プロジェクトを多く任せられるようになりました。その多くはA/Bテストを交えたものでしたが、その日彼のもとに寄せられた案件は、少しようすが違いました。

「実はすでに施策を実施してしまっているんです。だからA/Bテストみたいな実験はできないんですが、ここからでも施策効果を分析することはできないでしょうか？」

「いや、A/Bテストを行わないと信頼できる分析はできませんよ？」

「なんとかなりませんかね？　A/Bテストほどでなくてもよいので、少しでも正しい分析結果を知りたいんです。幸いログはちゃんと残っているので、データはあるんです」

そう言って渡されたのは、データを可視化した図でした（図4.1）。「トリートメント群」と記された線は施策の実施を受けた群のアウトカムの変化を表し、「コントロール群」と記された線は施策の実施を受けていない群のアウトカムの変化を表しています。どうやら、それぞれの群の施策の実施前と実施後の値がわかっているようです。

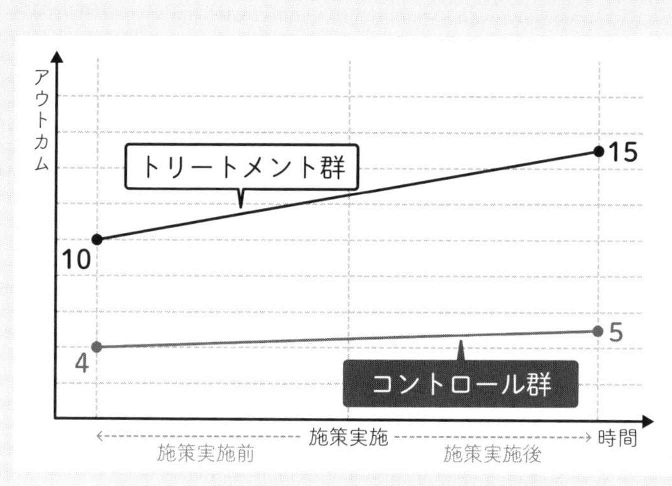

図 4.1 施策の実施有無と実施前後にまつわるデータ

太郎くんは、これらの数字からどうやって施策効果を分析すればよいのか、考える必要がでてきました。

施策効果を分析したいとき、いつも理想的な状況が存在するわけではありません。理想的な分析手法として2章や3章では A/B テストを紹介したわけですが、A/B テストを行うことが難しい状況は数多く存在します。実行コストの観点から組織内での承認を得られなかった、そもそも A/B テストを企画する前に施策が実行されていた、A/B テストの実施に倫理的な問題があったため認められなかった……さまざまに理由はあれど、A/B テストなしで分析をしなければならない状況にある人は多いでしょう。

A/B テストが実行不可能なとき、どうやって施策効果を分析したらよいのでしょうか？　とりあえず手に入るデータを用いてなんとか分析をしようと試みるのが、多くの人の発想かと思います。このとき、たいていは普段の業務のなかで収集されたログデータを引っ張り出してきて、そのデータを用いて分析します。

こうして引っ張ってきたデータは、A/B テストのような意図的な介入によって収集されたものではありません。このようなデータのことを**観察データ**とよび、観察データを用いた分析のことを**観察データ分析**とよびます。「普段の業務のなかで収集されたログデータを分析をすることも観察データ分析の1つだ」といえば、実務で行われるかなり多くの施策効果分析が、この観察データ分析に該当することがわかるかと思います。

観察データ分析と A/B テストデータの分析は、なにが違うのでしょうか？どちらもデータを用いて施策効果を分析するものですから、分析手法も同じでよいと思うかもしれません。しかし、残念ながらそうはいきません。

A/B テストデータは、ランダムな割り当てによって意図的に新たに作り出したデータです。2 章で強調したように、A/B テストの分析では、ランダムな割り当てがバイアスのない施策効果の推定を可能にしているのでした。一方で、観察データの分析においては、そのようなランダムな割り当ては基本的には存在しません。そう考えると、ランダムな割り当てがない観察データを用いた分析においては、A/B テストの分析とは異なる分析手法を用いるべきだとわかるでしょう。

それでは、観察データ分析はどのように行っていけばよいでしょうか？　実務での効果検証で頻繁に見られるのが、施策実施前後のアウトカムの差を見る分析、いわゆる**前後比較**です。施策の実施前と実施後のアウトカムの値を集計して、差があれば「施策効果あり」とするのです。たとえば、図 4.2 のようなグラフを見たり作ったりしたことがある方は多いのではないでしょうか？

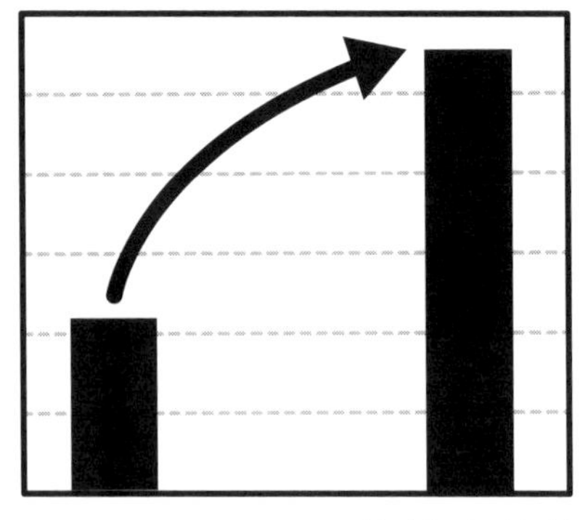

図 4.2　前後比較による施策効果分析の例

図 4.2 では、施策前のアウトカムと施策後のアウトカムの差を計算し、それを施策効果としています。このアウトカムの差は施策実施によって生まれたものである、と考えるわけです。

別の分析方法として、施策を実施した群と施策を実施していない群のアウトカムの差を見る分析、いわゆる**単純比較**も頻繁に見られます。この例はすでに 2 章で議論しているもので、その際に以下の図 2.9 を示しました。

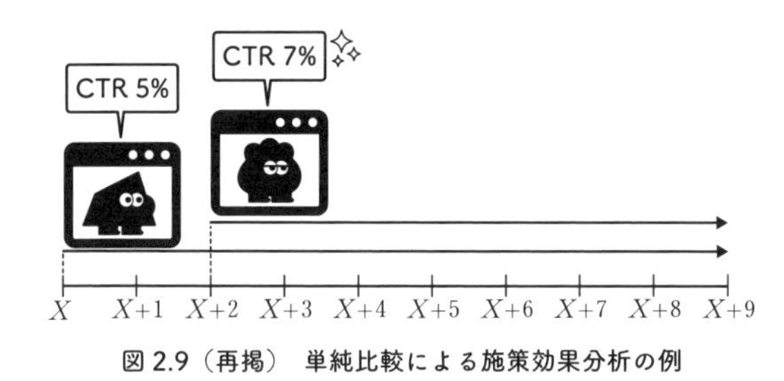

図 2.9（再掲） 単純比較による施策効果分析の例

「施策が行われた群」と「施策が行われなかった群」の違いは施策の実施有無ですから、そのアウトカムの差は施策の効果であると考えることは、自然な発想に思えます*[1]。

この章では、施策が行われる前後と、施策が行われたか否かという 2 つの軸に注目して、施策の効果を分析する方法を考えます。いくつかの手法を検討しますが、そのなかでも **Difference in Differences**（**差分の差法**、以降 **DID**）という手法は比較的優れた性質をもつため、本書では重点的に扱います。

DID は、前後比較や単純比較と比べて、分析上の仮定が成立しやすいという特徴があります。そのため、多くの分析者にとって有益な手法となるのです。次項からは、前後比較と単純比較の性質を詳細に検討したのち、DID 自体の説明に入っていきます。

*[1] ただし 2.3 節で議論したように、往々にしてバイアスを含む分析になってしまいます。

4.1.1　施策をとりまく4つの状況とよくある分析の仮定

point

- 施策の実施は「施策実施前の群」と「施策実施後の群」の2つの状況、および「施策の実施対象である群」と「施策の実施対象ではない群」の2つの状況という、合計**4つの状況**を生む。
- 施策効果の分析には**前後比較**や**単純比較**がよく用いられる。この2つの手法は、4つの状況の一部を利用して分析をする手法である。
- 2つの手法で得られた施策効果の推定値は、妥当とすることが難しい。

施策の実施によって、データは「施策実施前」と「施策実施後」の2つの時間的前後関係で分類されます。同様に、サンプルは「施策を実施する対象群」と「施策の実施の対象ではない群」の2つに分類されます。「施策の対象であり、かつ施策実施前のデータ」のように、この2つの分類は組み合わせることができるので、施策実施に伴ってデータには4つの分類が存在します（図4.3）。以降では、この4つの分類を**施策をとりまく4つの状況**とよびましょう。

この4つの状況それぞれについてのデータが手に入ったときに、施策効果を分析する方法を考えてみましょう。

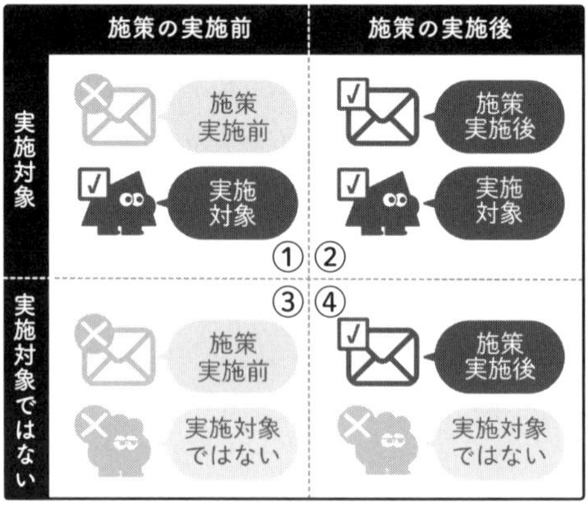

図4.3　施策をとりまく4つの状況

状況を整理してみると、節頭で触れた前後比較と単純比較という２つの方法は、どちらも４つの状況のうち、以下のように２つの状況に着目していることがわかります。

・**前後比較**：施策実施前後のアウトカムの比較
（①と②の比較、図 4.4 の左図）
・**単純比較**：施策を実施した群と実施していない群のアウトカムの比較
（②と④の比較、図 4.4 の右図）

データ分析の実務者が施策効果を知りたいとき、どちらの分析手法を使えばいいのでしょうか？　分析手法の是非を判断するためには、もう少し前後比較や単純比較という手法自体について掘り下げて考える必要があります。

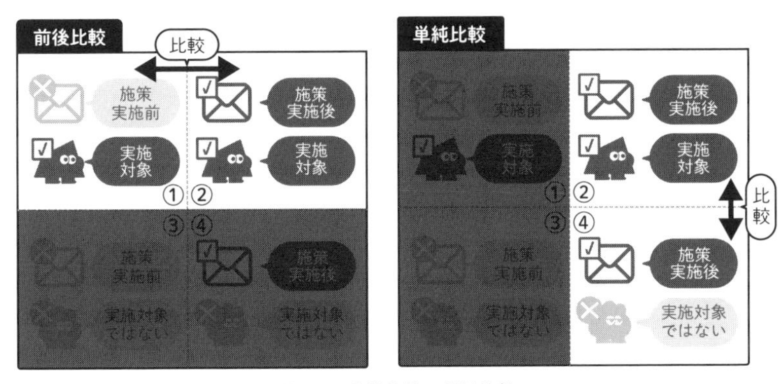

図 4.4　前後比較と単純比較

本項では、前後比較と単純比較という２つの分析方法の性質を説明していきます。その説明を通じて、「どんなときに使えるのか」「どんな条件だとバイアスを含んだ分析になってしまうのか」という実務上の要件も理解していきましょう。そのあとに、前後比較や単純比較の欠点を緩和する手法として、本章の主題である DID の説明に入っていきます。

以降では、太郎くんの例を用いて議論をしていきます。

施策効果の再定義

最初に、施策効果をいま一度定式化しておきましょう。2章で扱ったポテンシャルアウトカムフレームワークを用いると、施策効果 τ の期待値は次のように書けるのでした。

$$\mathbb{E}[\tau] = \mathbb{E}[Y_i^1 - Y_i^0]$$

今回の問題に合わせて、この施策効果の定義を、次のように少しだけ変形します[*2]。

$$\mathbb{E}[\tau] = \mathbb{E}[Y_{it}^1 - Y_{it}^0 | \underbrace{t \in post, i \in treatment}_{\substack{\text{期間}\, t\, \text{が施策実施後かつ} \\ \text{サンプル}\, i\, \text{がトリートメント群}}}]$$

t と i は、それぞれ期間とサンプルを表します。$t \in post$ は、期間 t が施策実施後（post）の期間に含まれることを表します。サンプル $i \in treatment$ はサンプル i がトリートメント群に含まれることを表します。そして、Y_{it}^1 はサンプル i が t 期に施策の介入を受けていた場合のアウトカムを表し、Y_{it}^0 はサンプル i が t 期に施策を受けていなかった場合のアウトカムを表します。サンプル i は施策を受けるか受けないかのどちらかなので、実際のところ、Y_{it}^1 と Y_{it}^0 はどちらかしか観察されません。

このように記述される施策効果の期待値 $\mathbb{E}[\tau]$ を推定することが、本章の目的となります。続いて、すでに検討した方法がうまく分析できているかを考えてみましょう。

【前後比較】施策実施前後のアウトカムの差を見る

まず、「施策実施前後のアウトカムの差」を施策効果とする前後比較について考えてみます。前後比較によって計算される施策効果 τ の推定値を、$\hat{\tau}^{pre\_post}$ と書くことにしましょう。この値は、太郎くんがクライアントから渡された資

---

*2　この変形には、施策効果 τ が期間やサンプルによって変わるわけではないという仮定が含まれています。この背景には、A/B テストで推定しようとしていたのは ATE であったのに対して、DID では**介入群の平均処置効果**（Average Treatment Effect on Treated）とよばれるものを推定しようとしている、という事情があります。

料（図 4.1）を例として考えると、次のように計算できます。

$$\hat{\tau}^{pre\_post} = 15 - 10 = 5$$

この式は、図 4.5 のように可視化できます。

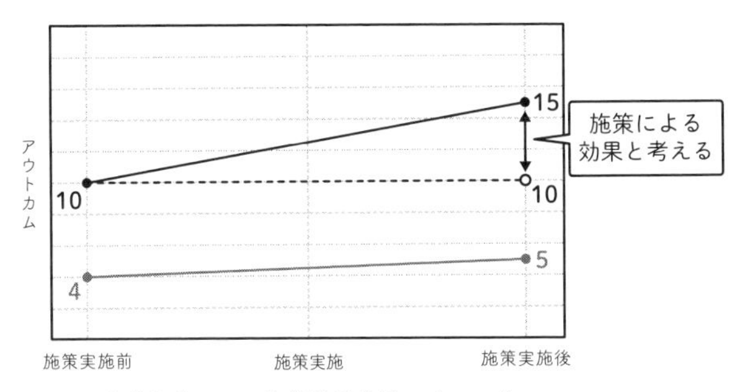

図 4.5　前後比較による施策効果分析のイメージ

すなわち、施策効果 τ の推定値 $\hat{\tau}^{pre\_post}$ は、施策実施後のトリートメント群のアウトカムの値である 15 と施策実施前のトリートメント群のアウトカムの値である 10 の差である 5 とします。

では、この 5 という値は、施策効果の推定値として妥当な値なのでしょうか？　残念ながら、前後比較で求めた値は施策効果の推定値として妥当ではないケースがほとんどです。数式による展開が続いてしまうため、てっとり早く理解するためにも詳細は Tips に別記しますが、この推定値 $\hat{\tau}^{pre\_post}$ は次の数式で表す $\mathbb{E}[\tau^{pre\_post}]$ を推定しています。

$$\mathbb{E}[\tau^{pre\_post}] = \mathbb{E}[\tau] + \underbrace{(\mathbb{E}[Y_{it}^{0} | t \in post, i \in T] - \mathbb{E}[Y_{it}^{0} | t \in pre, i \in T])}_{\substack{\text{トリートメント群で施策が行われなかった場合のアウトカムの変化。} \\ \text{この値が0であるとき、}\mathbb{E}[\tau^{pre\_post}] = \mathbb{E}[\tau]\text{ となる。}}} \quad (4.1)$$

このとき、表記の省略のため、$i \in treatment$ は $i \in T$ と書き、$i \in control$ は $i \in C$ と書きました。

式(4.1)からは、$\mathbb{E}[\tau^{pre_post}]$は、いま知りたい$\mathbb{E}[\tau]$をそのまま反映した値ではなく、$\mathbb{E}[\tau]$に別の値を加えたものであることがわかります。その「別の値」とは、$\mathbb{E}[Y_{it}^0|t \in post, i \in T] - \mathbb{E}[Y_{it}^0|t \in pre, i \in T]$の部分です。この値は「もし施策が実施されなかったとしたとき、施策実施前から施策実施後への時間の経過とともにアウトカムがどれほど変化したか」を表しています。

そして、この値が0になれば$\mathbb{E}[\tau^{pre_post}] = \mathbb{E}[\tau]$となり前後比較による施策効果の推定はバイアスのない分析となるのですが、残念ながらその保証はありません。むしろ、この値が0になることは非常に期待しづらいです。

なぜなら、多くの値が時間を通じて変化していくからです。新商品の売り上げであれば日が進むにつれ低下していくのが一般的でしょうし、年齢であれば日々少しずつ老いていくわけです。アウトカムもその例外ではありません。このように、$\hat{\tau}^{pre\_post}$、すなわち**「施策実施前後のアウトカムの差」は、施策効果τの推定値としては必ずしも妥当ではない**のです。

Tips　式4.1の導出

推定値$\hat{\tau}^{pre_post}$は、次の数式で表す$\mathbb{E}[\tau^{pre_post}]$を推定していると考えられます。

$$\mathbb{E}[\tau^{pre\_post}] = \mathbb{E}[\underbrace{Y_{it}^1|t \in post, i \in T}_{\text{トリートメント群の施策実施後のアウトカム}}] - \mathbb{E}[\underbrace{Y_{it}^0|t \in pre, i \in T}_{\text{トリートメント群の施策実施前のアウトカム}}] \tag{4.2}$$

$\mathbb{E}[Y_{it}^1|t \in post, i \in T]$という項は、トリートメント群のサンプル$i$に実際に施策が実施されたあとのアウトカム（$Y_{it}^1$）の期待値を意味しています。これは、図4.5でいえば15に対応する部分です。$\mathbb{E}[Y_{it}^1|t \in pre, i \in T]$という項は、トリートメント群のサンプル$i$に実際に施策が実施される前のアウトカム（$Y_{it}^0$）の期待値を意味しています。これは、図4.5でいえば10に対応する部分です。

両者ともに、観察できるデータから推定した結果として、施策効果の期待値$\mathbb{E}[\tau^{pre_post}]$の推定値を5としたわけです。ただし、この$\mathbb{E}[\tau^{pre_post}]$という値が真の施策効果$\tau$とどのような関係にあるのかは、まだわかりません。

そこで、この式(4.2)を次のように変形します。

$$
\begin{aligned}
\mathbb{E}[\tau^{pre\_post}] &= \mathbb{E}[Y_{it}^{1}|t \in post, i \in T] - \mathbb{E}[Y_{it}^{0}|t \in pre, i \in T] \\
&= \mathbb{E}[Y_{it}^{1}|t \in post, i \in T] - \mathbb{E}[Y_{it}^{0}|t \in pre, i \in T] \\
&\quad \underbrace{- \mathbb{E}[Y_{it}^{0}|t \in post, i \in T] + \mathbb{E}[Y_{it}^{0}|t \in post, i \in T]}_{\text{同じ値を引いて足しており合計すると0になる}} \\
&= (\mathbb{E}[Y_{it}^{1}|t \in post, i \in T] - \mathbb{E}[Y_{it}^{0}|t \in post, i \in T]) \\
&\quad + (\mathbb{E}[Y_{it}^{0}|t \in post, i \in T] - \mathbb{E}[Y_{it}^{0}|t \in pre], i \in T) \\
&= \mathbb{E}[\tau] + (\mathbb{E}[Y_{it}^{0}|t \in post, i \in T] - \mathbb{E}[Y_{it}^{0}|t \in pre, i \in T])
\end{aligned}
$$

長い式変形に見えますが、「同じ値を引いて足す」という変化を与えない操作をしたのち、項を入れ替えているだけです。最後の等式だけ表すと、次のようになります。

$$
\mathbb{E}[\tau^{pre\_post}] = \mathbb{E}[\tau] + (\mathbb{E}[Y_{it}^{0}|t \in post, i \in T] - \mathbb{E}[Y_{it}^{0}|t \in pre, i \in T])
$$

この変形によって、式(4.1)が導出されました。

【単純比較】施策を実施した群と実施していない群のアウトカムの差

続いて、「施策を実施した群と実施していない群のアウトカムの差」を施策効果とする単純比較について考えてみます。単純比較を太郎くんの例にあてはめると、図4.6のようになります。すなわち、施策効果 $\mathbb{E}[\tau]$ の推定値 $\hat{\tau}^{naive}$ を、「施策実施後のトリートメント群のアウトカムの値」である15と「施策実施後のコントロール群のアウトカムの値」である5の差である10とします。

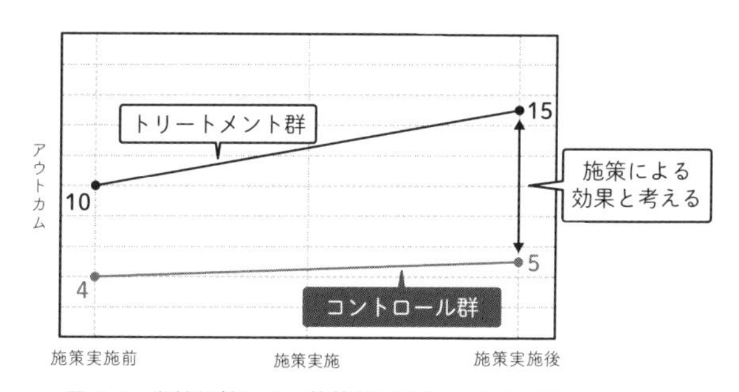

図4.6　単純比較による施策効果分析のイメージ

では、この10という値は施策効果の推定値として妥当な値なのでしょうか？　こちらも、そうではありません。このケースについては、実は2章ですでに触れていますが、今回のケースに合わせて再考してみましょう。詳細はのちほどTipsにて記しますが、この施策効果τの推定値$\hat{\tau}^{naive}$は、次の数式で表す$\mathbb{E}[\tau^{\mathrm{naive}}]$を推定していると考えられます。

$$\mathbb{E}[\tau^{naive}] = \mathbb{E}[\tau] + \underbrace{(\mathbb{E}[Y_{it}^0 | t \in post, i \in T] - \mathbb{E}[Y_{it}^0 | t \in post, i \in C])}_{\text{ここが0ならば、}\mathbb{E}[\tau^{naive}] = \mathbb{E}[\tau]\text{となる}} \tag{4.3}$$

$\hat{\tau}^{naive}$は、いま知りたい$\mathbb{E}[\tau]$をそのまま反映した値ではなく、$\mathbb{E}[\tau]$に別の値が加わったものだったのです。それは、$(\mathbb{E}[Y_{it}^0 | t \in post, i \in T] - \mathbb{E}[Y_{it}^0 | t \in post, i \in C])$の部分です。日本語に言い換えれば、「施策実施後の期間において、仮に施策が実施されなかった場合のトリートメント群のアウトカムと実際に施策が実施されなかったコントロール群のアウトカムの差」となります。

この値が0になれば$\mathbb{E}[\tau^{naive}] = \mathbb{E}[\tau]$となるため単純比較による施策効果の推定はバイアスのない分析となるのですが、残念ながらその保証はありません。この点については、2.3.1項ですでに説明しています。トリートメント群とコントロール群の性質の違いによって、セレクションバイアスが生まれている可能性があります。

このように、$\hat{\tau}^{naive}$は$\mathbb{E}[\tau]$を推定できているとはかぎらないのです。つまり、$\hat{\tau}^{naive}$すなわち「**施策を実施した群と実施していない群のアウトカムの差**」**は、施策効果τの推定値としては必ずしも妥当ではありません。**

Tips　式 4.3 の導出

施策効果 τ の推定値 $\hat{\tau}^{naive}$ は、次の数式で表す $\mathbb{E}[\tau^{naive}]$ を推定していると考えられます。

$$\mathbb{E}[\tau^{naive}] = \mathbb{E}[Y_{it}^1 | t \in post, i \in T] - \mathbb{E}[Y_{it}^0 | t \in post, i \in C] \tag{4.4}$$

右辺の $\mathbb{E}[Y_{it}^1 | t \in post, i \in T]$ および $\mathbb{E}[Y_{it}^1 | t \in post, i \in C]$ は、ともに観察できるデータから推定できます。前者は「施策実施後にトリートメント群にいるユーザーの、施策が実施された場合のアウトカム」なので、図 4.6 だと 15 にあたります。後者は「施策実施後にコントロール群にいるユーザーの、施策が実施されなかった場合のアウトカム」なので、図 4.6 だと 5 にあたります。結果として、$\hat{\tau}^{naive}$ は 10 となるわけです。

この式(4.4)は次のように変形できます。

$$\begin{aligned}
\mathbb{E}[\tau^{naive}] &= \mathbb{E}[Y_{it}^1 | t \in post, i \in T] - \mathbb{E}[Y_{it}^0 | t \in post, i \in C] \\
&= \mathbb{E}[Y_{it}^1 | t \in post, i \in T] - \mathbb{E}[Y_{it}^0 | t \in post, i \in C] \\
&\quad \underbrace{- \mathbb{E}[Y_{it}^0 | t \in post, i \in T] + \mathbb{E}[Y_{it}^0 | t \in post, i \in T]}_{\text{同じ値を引いて足しており合計すると 0 になる}} \\
&= \mathbb{E}[Y_{it}^1 | t \in post, i \in T] - \mathbb{E}[Y_{it}^0 | t \in post, i \in T] \\
&\quad + (\mathbb{E}[Y_{it}^0 | t \in post, i \in T] - \mathbb{E}[Y_{it}^0 | t \in post, i \in C]) \\
&= \mathbb{E}[\tau] + (\mathbb{E}[Y_{it}^0 | t \in post, i \in T] - \mathbb{E}[Y_{it}^0 | t \in post, i \in C])
\end{aligned}$$

長い式変形に見えますが、同じ値を引いて足すという値に変化を与えない操作をしたのち、項を入れ替えているだけです。

最後の等式だけ表すと、次のようになります。

$$\mathbb{E}[\tau^{naive}] = \mathbb{E}[\tau] + (\mathbb{E}[Y_{it}^0 | t \in post, i \in T] - \mathbb{E}[Y_{it}^0 | t \in post, i \in C])$$

この変形によって、式(4.3)が導出されました。

4.1.2 DIDの基本的な発想

point

・DIDは、施策効果をとりまく4つの状況をすべて利用する分析手法である。
・DIDは、4つの状況を活かして「トリートメント群に施策が行われなかった場合のアウトカム」という反実仮想を構成し、施策効果の分析を行おうとする。
・DIDは**パラレルトレンド仮定**のもとで、バイアスのない分析になる。この仮定の妥当性を現実のデータから示すことには限界がある。

ここまで、うまくいかない分析方法について考えてきました。それらの分析方法の欠点を乗り越える手法として、**DID**を紹介します。まずは、DIDがどのような手法なのか大雑把に理解していくことにしましょう。

DIDでは、先に整理した4つの状況（施策実施前／後、施策実施対象である／でない）をうまく活かして分析をすることを目指します。具体的には、次のようなステップで分析を行います。

DIDにおける施策効果の推定値 $\hat{\tau}^{did}$ の算出するステップ

1. 「トリートメントの施策実施前のアウトカム」（①）と
   「トリートメントの施策実施後のアウトカム」（②）の差をとる。
2. 「コントロールの施策実施前のアウトカム」（③）と
   「コントロールの施策実施後のアウトカム」（④）の差をとる。
3. 得られた2つの差の差をとる（「②－①」－「④－③」）。

この分析手順のイメージを、図4.7に示しました。このように差の差を施策効果の推定値とすることから、Difference in Differencesという名前でよばれています。

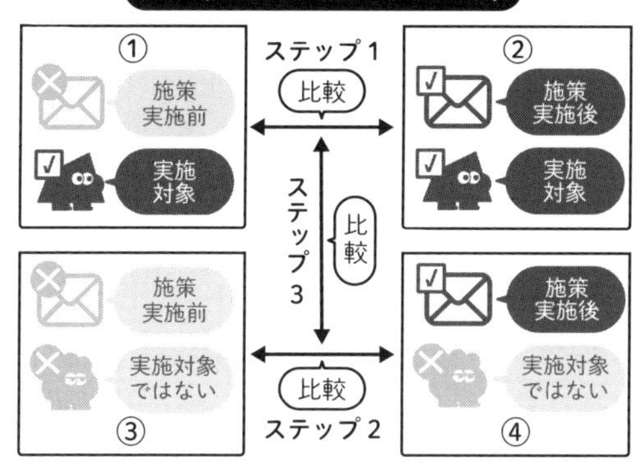

図 4.7　4 つの状況と Difference in Differences

それでは、太郎くんの例を用いて DID の分析がどうなるかを見ていきます。先に示したステップに合わせて、計算していきましょう。

ステップ 1. ②−①：15−10＝5

ステップ 2. ④−③：5−4＝1

ステップ 3. （②−①）−（③−④）：5−1＝4

このように DID で分析をすると、施策効果の推定値は 4 となります。

この分析では、そもそもなにをしようとしているのでしょうか？　図 4.8 に、太郎くんの例に DID を適用した場合のイメージを示しました。

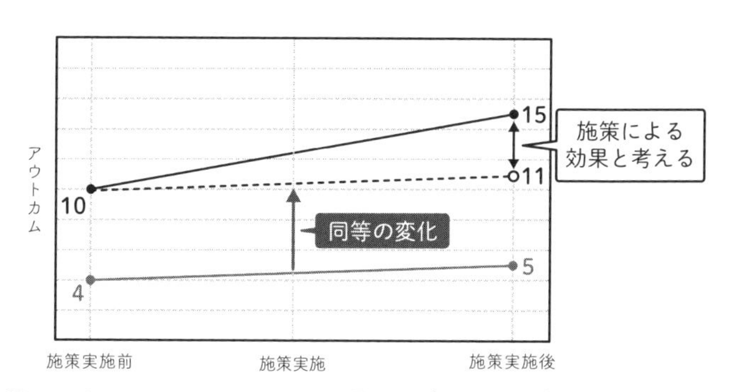

図 4.8　Difference in Differences を用いた分析のイメージ

誤解を恐れずに言えば、DIDは「トリートメント群に施策が行われなかった場合のアウトカム」を予測することで、施策効果を推定します。たとえば、トリートメント群とコントロール群は施策の実施以外では同質の群であったとしましょう。そして、コントロール群では介入前後でアウトカムが1伸びているとします。この場合、「もしトリートメント群に施策を実施しなかったのならば、アウトカムは1だけ伸びたのではないか」と考えるのです。これは、図4.7においては④−③という計算に相当します。

もちろん、実際にはトリートメント群には施策が実施されたため、「施策が行われなかった場合」という仮定は反実仮想です。しかしDIDでは、コントロール群の情報を使って、その反実仮想の状況を予測するのです。図4.8で点線の先に描かれている11という値は、まさにそのような反実仮想の値を予測したものです。これは①+(④−③)という計算に相当します。

「施策が行われなかった場合」という反実仮想におけるアウトカムのとして11という値が得られれば、あとは「施策が行われた場合」のアウトカムの値である15と比較してあげればよいのです。これで4という値が得られます。これは②−(①+(④−③))という計算に相当します。(②−①)−(④−③)というDIDによる分析方法の背景には、このような考えかたがあるのです。

では、この4という値は、施策効果の推定値として妥当な値なのでしょうか？　反実仮想として現実には存在しない値を計算しているため、妥当性が気になるところです。そこで、前後比較や単純比較のときと同様に、施策効果 τ の推定値 $\hat{\tau}^{did}$ がどのような値なのか考察していきましょう。

ここからは少し数式が続くので、「施策効果の推定値として、$\hat{\tau}^{did}$ は、前後比較や単純比較と比べれば仮定が成立しやすい」ということだけ把握できれば、4.1.3項まで読み飛ばしていただいて結構です。

詳細はのちほど別記しますが、この推定値 $\hat{\tau}^{did}$ は次の数式で表す $\mathbb{E}[\tau^{did}]$ を推定していると考えられます。

$$\mathbb{E}[\tau^{did}] = \mathbb{E}[\tau] + \underbrace{ParallelTrends}_{\text{ここが0であることを期待する}} \tag{4.5}$$

$$\begin{aligned} ParallelTrends = [&(\mathbb{E}[Y_{it}^0 | t \in post, i \in T,] - \mathbb{E}[Y_{it}^0 | t \in pre, i \in T]) \\ &- (\mathbb{E}[Y_{it}^0 | t \in post, i \in C] - \mathbb{E}[Y_{it}^0 | t \in pre, i \in C])] \end{aligned}$$

これまで見てきた手法と同様に、この $\mathbb{E}[\tau^{did}]$ はいま知りたい $\mathbb{E}[\tau]$ をそのまま反映した値ではなく、$\mathbb{E}[\tau]$ に別の値が加わったものです。その値とは、上の式では $ParallelTrends$ と記した $[(\mathbb{E}[Y_{it}^0|t\in post, i\in T]-\mathbb{E}[Y_{it}^0|t\in pre, i\in T])-(\mathbb{E}[Y_{it}^0|t\in post, i\in C]-\mathbb{E}[Y_{it}^0|t\in pre, i\in C])]$ の部分です。この項を、ここでは**パラレルトレンド項**（Parallel Trends）とよびましょう。パラレルトレンド項が 0 であることを仮定すると、$\mathbb{E}[\tau^{did}]=\mathbb{E}[\tau]$ となりそうです。これは**パラレルトレンド仮定**とよばれる仮定です。

パラレルトレンド仮定

もし施策がなければ、トリートメント群とコントロール群のアウトカムは、時間とともに同じように変化していくという仮定。この仮定は次のように表現される。

$$(\mathbb{E}[Y_{it}^0|t\in post, i\in T]-\mathbb{E}[Y_{it}^0|t\in pre, i\in T])$$
$$-(\mathbb{E}[Y_{it}^0|t\in post, i\in C]-\mathbb{E}[Y_{it}^0|t\in pre, i\in C])=0 \tag{4.6}$$

パラレルトレンド仮定をもう少し詳細に見ていきましょう。式(4.6)左辺第 1 項の $(\mathbb{E}[Y_{it}^0|t\in post, i\in T]-\mathbb{E}[Y_{it}^0|t\in pre, i\in T])$ は、「トリートメント群のサンプルが施策の対象にならなかった場合の、施策が実施される前と後でのアウトカムの差」を表します。トリートメント群は実際には施策を受けているので、これは反実仮想になります。式(4.5)左辺第 2 項の $(\mathbb{E}[Y_{it}^0|t\in post, i\in C]-\mathbb{E}[Y_{it}^0|t\in pre, i\in C])$ は、「もしコントロール群のサンプルが施策の対象にならなかったとき、施策が実施された前と後で観察されるアウトカムの差」を表します。この第 2 項は実際に施策の対象にはなってないので、観察可能な値です。

「パラレルトレンド仮定が成立しているかどうか」という判断は、難易度の高いものです。なぜなら、式(4.5)は左辺第1項として反実仮想を含む値になっており、データから計算できないからです。4.4節ではパラレルトレンド仮定の妥当性を分析する方法（プレトレンドテスト）を扱いますが、この手法も「プレトレンドテストすら通過しないのならば、パラレルトレンド仮定も成立しないだろう」という想定に基づくもので、パラレルトレンド仮定自体を検証しているわけではありません。結局のところ、DIDで分析をするときには、パラレルトレンド仮定は仮定として受け入れるしかないのです。

それでも本書は、前後比較や単純比較と比べれば、DIDは仮定が成立しやすいという立場をとります[*3]。実務において、「アウトカムは時間経過によって変わらない」という前後比較の仮定はきわめて成立しづらい、ということはすでに説明したとおりです。それに比べれば、アウトカムの時間変化そのものは許容するパラレルトレンド仮定は、比較的受け入れやすい仮定でしょう。単純比較にしても同様です。トリートメント群とコントロール群が同質ではなくても、パラレルトレンド仮定が成立するならばDIDによる分析は可能です。これらの観点から、施策効果検証実務において、DIDは有用な手段の1つとなるのです。

Tips　式4.6の導出

施策効果τの推定値$\hat{\tau}^{did}$は次の数式で表す$\mathbb{E}[\tau^{did}]$を推定していると考えられます。

$$\mathbb{E}[\tau^{did}]=(\underbrace{\mathbb{E}[Y_{it}^{1}|t\in post,i\in T]}_{\text{トリートメント群サンプルの施策実施後のアウトカム}}-\underbrace{\mathbb{E}[Y_{it}^{0}|t\in pre,i\in T]}_{\text{トリートメント群サンプルの施策実施前のアウトカム}})$$
$$-(\underbrace{\mathbb{E}[Y_{it}^{0}|t\in post,i\in C]}_{\text{コントロール群サンプルの施策実施後のアウトカム}}-\underbrace{\mathbb{E}[Y_{it}^{0}|t\in pre,i\in C]}_{\text{コントロール群サンプルの施策実施前のアウトカム}}) \quad (4.7)$$

*3 実のところ、DIDや前後比較・単純比較の仮定のあいだに、必要条件・十分条件といった包含関係はありません。本書では「DIDはほか2つの手法と比べると仮定が成立しやすい」という立場をとりますが、これはあくまで実務的な観点からの判断です。

$\mathbb{E}[Y_{it}^1|t\in post, i\in T]$ は、トリートメント群の施策実施後の施策を受けた場合のアウトカムの期待値です。この値は観察可能で、図 4.8 においては 15 がそれにあたります。$\mathbb{E}[Y_{it}^0|t\in pre, i\in T]$ は、トリートメント群の施策実施前の施策を受けていなかった場合のアウトカムの期待値です。これも観察可能で、図 4.8 においては 10 です。同様に $\mathbb{E}[Y_{it}^0|t\in post, i\in C]$ はコントロール群の施策実施後の施策を受けていなかった場合のアウトカムの期待値であり、図 4.8 においては 5 です。$\mathbb{E}[Y_{it}^0|t\in pre, i\in C]$ はコントロール群の施策実施前の施策を受けていなかった場合のアウトカムの期待値であり、これも観察可能です。これに相当する値は、図 4.8 においては 4 です。

このようにして DID の推定値は導かれ、図 4.8 でいえば 4 になるのです。ただし、この τ^{did} という値が真の施策効果 τ とどのような関係にあるのかは、やはりまだわかりません。

そのため、この $\mathbb{E}[\tau^{did}]$ を式(4.1)と比較しながら検討します。式(4.7)は次のように変形できます。少し式が込み入りますが、これまで同様の式変形をしているだけです。

$$
\begin{aligned}
\mathbb{E}[\tau^{did}] &= (\mathbb{E}[Y_{it}^1|t\in post, i\in T] - \mathbb{E}[Y_{it}^0|t\in pre, i\in T]) \\
&\quad - (\mathbb{E}[Y_{it}^0|t\in post, i\in C] - \mathbb{E}[Y_{it}^0|t\in pre, i\in C]) \\
&= (\mathbb{E}[Y_{it}^1|t\in post, i\in T] - \mathbb{E}[Y_{it}^0|t\in pre, i\in T]) \\
&\quad - (\mathbb{E}[Y_{it}^0|t\in post, i\in C] - \mathbb{E}[Y_{it}^0|t\in pre, i\in C]) \\
&\quad + \mathbb{E}[Y_{it}^0|t\in post, i\in T] - \mathbb{E}[Y_{it}^0|t\in post, i\in T] \\
&= \mathbb{E}[\tau] + [(\mathbb{E}[Y_{it}^0|t\in post, i\in T] - \mathbb{E}[Y_{it}^0|t\in pre, i\in T]) \\
&\quad - (\mathbb{E}[Y_{it}^0|t\in post, i\in C] - \mathbb{E}[Y_{it}^0|t\in pre, i\in C])]
\end{aligned}
$$

この最後の等式だけを抜き出せば、次のようになります。

$$
\mathbb{E}[\tau^{did}] = \mathbb{E}[\tau] + ParallelTrends
$$

4.1.3 DIDの発想に基づいた施策効果分析の実装

ここまで、DIDの基本的な考えかたを解説してきました。抽象的な話が続いたので、本項では具体的なデータに基づいてDIDによる分析を実装します。

用いるデータセット

本項では、アメリカにおける臓器提供登録率についてのデータを用います[*4]。2011年に、カリフォルニア州で臓器移植登録を促す文言が変更されました。このデータセットは、その文言変更の効果を検証するために用いられました。つまり、ここでいう施策は「文言を変えたこと」です。データセットにはアメリカすべての州における2010年からの臓器提供登録率が記録されていますが、ここでは説明のために、少し時期を絞ったものを用います。すべてのデータを使った場合の分析についても、のちほど触れます。

分析例

分析は次のように実行します。

プログラム 4.1 DIDの発想に基づく施策効果分析

```
# データの読み込み
df_organ_donations_short = pd.read_csv(URL_ORGAN_SHORT)
# 4状況ごとのアウトカムの計算
df_organ_donations_short.groupby(
    ["IsTreatmentGroup", "AfterTreatment"]
)["Rate"].mean().reset_index()
```

*4 マーケティングの本として相応しい例とはいえませんが、DIDに関する一般に利用可能なサンプルデータとしてJ.B. Kesslerらによる2014年の論文〔11〕のデータを用いています。

まずはデータを読み込んで、どのようなデータかを見てみます。df_organ_donations_short は、表 4.1 のようなデータを表す pd.DatFrame オブジェクトです。

```
# データの読み込み
df_organ_donations_short = pd.read_csv(URL_ORGAN_SHORT)
```

表 4.1　臓器提供登録率についてのデータ

	State	Quarter	Rate	Quarter_Num	IsTreatmentGroup	AfterTreatment	IsTreatment
0	Alaska	Q22011	0.7700	3	0	0	0
1	Alaska	Q32011	0.7800	4	0	1	0
2	Arizona	Q22011	0.2261	3	0	0	0
3	Arizona	Q32011	0.2503	4	0	1	0
4	California	Q22011	0.2743	3	1	0	0

State は州の名前、Quarter は時間、Rate は臓器提供登録率、Quarter_Num は時間を整数に直したものです。Quarter 列において、「Q22011」という値は「2011 年第 2 四半期」を表します。すなわち、一つひとつの行はある州のある時期における臓器提供登録率を表すわけです。IsTreatmentGroup・AfterTreatment・IsTreatment は施策の実施状況についてのカラムです。IsTreatmentGroup はトリートメントグループかどうかを表し、AfterTreatment は施策の実施後か否か表すカラムです。

本データセットにおいて、「トリートメント群か否か」「施策実施後か否か」は次のように言い換えられます。

- トリートメント群か否か：カリフォルニア州か否か
- 施策実施後か否か：Quarter_Num が 4 以降か否か

IsTreatmentGroup と AfterTreatment は、上の2つの条件に従って筆者が作成しました。また、IsTreatment は、施策が実施されたかどうかを表すカラムです。すなわち、カリフォルニア州かつ Quarter_Num が4以降であれば1をとり、それ以外では0をとります。

DID では、施策実施についての4つの状況を利用して分析を行うのでした。その4つの状況それぞれのアウトカムを、次のコードで計算します。

```
# 4状況ごとのアウトカムの計算
df_organ_donations_short.groupby(
    ["IsTreatmentGroup", "AfterTreatment"]
)["Rate"].mean().reset_index()
```

ここでは、DataFrame オブジェクトの groupby メソッドを用いて、IsTreatmentGroup カラムおよび AfterTreatment カラムごとに集計をします。その際には、mean メソッドを Rate カラムを対象に用いて、臓器提供登録率の平均値を計算します。この結果は表4.2のようになります。

表4.2　臓器提供登録率データの記述統計

IsTreatmentGroup	AfterTreatment	Rate
0	0	0.449015
	1	0.459881
1	0	0.274300
	1	0.263600

この集計結果をあらためて書き直すと、状況ごとの臓器提供登録率は以下のようになりました。

1. **施策実施対象かつ施策実施前**
（`IsTreatmentGroup=1, AfterTreatment=0`）：27.4%
2. **施策実施対象かつ施策実施後**
（`IsTreatmentGroup=1, AfterTreatment=1`）：26.4%
3. **施策実施対象ではないかつ施策実施前**
（`IsTreatmentGroup=0, AfterTreatment=0`）：44.9%
4. **施策実施対象ではないかつ施策実施後**
（`IsTreatmentGroup=0, AfterTreatment=1`）：46.0%

この集計結果から、DIDの発想に基づいて施策効果分析を行うと、

$$(26.4-27.4)-(46.0-44.9)=-2.1\%$$

となります。すなわち、文言の変化という施策の実施によって、臓器提供登録率は2.1%下がってしまったという結果になります。施策はむしろマイナス効果だったといえそうです。

4.2　DIDを用いた実務的な施策効果検証

 point

・**パネルデータ**とは、同じ個体やグループを繰り返し継続的に観察し記録したデータ構造を指す。
・データを通じて影響が一定であるような要因のことを、**固定効果**とよぶ。
・パネルデータを用いた**二元配置固定効果**による分析を行うことで、DIDのアイディアに基づいた施策効果分析を行うことができる。

ここまで、DIDという手法のコンセプトとサンプルデータでの分析を説明してきました。では、実務で活用するためには、実際にどのようなデータセットを用意してどのようにして分析を行えばいいのでしょうか？

DIDを用いて分析をするために必要なデータセットや分析方法は、必ずしも1つには定まりません。前述したような簡単な集計による分析もDIDによる分析といえます。また、現代においてDIDをめぐる研究は進んでおり、さまざまな手法が提案されています。それらについて本書で議論することは困難ですが、のちほど簡単に触れます。ここでは幅広い状況に対応できる方法として、パネルデータにおける**二元配置固定効果（two way fixed effect）**を用いた分析方法を紹介します。

4.2.1 パネルデータ

分析方法に入る前に、DIDを用いた分析と深い関係にある**パネルデータ**というデータ構造を紹介しましょう。パネルデータとは、同じ個体やグループを繰り返し継続的に観察し記録したデータです。たとえば、各ユーザーの日々の活動ログを日ごとに集計したデータや、店舗ごとの売上情報を月ごとに集計したデータなどです。先に扱った表4.1も、まさにパネルデータの1つです。この場合は、州というグループについて臓器提供登録率に関連する情報を継続的に観察したデータになっています。

パネルデータは、**横断面データ**（ある特定の時点での各サンプルの情報）と**時系列データ**（あるサンプルの時系列的変化）両方の特徴をもっています。この特徴をうまく活かすことで、分析上のメリットを多く享受できるのです。DIDでも、このパネルデータの特徴を使って分析をしていくことになります。

4.2.2 分析方法

DIDを用いてパネルデータを分析する方法として、本項では、ダミー変数を説明変数とした回帰分析を紹介します。この方法は、複雑な手続きなしでDIDの分析を実行できるという利点から、頻繁に採用されます。

ここでは、I人のサンプルからT期間のあいだ取得されたデータを想定し、次のような回帰モデルを考えます*5。

$$
\begin{aligned}
Y_{it} = \beta_1 & \underbrace{\mathbf{1}_{i=1}}_{i=1\text{ ならば 1 をとりそれ以外で 0 をとる値}} + \beta_2 \mathbf{1}_{i=2} \cdots + \beta_I \mathbf{1}_{i=I} \\
& + \gamma_1 \underbrace{\mathbf{1}_{t=1}}_{t=1\text{ ならば 1 をとりそれ以外で 0 をとる値}} + \gamma_2 \mathbf{1}_{t=2} + \cdots + \gamma_T \mathbf{1}_{t=T} \\
& + \tau \underbrace{W_{it}}_{\text{時点 } t \text{ においてサンプル } i \text{ に施策が実施されているか否か}} + \epsilon_{it} \\
= & \underbrace{\sum_{i \in I} \beta_i \mathbf{1}_i}_{\text{個人 } i \text{ についてのダミー変数}} + \underbrace{\sum_{t \in T} \gamma_t \mathbf{1}_t}_{\text{時点 } t \text{ についてのダミー変数}} + \tau W_{it} + \epsilon_{it}
\end{aligned}
\tag{4.8}
$$

Y_{it} は、サンプル i の時間 t におけるアウトカムです。最後の等式における $\mathbf{1}_i$ は、レコードのサンプルが i のとき 1 をとり、それ以外のときには 0 をとる変数です。β_i は $\mathbf{1}_i$ についての係数で、回帰分析を通じて推定されるものです。そして、$\sum_{i \in I} \beta_i \mathbf{1}_i$ としているように、そのような項をすべての個人について考えます。これはダミー変数を個人ごとにとる操作と等しいものです。

同様に、$\mathbf{1}_t$ は時間が t のとき 1 をとり、それ以外のときには 0 をとる変数です。係数についても同様で、これはダミー変数を時間についてとる操作になります。W_{it} は、時点 t においてサンプル i に施策が実施されているときは 1 をとり、それ以外のときは 0 をとる変数です。この変数にかかる係数 τ が、今回推定したい施策効果を表すパラメーターです。

ϵ_{it} は誤差項です。標準誤差を推定する際には、3 章で触れたサンプル i を単位としたクラスター頑健標準誤差を用いることが多いです。これは 3.3.1 項のときと同様、個人や時間というクラスターを扱うので、誤差項には特有の構造を課す必要があるためです。式 (4.8) は、慣習的に次のように書かれます。

$$
Y_{it} = \beta_i + \gamma_t + \tau W_{it} + \epsilon_{it} \tag{4.9}
$$

この β_i や γ_t を用いた回帰モデルは、**固定効果モデル**ともよばれます。式 (4.9) において、サンプル i のアウトカムへの影響 β_i や時間 t がアウトカム Y_{it} に与える影響 γ_t は、データを通じて一定としています。この「データを通じて影響が一定であるような要因」のことを**固定効果**とよびます。

---

*5 実は、次ページの式は微妙に間違っており、ダミー変数についての項をどれか 1 個だけ抜く必要があります。本書ではわかりやすさを優先して、このように曖昧なまま記述をしました。一方で、後述のように現在よく使われる解析ライブラリでは、デフォルトでどれか 1 個勝手に抜くようになっているため、実務においてはあまり気にする必要はないかもしれません。くわしく知りたい場合は、西山慶彦らの書籍「計量経済学」[12] などの LSDV による推定を解説している箇所を参照してください。

今回はサンプルiおよび時間tの2つの固定効果を考えており、このような固定効果を考えた回帰式は「**二元配置固定効果（two way fixed effect）**を用いている」などとよばれます。

固定効果は、必ずしも観察可能ではないということもポイントです。例として、ゲーム「ポケットモンスター」の各ポケモンの能力値をイメージするとよいかもしれません*6。ポケモンの世界では、同じピカチュウであっても個体によって能力は異なります。そこには経験値・レベルや努力値など個体ごとに違う要因もありますが、種族ごとに固定された値である種族値や、個体ごとに固定された値である個体値があります。その意味では、ポケットモンスターの世界では種族固定効果や個体固定効果があると捉えてもいいでしょう。その種族値や個体値はゲームの裏で潜在的に設定されている値に過ぎず、観察可能なわけではありません。固定効果モデルでは、この観察できない値を考慮して分析を行うことができるのです。

固定効果を用いた回帰式の分析方法はさまざまにありますが*7、今回は式(4.8)のようにダミー変数を用いた回帰式を考えます。ダミー変数を用いるだけならば比較的簡易ですし、多くの実務者にとっては親しみやすい手法だと思われます。

もちろん、ダミー変数の数が多くなりすぎると推定に多大な時間がかかってしまうなどの問題もあるので、場面に応じて使い分ける必要はあります。ただし、多くのユースケースにおいてはダミー変数で十分でしょう*8。

4.2.3 DIDによる施策効果分析の実装：文言の変化の効果を調べる

さて、ここまで数式による回帰モデルの紹介が続きました。それでは、Pythonでこの回帰モデルによる分析を実装しましょう。4.1.3項で使った臓器提供登録率のデータセットを使って、文言変更の施策効果を分析します。

DIDによる施策効果分析は、以下のように実装できます。

*6 ポケモンに馴染みがない方にはわかりにくい例で恐縮です。
*7 計量経済学の本を読むと、数式を変形して固定効果を消去する方法を紹介しているものも多いかと思います。
*8 ダミー変数の数が非常に大きいときは、高次元なダミー変数を用いた分析に特化した手法を使うのもよいでしょう。Pythonでそのような手法を提供してくれる評判のよいライブラリはまだ登場していませんが、Rでは`lfe`や`fixest`がそのような分析手法を提供しています。

プログラム 4.2 DID による訴求内容変更施策の分析

```
# データの読み込み
df_organ_donations_short = pd.read_csv(URL_ORGAN_SHORT)
# 推定
result = smf.ols(
    formula = "Rate ~ IsTreatment + C(State) + C(Quarter_N
    um)",
    data=df_organ_donations_short,
).fit()
# 標準誤差の補正
result_correted = result.get_robustcov_results(
    "cluster", groups = df_organ_donations_short["State"]
)
# 結果の出力
result_correted.summary().tables[1]
```


このコードを細かく見ていきましょう。データの読み込みの説明は省略します。

DID による施策効果推定では、式(4.9)を回帰式とします。今回の例に直せば、

$$\mathtt{Rate}_{it} = \mathtt{State}_i + \mathtt{Quarter\_Num}_t + \tau\mathtt{IsTreatment}_{it} + \epsilon_{it} \quad (4.10)$$

と書けます。サンプルを表す変数は $State_i$（州）であり、時間を表す変数は $Quarter\_Num_t$ です。そして、「施策の対象になっているか否か」を表すのが $IsTreatment_{it}$ の部分です。

この回帰式による分析は、次のように行います。

```
# 推定
result = smf. ols(
```

```
    formula = "Rate ~ IsTreatment + C(State) +
    C(Quarter_Num)",
    data=df_organ_donations_short,
).fit()
```

これまで同様に、statsmodelsを使って分析します。その際に指定している回帰式が、式(4.10)と同様であることを確認してください。C(State)は$State_i$のダミー変数を表し、C(Quarter_Num)は時間のダミー変数を表すのでした。

さらに標準誤差を、サンプルi（この場合は$State_i$）を単位とするクラスター頑健標準誤差とします。その実装は以下のように行います。

```
# 標準誤差の補正
result_correted = result.get_robustcov_results(
    "cluster", groups = df_organ_donations_short["State"]
)
```

ここでは、statsmodelsの回帰結果オブジェクトがもつget_robustcov_results関数を利用しています。その際、groups=df_organ_donations_short['State']という箇所でクラスター単位を$State_i$に指定しています。

得られた回帰分析結果オブジェクトが、result_corretedという変数に入っています。それを次のコードで出力します。

```
# 結果の出力
result_correted.summary().tables[1]
```

結果を表4.3に示します（表では一部の行を省略しています）。

表4.3 プログラム4.2の実行結果

	coef	std err	t	P>|t|	[0.025	0.975]
Intercept	0.7696	0.004	216.842	0.000	0.762	0.777
C(State)[T. Arizona]	−0.5368	1.16e−15	−4.62e+14	0.000	−0.537	−0.537
C(State)[T. California]	−0.4953	0.004	−139.552	0.000	−0.503	−0.488
C(State)[T. Wisconsin]	−0.2046	5.83e−16	−3.51e+14	0.000	−0.205	−0.205
C(State)[T. Wyoming]	−0.1826	5.77e−16	−3.17e+14	0.000	−0.183	−0.183
C(Quarter_Num)[T. 4]	0.0109	0.007	1.531	0.138	−0.004	0.025
IsTreatment	−0.0216	0.007	−3.038	0.005	−0.036	−0.007

今回求めたいのは、式(4.10)におけるτの推定値でした。これは表4.13の一番下にある`IsTreatment`という行に示されており、推定値として`−0.0216`という値が記録されています。つまりτの推定値$\hat{\tau}$は−0.0216というマイナスの値であり、これは「文言を変えた」という施策によって臓器提供登録率は2.1%ほど下がってしまったことを表します。なお、この値は4.1.3項で行った集計値による分析と同じです。

さて、この評価の不確実性を判断するため、統計的仮説検定も行いましょう。`std err`列に記された推定値$\hat{\tau}$の標準誤差は`0.007`と、推定値と比べて非常に小さく、p値もほとんど0.5%と十分に小さく、統計的に有意であることを確認できます。そのため、「施策効果τは0である」という帰無仮説は棄却されます。

以上の手続きにより、DIDによる分析結果としては、やはり「臓器提供フォームにおける文言の変更」施策の実施はマイナスの効果をもっていそうだということがわかりました。

4.3 2期間以上のデータをDIDで分析する

 point

・施策の実施後、施策効果は時間の経過ともに変わっていく可能性がある。

・多期間のデータを用いて、施策効果を時点ごとに考えていく分析方法を**イベントスタディ**とよぶ。

4.3.1 時間を通じて施策効果は変わりうる

DIDによる分析では、施策の実施前後でどれだけ効果があったかを調べます。平たくいうと、「もし施策に効果があれば、実施したグループと実施していないグループで施策前後に差が出てくるはずだ」と考えます。

しかし「施策の前後」といっても、さまざまな範囲の時間が存在します。たとえば、施策実施後の1か月前、2か月前、1年前や、施策実施後の1か月後、2か月後、1年後などです。よくよく考えると、それらを「施策実施前」と「施策実施後」という2期間しかないものとして扱うのは、少し大雑把かもしれません。たとえば、施策の実施直後と施策実施から1年後も「施策実施後」であることに変わりはありませんが、その2つを同様に扱うのはいささか無理があるように思います。

施策効果は、時の経過とともに変わっていくかもしれません。たとえば、施策が始まった直後は効果が小さいものの、徐々に大きくなり、ピークを迎えたあとは再び効果が小さくなるといった施策効果の変化があるかもしれません。図4.9では、そのようなイメージをグラフィカルに示しています。

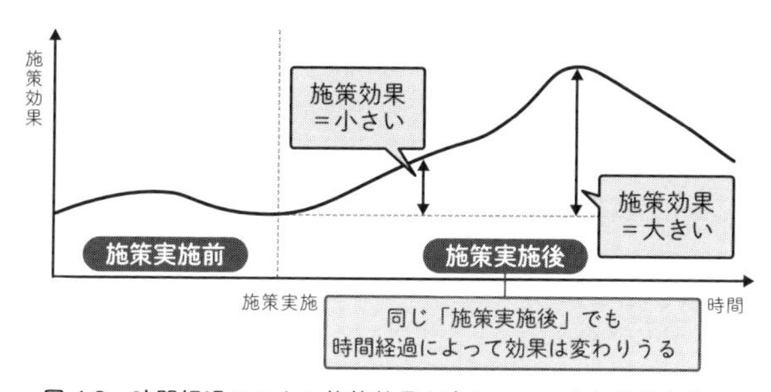

図 4.9　時間経過とともに施策効果も変わっていくと考えられる

逆の状況も考えられるでしょう。つまり、施策が始まった直後は目新しさもあり大きな効果を上げていた手法が、時とともに飽きられていき効果が薄れていくといった状況です。このような変化は、割引などの施策でよく見られます。割引施策では往々にしてユーザーによる一時的な買い溜めが発生するため、今週は売り上げが増えて来週は売り上げが減る、といった状況が起こりがちです。ほかにも、ユーザーが慣れるまで効果を発揮しにくいような、大幅な UI の変更などでも同様の状況が発生しがちです。このような場合には、施策効果が時間の経過とともにどのように変わっていくかを考慮して分析を進める必要があるでしょう。

これまで扱ってきた手法だと「施策実施前」と「施策実施後」の粗い分析を行うのみで、時間経過による施策効果の変化を考えることはできません。そこで本節では、施策効果の変化を捉えて DID による分析を行う方法を考えていきます。ここでは、分析対象となるデータも 2 期間以上のものを使います。

4.3.2　分析方法

それでは、DID において施策効果の変化はどのように捉えたらよいでしょうか？　具体的な方法を見ていきましょう。分析のために用いるのは、やはり回帰分析です。

まず、設定を整理します。

- データは1期からT期までのデータとする。
- 施策が実施されたのはm期からとする。
- W_iはサンプルiがトリートメント群ならば1をとり、それ以外で0をとるダミー変数。
- W_iは、施策以前であってもサンプルiがトリートメント群ならば1をとることに注意。
- $\mathbf{1}_i$はサンプルがiなら1をとり、それ以外で0をとるダミー変数。
- $\mathbf{1}_t$は時期がtなら1をとり、それ以外で0をとるダミー変数。

ここから、次のような式を考えます。

$$
\begin{aligned}
Y_{it} = & \underbrace{\beta_1 \mathbf{1}_{i=1} + \beta_2 \mathbf{1}_{i=2} \cdots + \beta_I \mathbf{1}_{i=I}}_{\text{サンプルについてのダミー変数}} \\
& + \underbrace{\gamma_1 \mathbf{1}_{t=1} + \gamma_2 \mathbf{1}_{t=2} + \cdots + \gamma_T \mathbf{1}_{t=T}}_{\text{時点についてのダミー変数}} \\
& + \underbrace{\upsilon_1 \mathbf{1}_{t=1} W_i + \cdots + \upsilon_{m-2} \mathbf{1}_{t=m-2} W_{i,m-2}}_{\text{1期から}m-2\text{期までの項}} \\
& + \underbrace{\tau_m \mathbf{1}_{t=m} W_i + \cdots + \tau_T \mathbf{1}_{t=T} W_i}_{m\text{期から}T\text{期までの項}} \\
& + \epsilon_{it} \\
= & \beta_i + \gamma_t + \sum_{t=1}^{m-2} \upsilon_t W_i \mathbf{1}_t + \sum_{t=m}^{T} \tau_t W_i \mathbf{1}_t + \epsilon_{it}
\end{aligned}
\tag{4.11}
$$

式(4.11)を式(4.9)と見比べれば、$\sum_{t=1}^{m-2}\upsilon_t W_i \mathbf{1}_t + \sum_{t=m}^{T}\tau_t W_i \mathbf{1}_t$の部分が異なります。この部分を少しくわしく見ていきましょう。

まず、施策効果τは単一の値ではなく、m期の施策効果であればτ_m、$m+1$期の施策効果であればτ_{m+1}と複数存在します。そして、総じてm期からT期までの計$T-m$期の施策効果が係数τ_tとして表現されています。そのため、この施策効果τ_tを推定すればよいわけです。

近年では、このような分析を**イベントスタディ**とよびます。τ_tはm期からT期までの$T-m$期にまたがっており、それぞれ異なる値です。この違いは、施策効果の変化を意味しています。イベントスタディは、施策効果の変化を議論できるところが式(4.10)を用いた分析とは異なります。

次の違いを見ていきましょう。施策実施よりも前の $t=1$ 期から $t=m-2$ 期についての項、$\sum_{t=1}^{m-2}\upsilon_t W_i \mathbf{1}_t$ が含まれています。施策実施以降の施策効果の変化を追おうとするイベントスタディですが、施策実施前についても分析することが通例です。

「施策実施前なのだから ν_t の推定値（施策効果）は0に決まっているだろう」と感じる方もいると思います。そして、その直感は正しいです。施策実施前について施策効果が0であることを期待して分析を行い、その結果を通じて、DIDのパラレルトレンド仮定の成立可否を判断しようとしているのです。その詳細については4.4節であらためて議論します。

最後に、式(4.11)では施策実施の1期前である $m-1$ の項が含まれていないことに注意してください。イベントスタディでは施策効果が時間とともに変わっていくことを想定しますが、その比較の基準時として $m-1$ をおいています。基準時は $t=1$ 期から $\mathrm{t}=m-1$ 期までのあいだであればいつでもよいのですが、慣習的に $m-1$ 期を用いています。

4.3.3　DIDによる施策効果分析の実装：イベントスタディのケース

データセット

まず、データとして多期間のデータを用意します。ここでは、臓器提供登録率データを再度扱います。前回までの臓器提供データは、分析用に施策実施前後に絞ったものを使っていましたが、今回は全データを使います。表4.4では、そのデータの一部を示しました。`Quater_Num` という列から、6期ほどのデータであることがわかります。このデータを用いて分析を進めていきます。

表 4.4　臓器提供登録率についてのデータ

	State	Quarter	Rate	Quarter_Num	IsTreatmentGroup	AfterTreatment	IsTreatment
0	Alaska	Q42010	0.7500	1	0	0	0
1	Alaska	Q12011	0.7700	2	0	0	0
2	Alaska	Q22011	0.7700	3	0	0	0
3	Alaska	Q32011	0.7800	4	0	1	0
4	Alaska	Q42011	0.7800	5	0	1	0
5	Alaska	Q12012	0.7900	6	0	1	0
6	Arizona	Q42010	0.2634	1	0	0	0
7	Arizona	Q12011	0.2092	2	0	0	0
8	Arizona	Q22011	0.2261	3	0	0	0
9	Arizona	Q32011	0.2503	4	0	1	0

通常の DID による分析

最初に多期間のデータをあえて 2 期間のデータとして扱って、通常の DID と同様の分析をしてみましょう。ここでは上述のとおり、6 期間あるデータを用います。6 期間のデータを、施策前と施策後に分けることで 2 期間にしてしまうわけです（便宜上、**2 期間 DID** とよびます）。こうすれば、さきほどの式(4.10)と同様に分析可能です。コードは次のようになります。

プログラム 4.3　DID による多期間データの分析

```
# データの読み込み
df_organ_donations_full = pd.read_csv(URL_ORGAN_FULL)
# 推定
result = smf.ols(
    formula = "Rate ~ IsTreatment + C(State) + C(Quarter_N
    um)",
    data = df_organ_donations_full,
).fit()
# 標準誤差の補正
result_correted = result.get_robustcov_results(
```

```
    "cluster", groups = df_organ_donations_full["State"]
)
# 結果の出力
result_correted.summary().tables[1]
```

表 4.5　プログラム 4.3 の実行結果

	coef	std err	t	P>|t|	[0.025	0.975]
Intercept	0.7655	0.005	147.502	0.000	0.755	0.776
C(State)[T. Arizona]	−0.5329	8.85e−16	−6.02e+14	0.000	−0.533	−0.533
C(State)[T. California]	−0.4950	0.003	−147.316	0.000	−0.502	−0.488
C(State)[T. Wisconsin]	−0.2012	1.11e−15	−1.82e+14	0.000	−0.201	−0.201
C(State)[T. Wyoming]	−0.1823	8.99e−16	−2.03e+14	0.000	−0.182	−0.182
C(Quarter_Num)[T. 2]	−0.0024	0.006	−0.420	0.678	−0.014	0.009
C(Quarter_Num)[T. 3]	0.0049	0.005	0.919	0.367	−0.006	0.016
C(Quarter_Num)[T. 4]	0.0158	0.007	2.217	0.036	0.001	0.030
C(Quarter_Num)[T. 5]	0.0116	0.006	2.015	0.054	−0.000	0.024
C(Quarter_Num)[T. 6]	0.0168	0.013	1.327	0.196	−0.009	0.043
IsTreatment	−0.0225	0.007	−3.342	0.003	−0.036	−0.009

施策効果 τ の推定値は `−0.0225` であり、その p 値も約 0.3% です。やはり、多期間データを集計した2期間 DID による分析においても「文言の変化」という施策は臓器提供登録率に負の影響を及ぼしたと読み取れます。ただし、この分析からは施策の実施後どのように施策効果が変化していったかを見ることはできません。

イベントスタディによる分析

それでは、Pythonを用いて回帰式(4.11)の推定を行っていきましょう。式(4.11)は、次のように書けます。

$$
\begin{aligned}
\texttt{Rate}_{it} = \ & \texttt{State}_i + \texttt{Quarter\_Num}_t \\
& + \upsilon_1 \texttt{IsTreatmentGruop}_i * \texttt{Quarter\_Num}_1 \\
& + \upsilon_2 \texttt{IsTreatmentGruop}_i * \texttt{Quarter\_Num}_2 \\
& + \tau_4 \texttt{IsTreatmentGruop}_i * \texttt{Quarter\_Num}_4 \\
& + \tau_5 \texttt{IsTreatmentGruop}_i * \texttt{Quarter\_Num}_5 \\
& + \tau_6 \texttt{IsTreatmentGruop}_i * \texttt{Quarter\_Num}_6 \\
& + \epsilon_{it}
\end{aligned}
\tag{4.12}
$$

ここで、3期目に相当する$Quarter_Num_3$についての項がないことに注意をしてください。3期目は基準点として扱うので、回帰式からは外します。

この式をPythonで回帰分析してみます。

プログラム 4.4　イベントスタディによる多期間データの分析

```
# データの読み込み
df_organ_donations_full = pd.read_csv(URL_ORGAN_FULL)
# 時間に関するダミー変数を作成
quarter_dummies = pd.get_dummies(
    df_organ_donations_full["Quarter_Num"],
    prefix = "QuarterNum",
    drop_first = False,
    dtype = int,
)
df_regression = pd.concat(
    [df_organ_donations_full, quarter_dummies], axis = 1
)
# 分析
formula = (
```

```
    "Rate ~ QuarterNum_1:IsTreatmentGroup"
    " + QuarterNum_2:IsTreatmentGroup"
    " + QuarterNum_4:IsTreatmentGroup"
    " + QuarterNum_5:IsTreatmentGroup"
    " + QuarterNum_6:IsTreatmentGroup"
    " + C(State) + C(Quarter_Num)"
)
result = smf.ols(formula=formula, data=df_regression).fit()
# 標準誤差の補正
result_correted = result.get_robustcov_results(
    "cluster", groups=df_regression["State"]
)
# 結果の出力
result_correted.summary().tables[1]
```

このコードを解説します。データの読み込みについては省略します。

最初に、以下の部分では時間のダミー変数を作成しています。これは式(4.12)における$Quarter_Num_i$などの項に相当します。

```
# 時間に関するダミー変数を作成
quarter_dummies = pd.get_dummies(
    df_organ_donations_full["Quarter_Num"],
    prefix = "QuarterNum",
    drop_first = False,
    dtype = int,
)
df_regression = pd. concat(
    [df_organ_donations_full, quarter_dummies], axis = 1
)
```

pd.get_dummiesは、ダミー変数に変換するpandasの関数です。ここではQuarter_Num列をダミー変数にして、その結果をquarter_dummiesという変数に格納しています。そして、pd.concatを用いて、もとのデータであったdf_organ_donations_fullと結合しています。これでできたdf_regressionは、表4.6に示すpd.DataFrameになります。QuarterNum_tは0か1の値をとるダミー変数になっていることを見てとることができます。

表4.6 ダミー変数に変換したデータセット

	State	Quarter	Rate	Quarter_Num	IsTreatmentGroup	AfterTreatment	IsTreatment	QuarterNum_1	QuarterNum_2	QuarterNum_3	QuarterNum_4	QuarterNum_5	QuarterNum_6
0	Alasla	Q42010	0.7500	1	0	0	0	1	0	0	0	0	0
1	Alasla	Q12011	0.7700	2	0	0	0	0	1	0	0	0	0
2	Alasla	Q22011	0.7700	3	0	0	0	0	0	1	0	0	0
3	Alasla	Q32011	0.7800	4	0	1	0	0	0	0	1	0	0
4	Alasla	Q42011	0.7800	5	0	1	0	0	0	0	0	1	0
5	Alasla	Q12012	0.7900	6	0	1	0	0	0	0	0	0	1
6	Arizona	Q42010	0.2634	1	0	0	0	1	0	0	0	0	0
7	Arizona	Q12011	0.2092	2	0	0	0	0	1	0	0	0	0
8	Arizona	Q22011	0.2261	3	0	0	0	0	0	1	0	0	0
9	Arizona	Q32011	0.2503	4	0	1	0	0	0	0	1	0	0

次の部分では、作ったデータに基づいてDIDで分析をしています。

```
# 分析
formula = (
    "Rate ~ QuarterNum_1:IsTreatmentGroup"
    "+ QuarterNum_2:IsTreatmentGroup"
    "+ QuarterNum_4:IsTreatmentGroup"
    "+ QuarterNum_5:IsTreatmentGroup"
    "+ QuarterNum_6:IsTreatmentGroup"
    "+ C(State) + C(Quarter_Num)"
)
result = smf.ols(formula = formula, data = df_regression).
```

```
fit()
# 標準誤差の補正
result_correted = result.get_robustcov_results(
    "cluster", groups = df_regression["State"]
)
```

コードそのものはこれまでとほぼ同様です。回帰式が式(4.12)を意味していることに注意してください。また、この分析においても get_robustcov_results 関数を利用し、州を単位としたクラスター頑健標準誤差を用いて分析します。

結果として、表4.7が出力されます。

表4.7　プログラム4.4の実行結果

	coef	std err	t	P>|t|	[0.025	0.975]
Intercept	0.7657	0.005	142.389	0.000	0.755	0.777
C(State) [T. Arizona]	−0.5329	1.59e−15	−3.36e+14	0.000	−0.533	−0.533
C(State) [T. California]	−0.4962	0.003	−158.861	0.000	−0.503	−0.490
C(Quarter_Num) [T. 4]	−0.0156	0.007	2.143	0.042	0.001	0.031
C(Quarter_Num) [T. 5]	−0.0114	0.006	1.945	0.063	−0.001	0.024
C(Quarter_Num) [T. 6]	0.0167	0.013	1.271	0.215	−0.010	0.044
QuarterNum_1 : IsTreatmentGroup	−0.0029	0.006	−0.527	0.603	−0.014	0.009
QuarterNum_2 : IsTreatmentGroup	0.0063	0.002	2.528	0.018	0.001	0.011
QuarterNum_4 : IsTreatmentGroup	−0.0216	0.006	−3.898	0.001	−0.033	−0.010
QuarterNum_5 : IsTreatmentGroup	−0.0203	0.005	−4.127	0.000	−0.030	−0.010
QuarterNum_6 : IsTreatmentGroup	−0.0222	0.011	−2.014	0.054	−0.045	0.000

さて、今回求めたいのは、式(4.12)におけるτ_tでした。このτ_tは時間によって変わる値であり、それは表4.7では`QuarterNum_1:IsTreatmentGroup`から`QuarterNum_6 : IsTreatmentGroup`と書かれた行に示されています。これらの情報は、以下のようにまとめられます。

- `QuarterNum_1:IsTreatmentGroup`（施策実施前）：
  u_1の推定値`-0.0029`
- `QuarterNum_2:IsTreatmentGroup`（施策実施前）：
  u_2の推定値`0.0063`
- `QuarterNum_4:IsTreatmentGroup`（施策実施後）：
  τ_4の推定値`-0.0216`
- `QuarterNum_5:IsTreatmentGroup`（施策実施後）：
  τ_5の推定値`-0.0203`
- `QuarterNum_6:IsTreatmentGroup`（施策実施後）：
  τ_6の推定値`-0.0222`

施策効果実施前である$QuarterNum = 1, 2$は、その推定値が`−0.0029`と0.0063と、0近傍です[*9]。一方、施策実施後の$QuarterNum = 4, 5, 6$においては、その推定値は`−0.0216`、`−0.0203`、`−0.0222`という値をとり、施策効果τ_tは、-0.02付近を推移しています。つまり施策によって臓器提供登録率は2%ほど低下し、さらにその施策効果は施策実施後も大きな変化がないということになります。

[*9] 4.4節で話題にしますが、DIDの仮定が成立するとき、これらの係数の推定値は0近傍で非有意であることが期待されます。しかしその推定値は基準時にも依存するため、「有意か否かで判断する」といった厳格な判断ルールを敷く必要はありません。もとより、DIDが使えるかどうかを実務において厳格に判断することは難しいのです。このテーマは6章で議論します。

この関係性を可視化してみましょう。推定した $\hat{\tau}_t$ を時系列順に並べた図 4.10 を示しました。x 軸は時間を表し、y 軸は表 4.7 で示した式(4.12)の τ_t の推定値を表しています。黒い線が点推定値（表 4.7 の「`coef`」列）であり、灰で塗った範囲は 95% 信頼区間（「`[0.025`」列と「`0.975]`」列）を表しています。3 期は推定の際の基準の値と設定して推定値はないので、0 として表示しています。また、わかりやすくなるように、基準となる $y=0$ と、施策が実施された時期を表す $x=3.5$ には点線を引いています。$x \leq 3.5$ の範囲を「施策実施前（Before intervention）」、$x>3.5$ の範囲を「施策実施後（After intervention）」と記しています。

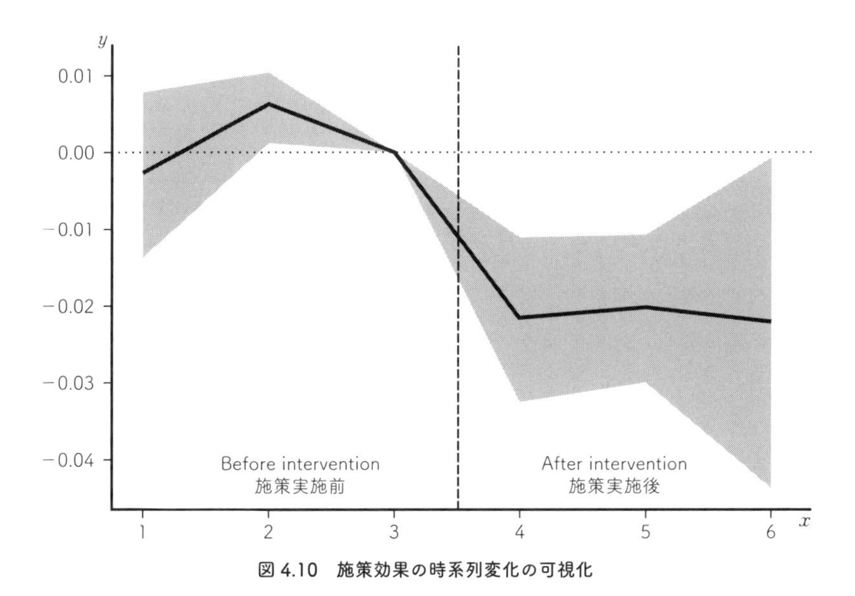

図 4.10　施策効果の時系列変化の可視化

図 4.10 では、施策実施後の 3 期間で、施策効果の推定値 −2% 近辺を推移していることが一目でわかるようになっています。施策実施後、施策効果の大きな変化はないようです。このプロットは分析者以外にも施策効果の時系列変化を伝えやすいため、イベントスタディの分析では頻繁に用いられます。

4.4 パラレルトレンド仮定と検証

point

・DID で分析を行うときには、パラレルトレンド仮定の成立条件について考える必要がある。
・パラレルトレンド仮定の成立賛否を見るために、**プレトレンドテスト**を行うことが多い。

4.4.1 パラレルトレンド仮定の検証とは？

本節では、パラレルトレンド仮定の検証を扱います。

ここまで、DID を用いた分析とその実装方法について解説してきました。しかし 4.1.2 項でも解説したように、その分析には仮定が存在していました。すなわち、**パラレルトレンド仮定**です。この仮定が成り立つときに DID を用いた分析結果は施策効果とみなせるため、いうまでもなく、この仮定の成否は DID による分析の成否と関わってきます。

では、どんなときにパラレルトレンド仮定は成立し、どんなときに成立しないのでしょうか？　例を通して、あらためて考えてみましょう。図 4.11 にパラレルトレンド仮定のイメージを示します。

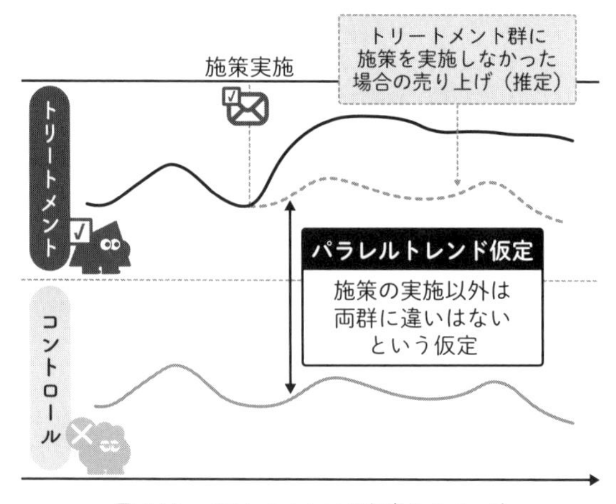

図 4.11　パラレルトレンド仮定のイメージ

たとえば、ある新しいマーケティング施策の効果を評価したいとします。その際、地域Aと地域Bを比較するために、地域Aでのみ新規マーケティング施策を行い、地域Bではこれまでと同様のマーケティングを行います。この状況下で新規マーケティング施策が売り上げに与える影響を分析するために、DIDを用いた分析を行うことを検討します。

しかし、分析を進める過程で、施策が実施された期間中に地域Bにおいて天候が荒れ、雨が多く降ったことが明らかになりました。この期間、地域Bの多くのユーザーが外出を避けていたと推測できます。この状況下で、パラレルトレンド仮定は成立するといえるでしょうか？

パラレルトレンド仮定の成立を検討するためには、「施策が行われなかった場合に地域AとBが同じ売上推移を示すかどうか」を考える必要があります。このとき、施策の有無にかかわらず地域Bでは雨が降ります。雨が降れば外出は避けられ売り上げも下がるでしょうから、AとBで同じ売上推移を示すとは考えにくいです。したがって、パラレルトレンド仮定、つまり「施策がなければ、トリートメント群とコントロール群の結果は時間経過とともに同じように変化する」という仮定は、このケースでは成立しないと判断できます。

DIDを用いた分析では、「トリートメント群とコントロール群のあいだに新たに生まれた違いは、施策の実施の有無だけである」と想定できる場合に、分析結果を施策効果とみなすことができます。施策以外で、どちらか一方のみに影響を与えるイベントや事象が起きていた場合、施策の影響なのかイベントの影響なのかを区別することはできません。パラレルトレンド仮定とは、そのような状況が存在しないことを要求する仮定なのです。

その際に重要なのは、パラレルトレンド仮定は「施策が実施されなかった場合」という観測不可能な反実仮想について言及している点です。そのため、**パラレルトレンド仮定が成立しているかどうかをデータから検証することはできません。**施策介入群に施策を実施していないときにどうなるかを現実から観察することはできないため、このパラレルトレンド仮定が成立しているかどうかをきちんと確かめる方法は、本当のところはないのです。

しかし、実務において「仮定が成立しているかわかりませんが、DIDを用いた分析結果を信用してください」という主張が通るかといえば、そうは問屋が卸しません。そこで、多くの実務家はなんとかしてパラレルトレンド仮定の妥当性を考えることになります。

4.4.2 プレトレンドテスト

グラフィカルな図示

パラレルトレンド仮定の成立是非を判断するためのよくある手法の1つは、施策実施前の期間のデータを使って両群の変化の傾向を図で比較することです。その発想を、図4.12を表しています。パラレルトレンド仮定は「もし施策が実施されなかったらトリートメント群とコントロール群が同じような変化をする」という仮定です。この仮定は前述のとおり反実仮想を扱っているため、本当はチェックできないのですが、施策実施前の期間ならばデータから確認できます。そこで行うのが**プレトレンドテスト**です。

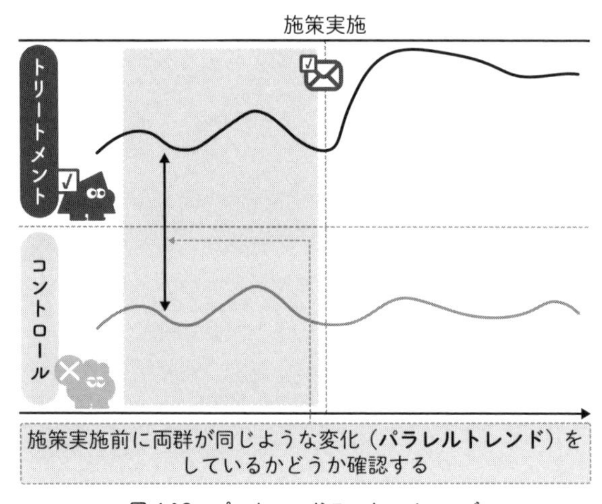

図4.12　プレトレンドテストのイメージ

プレトレンドテストでは、「施策実施前において、トリートメント群とコントロール群は同じような変化（**パラレルトレンド**）をしているか？」を確認します。もちろん、これは本当に知りたいこととは異なります。しかし、「施策実施前で同様の変化をしていないのなら、施策実施後において同様の変化をするとは考えにくい」と考えます。

実際に、プレトレンドテストをやってみます。題材は、これまでと同じ臓器提供についてのデータです。次のコードで、プレトレンドテストを行う図を出力できます。

プログラム 4.5 グラフィカルな図によるプレトレンドテスト

```
# データの読み込み
df_organ_donations_full = pd.read_csv(URL_ORGAN_FULL)
# 集計
df_plot = (
    df_organ_donations_full.groupby(
        ["IsTreatmentGroup", "Quarter_Num"]
    )["Rate"]
    .mean()
    .reset_index()
)
# プロット
fig, ax = plt.subplots()
sns.lineplot(
    data = df_plot,
    x = "Quarter_Num",
    y = "Rate",
    hue = "IsTreatmentGroup",
    ax = ax,
)
plt.axvline(3.5, color = "grey", linewidth = 1, linestyle
= "dashed")
plt.ylim(0, df_plot["Rate"].max() + 0.1)
plt.show()
```

プログラム4.5は、図のプロット以外はこれまでと同様の操作になっています。プロットの部分だけ見ていきましょう。プロットではmatplotlibと、matplotlibの拡張ライブラリであるseabornを用いています。

```
# プロット
fig, ax = plt. subplots()
```

ここではmatplotlibのsubplots関数を使って、新しいFigureオブジェクト（fig）とAxesオブジェクト（ax）を作成しています。この2つのオブジェクトの詳細な説明は本書の範囲を超えるので割愛しますが、最終的に出力されるグラフをカスタマイズするためのオブジェクトになります。

```
sns.lineplot(
    data = df_plot,
    x = "Quarter_Num",
    y = "Rate",
    hue = "IsTreatmentGroup",
    ax = ax,
)
```

seabornのlineplot関数を使って、df_plotというデータフレームから線グラフを作成しています。x軸にはQuarter_Num列、y軸にはRate列が使用され、IsTreatmentGroup列に基づいて線の色が分けられています。

```
plt.axvline(3.5, color = "grey", linewidth = 1, linestyle
= "dashed")
plt.ylim(0, df_plot["Rate"].max() + 0.1)
plt.show()
```

残りはグラフの見た目を整えています。axvline関数を用いて、縦線をx=3.5の位置に描画しています。ylim関数を用いて、描画するy軸を0からdf_plot['Rate'].max() + 0.1の範囲に絞っています。

これを実行すると、図4.13のようなグラフが表示されます。横軸は時間を表し、縦時間はアウトカムである臓器提供登録率の平均値を表します。Quarter_Num = 3.5のところに縦棒を表示していますが、ここよりも左は施策実施前であることを表し、ここよりも右は施策実施後であることを表します。

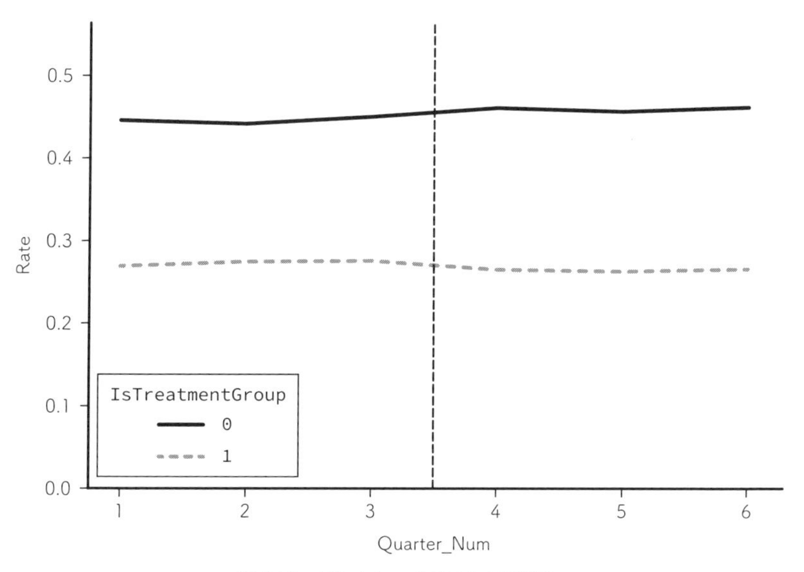

図4.13 プレトレンドテストの可視化

プレトレンドテストでは、施策実施前のトリートメント群とコントロール群のアウトカムの推移を比較します。図4.13を見てみると、トリートメント群（黒の実線）とコントロール群（灰の点線）について、施策実施前の臓器提供登録率の推移が大きく異なるということもなさそうです。よって、施策実施前においてはトリートメント群とコントロール群が同様に推移しているといってよいでしょう。このことから、施策実施後においてもパラレルトレンドの仮定が満たされていることを期待します。

繰り返しになってしまいますが、本当にパラレルトレンド仮定が成立しているかどうかはわかりません。ただ、DIDを用いる場合の最低限のチェックとして、このような施策実施前のアウトカムの推移を確認するのです。

回帰分析によるチェック

ただし、図4.13を視覚的に確認したときに「本当に2群は同様に推移していると言えるのだろうか？」と疑問に思ってしまう人も多いでしょう。よく見てみると、2期（`Quarter_Num=2`）において、トリートメント群は少しアウトカムが上昇しているのに対し、コントロール群は少し下がっているのが気になります。もしかすると、これはパラレルトレンド仮定が成立していないことを表す兆候なのかもしれません。視覚だけで判断すると主観的な意見が入りがちなので、統計的な分析を通じて定量的に評価しましょう。すなわち、回帰分析を通じてプレトレンドテストを行います。

実は、この回帰分析はすでに解説済みです。前述したイベントスタディは、プレトレンドテストを内包しています。

式(4.11)を見てみると、施策実施前についての項も含まれています。これらの項は「施策を実施していないのにもかかわらず、トリートメント群であることがアウトカムへ与える影響」を意味します。これはまさにプレトレンドテストで確認したいことです。

臓器提供のデータを用いてイベントスタディによるプレトレンドテストを確認していきましょう。その分析や可視化は図4.10で示したので、再掲します。

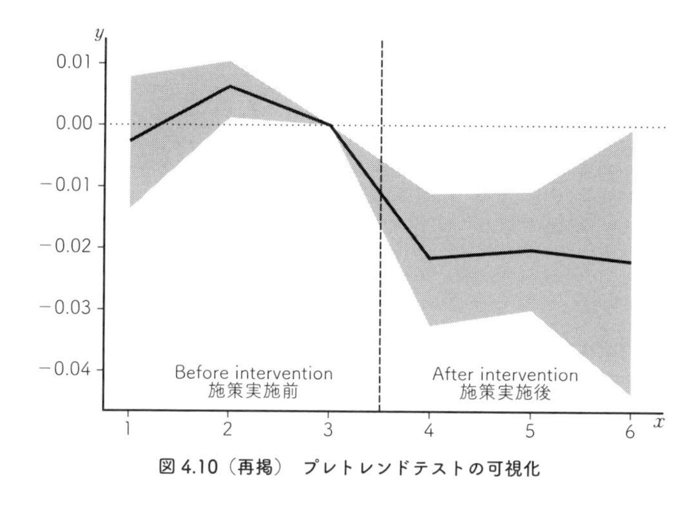

図 4.10（再掲） プレトレンドテストの可視化

プレトレンドテストでは、施策実施前の施策効果の推定値を確認します。図4.10の「施策実施前」の部分を見てみましょう。太線で示された施策効果の推定値を確認すると、0付近であることがわかります。シャドーで囲まれた範囲は信頼区間を表しますが、こちらも0を中心に広がっています。

この結果から、「施策実施前には施策効果はなかった」という結論が導かれます。すなわち、プレトレンドテストは通過したとみなしてよいでしょう。[*10]

しいて言うならば、$Quarter\_Num = 2$ では信頼区間の下限が0を上回っているため、u_2 が0と異なる値をとる可能性は高いです。しかし、それでも施策実施後と比較してその値は小さく、「パラレルトレンド仮定に抵触する懸念がある」程度に留めておくことが適切です。「仮定が成立するのかしないのか、はっきりしてほしい」という意見もあるかもしれませんが、パラレルトレンド仮定は根本的に検証不可能であるため、プレトレンドテストは「どう考えてもDIDが成立しないような状況になっていないか？」というチェックとして使うのが妥当です。

[*10] ここでは、施策実施前の施策効果がほぼ0であることを確認しています。施策の影響がないであろう状況において施策効果を推定して、その推定値が0近傍であることを確認するという意味では、プレトレンドテストもまたプラセボ（3.2.3項参照）とよばれるものの一種です。本書では紙幅の都合上割愛しますが、DIDでは、プレトレンドテストとは異なる手法を用いてプラセボの存在を確認することもあります。

4.5 複数回の施策を行った場合に DID による分析は適用できるか？

point

・施策を行うのは一度きりとはかぎらず、複数回にわたって行うこともある。

・施策を複数回行う場合でも二元配置固定効果による施策効果分析は可能だが、結果の解釈には十分に注意を払う必要がある。

ここまでは、期間中に一度しか実施されない施策を扱ってきました。時間的には長期間のデータを分析する場合でも、施策が実施されるか否かは特定の時点を指していました。多くの施策効果検証のプロジェクトにおいて、このような条件で十分に分析は可能になるでしょう。

一方で、施策タイミングが複数あるケースも存在します。その1つが、施策が段階的に導入されるケースです（図4.14）。

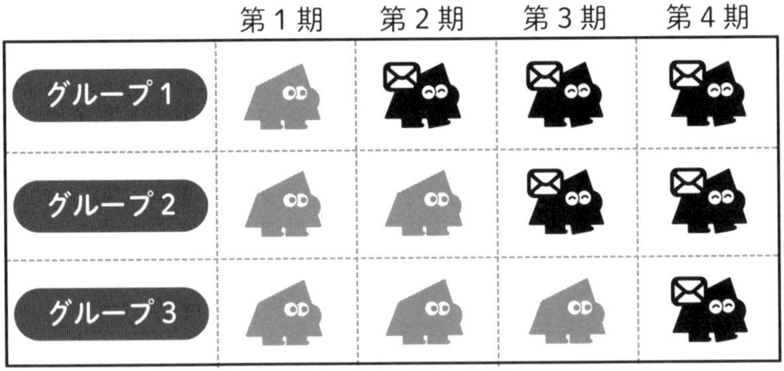

第1期　第2期　第3期　第4期

グループ1

グループ2

グループ3

図4.14　施策が複数回行われるケース

図中では、3つのグループに分けられた人々の4期間にわたる状況が示されています。灰色は施策の対象ではないこと、黒でメールのアイコンがついているものは施策の対象になったことを表しています。グループ1は、第2期から最後まで継続的に施策の実施の対象になっています。一方、グループ2は第3期から施策が実施され、グループ3は第4期から施策が実施されています。このような状況において、施策が実施されたタイミングを1つに特定することはできません。第2期から第4期までのすべてにおいて、「新たな」施策が実施されていると言ってよいでしょう。

このようなときでも、式(4.9)によるDIDの分析は実行できるように思えます。W_{it}という項は、サンプルiがt期に施策の対象になっているかどうかを指すのでした。図4.14でいえば、

- **グループ1**：第2期〜第4期において $W_{it}=1$、それ以外では $W_{it}=0$
- **グループ2**：第3期・第4期において $W_{it}=1$、それ以外では $W_{it}=0$
- **グループ3**：第4期において $W_{it}=1$、それ以外では $W_{it}=0$

と表現可能なのです。施策タイミングがバラバラであっても、これまで同様に式(4.9)を用いることでDIDによる分析を行うことが可能になります。これまで、学術的な研究も含めて、多くの人がこのような分析を行ってきました。

しかし、近年の研究の進展によって、このような分析の妥当性には疑問符がつけられるようになってきました。2024年現在、施策が複数行われる状況（「**staggeredな状況**」とよばれたりします）における施策効果検証についての理論的な研究が急速に進んでいます。そして、staggeredな状況のときに式(4.9)を用いて施策効果を分析すると、分析結果にバイアスが生まれる可能性が指摘されるようになってきたのです。残念ながら、分析が実行可能だからといって「施策タイミングが複数あってバラバラな状況であっても、通常のDIDと同様に分析してよい」と考え、分析を量産するのは早計だったのです。

その理由を詳細に述べることは著者らの能力を超えますが、ここでは理由の一端だけ概観しておきましょう。先の図4.14の例に再度立ち帰ります。

ここでは、第3期に着目します。第3期では、グループ2に対して新しく施策が実施されました。図4.15では、そのときの施策実施状況をあらためて示しています。

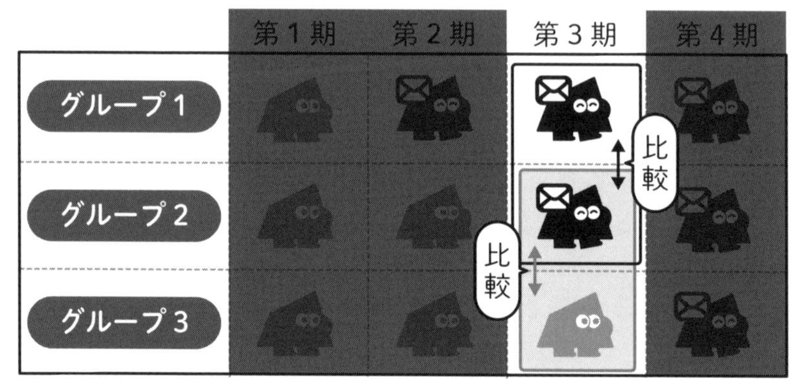

図 4.15　施策が複数回行われるケース：第3期に着目した場合

「グループ2に対して新しく施策が実施された」とき、比較対象は、実は2つ存在します。

1. 新しく施策が実施されたグループ2と
   施策が実施されていないグループ3（灰枠線）
2. 新しく施策が実施されたグループ2と
   すでに施策が実施されたグループ1（黒枠線）

どちらもDIDとしては施策効果を分析できるシチュエーションです。ただし、グループ1からグループ3までのすべてを含んだデータの分析で得られた施策効果の推定値は、上のどの状況を分析のためにどれだけ利用しているのかが不明瞭です。

近年の理論進展は、この不明瞭さがあるときに、式(4.9)による推定が時に施策効果の推定値にバイアスをもたらしうることを明らかにしています（A. Goodman-Baconによる2021年の論文［13］）。このバイアスは実施タイミングによって施策効果が異なる場合に発生し、式(4.9)ではそれらの異なる施策効果をまとめた値になってしまうのです。なかには、図4.15においてグループ1とグループ2を比較するときのような「あとから施策を実施したことによって追いついた効果」も含まれてしまい、事態が複雑さを増してしまいます。

staggeredな状況ではDIDによる分析を素朴に適用することは難しそうだ、ということがわかってきました。それでは、staggeredな状況ではDIDによる施策効果分析を諦めないといけないのでしょうか？

近年の研究の進展のなかでは、staggeredな状況でも使えるDID以外の手法が多く提案されています*11。ですから、そういった手法を実務に応用できるデータサイエンティストが所属する現場では、DIDが使えなくても問題はないでしょう。しかし、提案されている手法の多くはまだ評価が定まっていないため、誰でも使える解決策であるとはいえません。

かといって、「DIDは使えないしほかの手法は難しいから分析しない」と諦めてしまうのは本末転倒です。そもそもDIDを用いる状況とは、A/Bテストの実施が難しいものの施策効果を推定したい、という状況ですから、なんとかして意思決定のためのインサイトになるような分析を考える必要があります。

staggeredな状況において必要なのは、DIDを諦めることではなく、注意深くあることです。式(4.9)で施策効果を推定することは必要として、その結果をさまざまな角度から検討する必要があるでしょう。たとえば、施策の実施タイミングが1つになるようにデータを抽出して、staggredではない状況で分析を行うことが考えられます。図4.14でいえば、「グループ1とグループ2だけ」「グループ2とグループ3」だけのデータを作って通常のDIDの分析をするなどのやりかたが考えられるでしょう。そのようにして、分析の仕方によって得られる結果が大きく変わらないかなどを確認するのです。

DIDは適用できる状況が多く、A/Bテストが実行できない環境においても適用可能な施策効果の分析手法です。もちろんパラレルトレンド仮定やstaggredな状況など、注意をしないといけない点も多いため、運用には慎重さが必要になります。それでも、DIDが適用可能な状況の多さは実務においては魅力的であり、施策効果検証においては重要な手法です。A/Bテストとの使い分けについては、6章でも再度触れますが、実務者は使えるようになっておくべき手法でしょう。

*11 代表的なのはB. Callawayらによる2021年の論文〔14〕ですが、この分野は日進月歩で新たな手法が日々生み出されている分野でもあります。

5章

Regression Discontinuity Designを用いて効果検証を行う

この章では、明確なルールに基づいて施策が行われる場合に使える可能性のある、RDD（回帰不連続デザイン）について説明します。基本的な考えかたと実装を紹介したのち、RDDが適用できるか否かを判断するための考えかたと検証方法などを解説していきます。

5.1 RDDを適用できるシチュエーション

point

- Regression Discontinuity Design（RDD：回帰不連続デザイン）は、明確なルールに基づいて実施される施策の効果を分析する手法である。
- RDDはDIDと同じく観察データ分析の手法の1つである。

本章では、明確なルールに基づいて介入が行われる施策の施策効果を分析する手法として、**Regression Discontinuity Design**（**回帰不連続デザイン**、以降**RDD**）を紹介します。RDDは、4章で紹介したDIDと同じ**観察データ分析**の手法の1つです。

DIDでは、「施策が行われる前／後」「施策が行われた群／行われなかった群」という4つの施策の実施状況を用いて施策効果を分析しました。一方でRDDは、「施策が行われた群／行われなかった群」がなんらかのルールによって決定される状況において、施策効果を分析する手法です。

「ルールによって決定される」とは、たとえば、前年のGPA（成績）をもとに**閾値**を設定し、GPAが3.5以上の学生に奨学金を付与し、それ未満の学生には付与しないケースが考えられます*[1]。この場合、GPAが閾値を超えた学生の集団と超えなかった学生の集団は、成績が異なっているために、A/Bテストを用いることで作り出されるような同質の集団とはいえません*[2]。このような状況で単純比較などを行えば、バイアスのある結果を得ることになります。

RDDは、「明確なルールによる割り当て」という、A/Bテストとは対極に位置するように見えるケースで施策効果が分析できる点が特徴的な手法です。RDDにおける基本的なアイディアは、「閾値の少し上の学生」と「閾値の少し下の学生」といった**閾値前後のユーザーがほぼ同質である**と考えることにあり

*[1] 実際、RDDの端緒とされるD.L. Thistlethwaiteらによる1960年の論文［15］は、奨学金プログラムを例とした論文です。近年でも、コロンビア大学における奨学金プログラムが低所得者の成績優秀者に与える入学率への影響を推定した実応用例［16］などが存在します。

*[2] これは2.6節で紹介した「共変量がバランスしない状況」と同等の問題です。

ます。ほぼ同質なのであれば、閾値前後のユーザーのデータを用いて施策効果を推定することが可能となります。まずは、マーケティング担当者の太郎くんが直面した課題について見ていきましょう。

5.1.1 クーポン配布施策：クーポンの効果は本当に大きいのか？

施策の実施に明確なルールがある場合の観察データ分析

太郎くんは、とあるEC業者のマーケティング担当者です。ある日、太郎くんのところに以下のような施策の提案が寄せられました。

「アプリ上で一部のユーザーにクーポンを配布する企画を考えています。具体的には、購入頻度や購入額が高いユーザーをロイヤルユーザーと定義して、ロイヤルユーザーにクーポンを配布して売り上げをさらに伸ばしたいんです。この施策の設計や予算を考えたいのですが、見積もりは可能でしょうか？」

「前に同じ施策をやったときのデータが残っているので、できると思いますよ」

過去に同様の施策を行ったときのデータが残っていたので、太郎くんは見積もりを出すための分析を開始しました。過去に行われた施策は、月に10000円以上購入したユーザーに対し、次の月に利用可能な10%の割引クーポンを配布するというものでした。

まず、太郎くんは、クーポンが配布された月におけるクーポンを受け取ったユーザー群と受け取らなかったユーザー群の売り上げ平均値を比較する、という単純比較による分析を行いました。

表 5.1　クーポンの配布状況別の今月の売り上げの集計（割引前）

クーポンを受け取ったか否か	クーポンを受け取った月の平均売上額
受け取っていない	11868 円
受け取った	19956 円

クーポンを配布されたユーザーの平均売上は 19956 円、配布されていないユーザーの平均売上は 11868 円と、その差は約 8000 円ありました。では、クーポン配布の効果は 8000 円なのでしょうか？　しかし、10% の割引率に対してあまりにも効果が大きいため、太郎くんは「この結果はなにかおかしいのでは」と感じました。太郎くんはこの違和感を調べるため、先月と今月の売り上げの関係をグラフで可視化することにしました（図 5.1）。

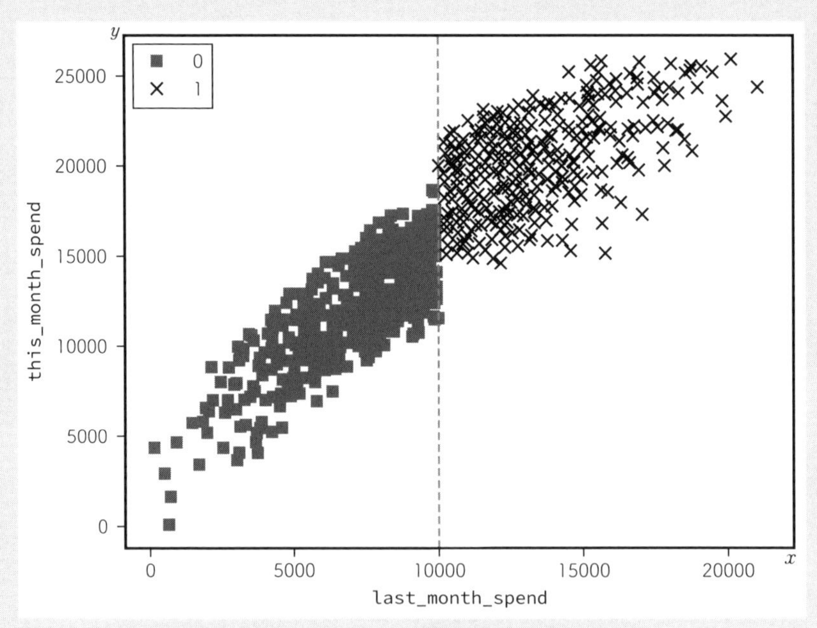

図 5.1　先月の売り上げ売上と今月の売り上げ売上の関係

x 軸はクーポン配布の決定に使われた月の売り上げを、y 軸はその翌月の売り上げを示しています。クーポンを配布されたユーザーは ×、配布されなかったユーザーは■で示されています。この図を見ると、やはりちょうどクーポン配布の閾値である 10000 円を境に売り上げが上にシフトしているため、今月の売り上げに影響を与える効果があるように見えます。この図から得られた知見をもとに、クーポンの効果をどのように推定すべきでしょうか？

太郎くんは、以前上司から聞いた DID という手法を思い出しました。幸いなことに施策が行われた群と行われなかった群の施策前後のデータがそれぞれ存在していたので、まずはそのデータの確認を行いました。

表 5.2 クーポンの配布状況別の先月と今月の売り上げの集計

クーポンを受け取ったか否か	クーポンを受け取る前月の平均売上額	クーポンを受け取った月の平均売上額
受け取っていない	6888 円	11868 円
受け取った	12728 円	19956 円

表 5.2 のデータに DID を適用して施策効果の推定値を計算したところ、(19956 − 11868) − (12728 − 6888) = 8088 − 5840 = 2248 円となりました。これはある程度妥当な結果に思えます。しかし、この結果を上司に報告したところ、次のような指摘を受けました。

「このデータ、去年の 3 月の施策のデータだよね？　繁忙期の売り上げをさらに伸ばすために実施したんだけど、実はこの時期って、ロイヤルユーザーの購入額がさらに増える傾向にあるんだよね。だから、DID に必要なパラレルトレンド仮定が成り立つかどうか疑問があるね」

太郎くんは、ドメイン知識がなかったとはいえ、過去の購買データを見れば確認可能だったことを指摘されて少し恥ずかしさを覚えました。そして、この先どのように分析を進めるべきか考えて、困惑しました。なにかしらのルールによって施策の適用が決定される状況で、効果検証をするのは一見不可能に思えます。しかし、よく調べてみると、RDD という手法が適用できそうなことに気がつきました。

5.1.2 閾値によって割り当てが決定される施策の効果を評価する

ここでは、さきほどの集計に基づいた分析の問題点を、より詳細に説明してみましょう。4章での例を思い出すと、太郎くんのアプローチは次の2つを行っていたと考えることができます。

- **単純比較**：施策を実施した群と実施していない群のアウトカムの比較
- **DID**：施策を実施した群と実施していない群の、それぞれの群の施策前後のアウトカムの差の比較

あらためて、これを数式で表現してみましょう。施策効果は、式(5.1)[*3]で表すことが可能です。

$$\mathbb{E}[\eta] := \mathbb{E}[Y_i^1 - Y_i^0] \tag{5.1}$$

単純比較のアプローチでは、以下のη^{naive}を推定しようとしています。

$$\eta^{naive} = \mathbb{E}[\eta] + \underbrace{(\mathbb{E}[Y_{it}^0 \mid t \in \mathrm{post}, i \in T] - \mathbb{E}[Y_{it}^0 \mid t \in \mathrm{post}, i \in C])}_{\text{ここが0にはならない}} \tag{5.2}$$

このとき、$(\mathbb{E}[Y_{it}^0 \mid t \in \mathrm{post}, i \in T] - \mathbb{E}[Y_{it}^0 \mid t \in \mathrm{post}, i \in C])$の値は、トリートメント群とコントロール群の施策が実施されなかった場合のアウトカムの差です。今回の例においては、先月の消費額が10000円を超えているユーザーとそうではないユーザーの、施策が実施されない場合の今月の消費額の差を表しています。先月の消費に差があることから、ロイヤリティやもともとの消費傾向に差があると考えられるため、この差が0になることは考えづらいでしょう。

一方、DIDのアプローチでは、式(5.3)を推定しようとしています。

---

*3 本章では、施策効果を表す値として、これまで採用してきたτではなくηを用いています。RDDを用いて分析できる施策効果は平均処置効果ではなく、後述するとおりサンプルの一部における施策効果であることから、記号を使い分けています。

$$\mathbb{E}[\eta^{\text{did}}] = \mathbb{E}[\eta] + \underbrace{ParallelTrends}_{\text{ここが0になる？}} \tag{5.3}$$

パラレルトレンドの仮定（$ParallelTrends=0$）は、「もし施策がなければ、トリートメント群とコントロール群は時間とともに同じように変化していく」というものでした。さきほどの太郎くんの上司の言葉を思い出すと、仮にロイヤルユーザーにクーポンが付与されなかった場合、ロイヤルユーザーとそうでないユーザーが同様の変化を示すとは考えづらいです。よって、ここでは$ParallelTrends=0$とはならないでしょう。

つまり、どちらのアプローチでも効果を適切に推定することはできません。これは、施策の対象となったユーザー群が同質ではなく、DIDなどの仮定も成り立たないため、バイアスから逃れられないことが理由です。また、そもそも過去のデータが存在しないことで、DIDが利用できないケースなども考えられます。

しかし、これらの分析が適用できないケースであったとしても、RDDは適用できることがあります。観察データの分析は同質なユーザー群をどうにか見つけ出すことが重要になりますが、RDDは「閾値付近のユーザーが同質である」という着眼点に基づいた分析です。次節から、くわしく見ていきましょう。

5.2 RDDの仮定と推定

 point

- RDDは、閾値近くの「同質なユーザーを用いて比較する」手法である。
- 本節では、RDDにおける推定の方法論的な問題と、ユーザーの**操作**（manipulation）という分析デザインにおける問題を扱う。
- ルールによって施策が必ず割り当てられる設定である**Sharp RDD**では、閾値における平均処置効果を推定している。
- RDDの仮定が成立しているか検証する方法として、**McCraryの検定**と**バランステスト**がある。

5.2.1 RDDの直感的な説明

本項では、RDDの直感的な理解を深めていきましょう*4。すでに述べたように、RDDは**閾値（cutoff）**を境に施策が変わるデータに対して利用できる分析手法です。太郎くんの例に戻り、先月に9900円を使ったユーザーと10100円を使ったユーザーの比較を考えてみましょう。

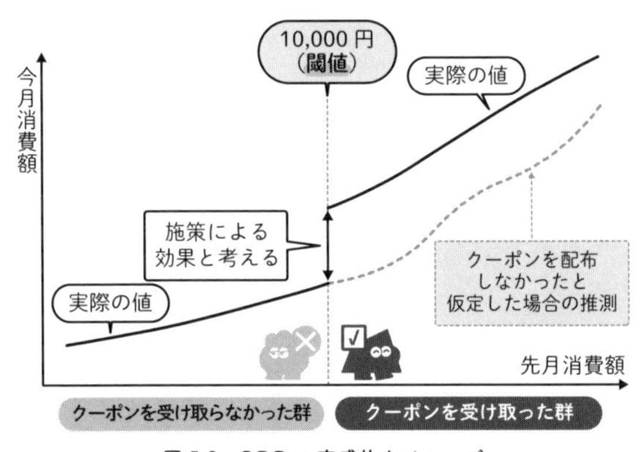

図5.2 RDDの直感的なイメージ

これらのユーザーは、先月の売り上げが200円しか違いません。そのため“たまたま”閾値をわずかに超えたり下回ったりしただけの似通ったユーザーである、という発想が可能ではないでしょうか？　この“たまたま”閾値の上か下になったというランダム性は、A/Bテストのランダムな割り当てと同様の状況を生み出していると考えられます。RDDは、このような状況を利用して施策効果の推定を試みます。

さて、閾値付近の同質なユーザーを用いて比較する、というRDDのアイディアはシンプルで強力に思えます。しかし、実際に分析対象となるユーザーが同質となることを保証するのは容易ではありません。これは、おもに以下2つの理由によります。

*4 ここでは、理解を容易にするために、RDDの直感的な説明にしばしば用いられる例を紹介します。厳密性を犠牲にしますが、いまから説明する内容は、**as-if条件**とよばれる、RDDに必要な仮定よりもさらに強い条件を課した場合の説明になります。この点はのちほど解説します。

- **閾値前後のユーザーの絞りかた**

  閾値前後のユーザーが多数存在するとはかぎらない。もし閾値前後のユーザーが少なければ、それによって推定値にブレが生じるのではないか？

- **閾値を知ったユーザーの行動が変化する可能性**

  すでに9900円使っているユーザーが、購入額が10000円を超えると10%割引のクーポンを付与されることを知っていたとする。そのユーザーはあと100円の購買を行うだけで割引クーポンを得られる。このような状況において、多くのユーザーは追加の購買を行うのではないか？　その場合、閾値前後のユーザーは同質にはならないのではないか？

この2点はいずれも重要で、前者はRDDの推定における方法論的な問題、後者は**操作**（manipulation）というRDDの分析デザインにおける実務上の問題として知られています。これら2つの問題は、実際にRDDを使用する場合に分析者をおおいに悩ませる要素となります。

5.2.2　RDDにおける施策効果

本項では、RDDが有効になるために必要な仮定を紹介します。まずはRDDの変数の記法を導入します。

RDDの変数

- Y_i^0, Y_i^1：ポテンシャルアウトカム
- Y_i：結果変数
- X_i：施策の受け取り確率を決定する変数である**スコア**
- c：閾値、カットオフ
- $T_i \in \{0, 1\}$：処置変数（施策）
- Z_i：共変量

RDDでは、施策の受け取り確率がスコアXによって決定されます。スコアとは、奨学金の例におけるGPAや、クーポン施策の例における前年の売り上げなど、処置変数Tの値を決定するのに用いられる変数です。

スコアがある値xであるときの施策の受け取り確率（**処置確率**）は、数式では$P(T_i=1|X_i=x)$と表現できます。これは、奨学金の場合は「GPAがある値の学生が奨学金を受け取る確率」を表しています。この処置確率が「スコアXの閾値cで不連続に変化する」という状況を扱っているのがRDDのデザインです。この不連続な変化のことを、**ジャンプ**とよぶこともあります*5。

この確率の不連続な変化が0%から100%にジャンプするケースを**Sharp RDD**、そうではなくたとえば30%から60%のように変化するケースを**Fuzzy RDD**といいます。Fuzzy RDDは推定対象や推定方法が複雑なため、まずSharp RDDの説明を行います。

「閾値の近くに着目して効果を推定する」という言葉上では単純なアイディアは、式に直すと少し難解なものになります。

$$\eta^{RDD}=\frac{\lim_{x\downarrow c}\mathbb{E}[Y_i|X_i=x]-\lim_{x\uparrow c}\mathbb{E}[Y_i|X_i=x]}{\lim_{x\downarrow c}\mathbb{E}[T_i|X_i=x]-\lim_{x\uparrow c}\mathbb{E}[T_i|X_i=x]} \tag{5.4}$$

式(5.4)について、1つずつ解説します。まず、分子についてです。$\mathbb{E}[Y_i|X_i=x]$は、スコアについて条件づけたアウトカムの条件つき期待値です。その左についている$\lim_{x\downarrow c}$と$\lim_{x\uparrow c}$は、それぞれスコアの右側極限と左側極限を意味します。**右側極限**とは、スコアの値が高いほうから閾値cに値を近づけたときの極限値で、**左側極限**は逆にスコアの値が低いほうから閾値cに値を近づけたときの極限値です*6。これら2つの極限は、閾値のすぐ右側・左側を表現するために用いられています。

次に、分母についてです。$\mathbb{E}[T_i|X_i=x]$は、スコアについて条件づけた施策変数の条件つき期待値です。まず、$x>c$の場合、Sharp RDDでは施策が確実に行われるため、常に$T_i=1$となります。したがって、$x>c$であれば、xが

---

*5 セミナーや分析者同士のカジュアルな議論のなかでは、むしろジャンプとよぶことのほうが多いでしょう。

*6 これらの右側極限と左側極限をまとめて**片側極限**といいます。

どのような値でも $\mathbb{E}[T_i|X_i=x]=1$ となります。逆に $x<c$ の場合は施策が確実に行われないため、常に $T_i=0$ となり、x がどのような値でも $\mathbb{E}[T_i|X_i=x]=0$ となります。

$\lim_{x\downarrow c}$ はスコアの値が高いほうから閾値 c に値を近づける右側極限なので、$x>c$ であることを意味します。よって、$\lim_{x\downarrow c}\mathbb{E}[T_i|X_i=x]=1$ となります。そして、$\lim_{x\uparrow c}$ はスコアの値が低いほうから近づける左側極限なので、$x<c$ であることを意味し、$\lim_{x\uparrow c}\mathbb{E}[T_i|X_i=x]=0$ となります。

これらの結果をまとめると、$\lim_{x\downarrow c}\mathbb{E}[T_i|X_i=x]-\lim_{x\uparrow c}\mathbb{E}[T_i|X_i=x]=1$ となるため、Sharp RDDでは、常に分母が厳密に1になります。これにより、Sharp RDDでは、条件づけられたアウトカムの期待値の片側極限の差が施策効果の推定値となります。そのため、次に示す式(5.5)を用いてSharp RDDの推定値 η_{SRD} を表現できます。

$$\eta_{SRD}=\lim_{x\downarrow c}\mathbb{E}[Y_i|X_i=x]-\lim_{x\uparrow c}\mathbb{E}[Y_i|X_i=x]=\mathbb{E}[Y_i^1-Y_i^0|X_i=c] \tag{5.5}$$

つまりSharp RDDでは、**閾値における平均処置効果を推定している**ことになります。

Tips　RDDの推定フレームワーク

RDDにおいて、閾値の左右が均質であるという考えかたには2種類のアイディアがあり、それぞれのアイディアに基づいてフレームワークが確立されています。

(i) **連続性フレームワーク**
(ii) **局所的無作為化フレームワーク**

(i)はJ. Hahnらによる2001年の論文〔17〕によりはじめて定式化され、一般的には特定の連続性の仮定を採用しています。もう少し具体的には、閾値周りでのポテンシャルアウトカムの、条件つき期待値に関する連続性についての仮定をおいています。

一方、(ii)はS. Calonicoらによる2015年の論文［18］によりはじめて定式化され、連続性の仮定をおかない代わりに、局所的なランダム割り当ての仮定を採用しています。

どちらのフレームワークを前提とするかによって、RDDの解説も変わってきますが、本書では、(i)の連続性フレームワークに基づく内容を解説しています。(ii)の局所的無作為化フレームワークについては、解説しません。

5.2.3 Sharp RDDの推定

一般的に、Sharp RDDの推定には2つの主要な手法があります。

Sharp RDDの主要な推定手法

1. パラメトリックな多項式近似
2. ノンパラメトリックな局所多項式回帰（通常は局所線形回帰）

多項式近似は通常の回帰を用いることで適用可能であるため、実施が容易です。しかし、3次以上の多項式を使用する場合には、誤差や信頼区間の問題や、次数選択の困難さなどの実用上の注意点が多く存在します。多項式近似についてはさまざまな書籍や論文（［7］［19］［20］など）で紹介されていますが、分析の妥当性の確認が困難であるために、本書では省略します。

一方、後者の**ノンパラメトリックな局所多項式回帰**については、理論的な難解さはありますが、近年ではRやPythonなどのライブラリで簡単に実行できることから、広く用いられています。そのため本書では、おもにこの手法について紹介します。

まず、ノンパラメトリックな局所多項式回帰の推定がどのような発想で用いられるかを簡単に解説します。この推定ではYの条件つき期待値の関数型の仮定をおかずに、閾値周辺のサンプルに絞って推定を行います。

Sharp RDD では、式(5.5)のように閾値の右側と左側の極限の差をとります。この推定値は、閾値周辺のサンプルを絞るほど閾値から遠いデータを排除するため、推定のバイアスは減少します。

しかし、一方でサンプルを絞ることにより推定に使われるデータが少なくなり、結果として推定値の分散（**バリアンス**）が上昇し、推定結果の信頼性が低下します。これはノンパラメトリック推定における一般的な**バイアス－バリアンスのトレードオフの問題**を表しています（図 5.3）。

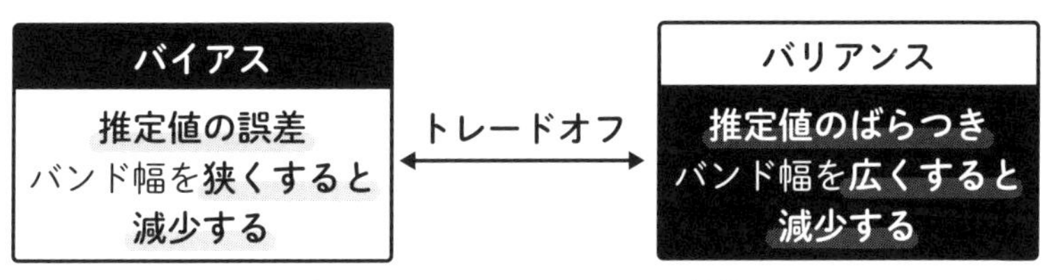

図 5.3 バイアスとバリアンスの関係

これらのバイアスとバリアンスをもとに、ある基準において最適なサンプルの取りかたが存在します。この問題をもう少しフォーマルに書くと、閾値 c から h だけスコアの値が離れたサンプルをとって推定を行う際に、その h をどの値にするかという問題になります。この h は**バンド幅**とよばれ、h を決定する問題のことを**バンド幅 h の決定問題**とよびます[*7]。

また、Sharp RDD のように $[c, c+h]$ や $[c-h, c]$ という区間でノンパラメトリックな推定を行う場合、バイアスが 0 に収束するまでに必要なデータが多くなるという別の問題が発生します。これは**境界問題**とよばれます。この問題に対して頑健な手法として、**局所多項式回帰**、とくにそれを一次式にした**局所線形回帰**が推奨されています。この局所線形回帰は最もよく使われるため、簡単に図によって説明します。

局所線形回帰とは、図 5.4 のように、データの特定の部分のみで**線形モデル**（直線）を当てはめる手法です。Sharp RDD では、閾値 c の右側と左側でそれぞれバンド幅 h のなかのデータのみを使って線形回帰を行います。つまり、$[c, c+h]$ のなかのデータと $[c-h, c]$ のなかのデータをそれぞれ使って線形回帰を行います。

[*7] 単純化のために両側の h は同じ値としていますが、別の値を使用することも可能です。

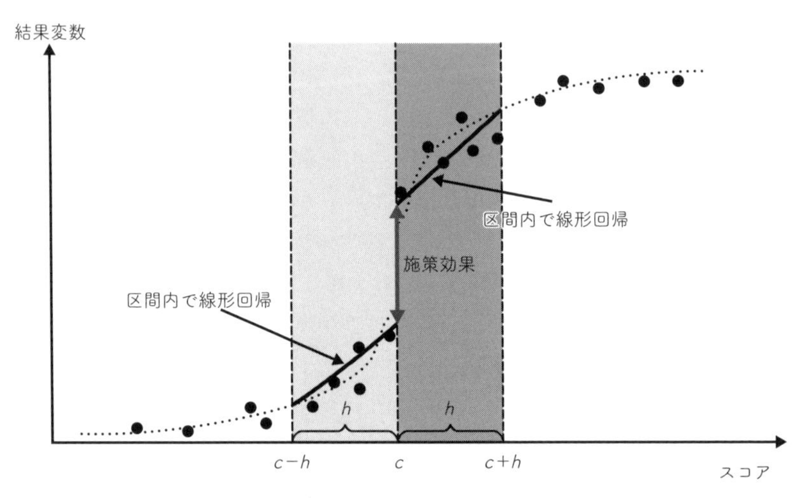

図 5.4　局所線形回帰による Sharp RDD の推定

このように、閾値の左右でそれぞれに線形回帰を行えば、2 つのモデルが得られます。そしてこれらのモデルから、それぞれの閾値 c における当てはめ値を得ることが可能です。これらの閾値 c における当てはめ値の差は、施策効果の推定値となります。

では、バンド幅 h の決定問題はどのように解けばよいのでしょうか？　一般的に広く用いられているのは、G. Imbens らによる 2012 年の論文［21］、またはそれを拡張した S. Calonico らによる 2014 年の論文［22］で提案されたバンド幅の決定方法です。通常の Sharp RDD の推定ライブラリにもこれらのバンド幅の決定方法は実装されており、自動的にこれらのバンド幅を用いて推定結果が算出されるのが一般的です。

5.2.4　rdrobust を用いた Sharp RDD の推定の実装

それでは、実際に局所線形回帰を用いた Sharp RDD の推定を Python で行ってみましょう。ここでは、さきほどのクーポン施策のデータを利用します。

プログラム 5.1 Sharp RDD の推定

```
# データの読み込み
df_coupon = pd.read_csv(URL_COUPON)
# 推定
result_rdd = rdrobust(
    y = df_coupon.this_month_spend,
    x = df_coupon.last_month_spend,
    c = 10000,
    all = True,
)
# プロット
rdplot(
    y = df_coupon.this_month_spend,
    x = df_coupon.last_month_spend,
    binselect = "es",
    c = 10000,
    ci = 95,
    title = "Causal Effects of Coupons",
    y_label = "this_month_spend",
    x_label = "last_month_spend",
)
```

Sharp RDD の推定においては、`rdrobust` ライブラリを使用するのが便利です。このライブラリは先述の論文［22］の著者らが開発したもので、`pip install rdrobust` でインストールが可能です。このライブラリは、バンド幅の設定なども容易に行えます。

```
# データの読み込み
df_coupon = pd.read_csv(URL_COUPON)
# 推定
```

```
result_rdd = rdrobust(
    y = df_coupon.this_month_spend,
    x = df_coupon.last_month_spend,
    c = 10000,
    all = True,)
```

rdrobust は Sharp RDD の推定を行う rdrobust ライブラリの関数です。y で結果変数を指定し、x でスコアを指定します。今回はそれぞれ df_coupon.this_month_spend で今月消費額を、df_coupon.last_month_spend で先月消費額を、それぞれ結果変数とスコアとして入力しています。c で閾値を指定していて、今回は既知の 10000 円を直接指定しています。この関数の結果は、以下のような出力になります。

プログラム 5.1 の実行結果①

```
Call: rdrobust
Number of Observations:   1000
Polynomial Order Est.(p): 1
Polynomial Order Beas(q): 2
Kernel: Triangular
Bandwidth Selection: mserd
Var-Cov Estimator: NN
                         Left      Right
------
Number of Observations   474       526
Number of Unique Obs.    457       508
Number of Effective Obs. 275       344
Bandwidth Estimation     3142.14   5102.166
Bandwidth Bias           5102.166  5102.166
rho(h/b)                 0.616     0.616
```

```
Method          Coef.    S.E      t-stat P>|t|      95%Cl
------------------------------------------------------------
Conventional    2751.558 362.121 7.598 2.997e-14 [2041.813,
3461.303]
Bias-Corrected 2709.09   362.121 7.481 7.367e-14 [1999.345,
3418.835]
Robust          2709.09  434.327 6.237 4.448e-10 [1857.824,
3560.356]
```

今回求めたいのは、Sharp RDD の推定における $\hat{\eta}^{RDD}$ です。rdrobust では 3 種類の推定結果を示しており、それらの推定結果は一番下の Method として示されている部分の Coef. と書かれている列に表示されています。Conventional、Bias-Corrected そして Robust の 3 つの Method がありますが、最後の Robust は、さらに Bias-Corrected に対して robust な標準誤差を用いたもので、信頼区間などが変更されています。基本的には Robust を見ればよいため、今回は Robust という行の結果を見てみましょう *8。この結果を見ると、η^{RDD} の推定値は 2709.09 で、$\hat{\eta}^{RDD}$ の信頼区間は [1857, 3560] となっています。つまり、クーポンの介入による施策効果は 2709 円と推定されることがわかります。

この結果を可視化してみましょう。4 章のように matplotlib を使う方法もありますが、rdrobust ライブラリには簡単に可視化を行ってくれる rdplot 関数があるので、プログラム 5.1 内ではそちらを使っています。

```
# プロット
rdplot(
    y = df_coupon.this_month_spend,
    x = df_coupon.last_month_spend,
    binselect = "es",
    c = 10000,
    ci = 95,
```

*8 Robust については、[22] を参照してください。

5 Regression Discontinuity Design を用いて効果検証を行う

```
    title = "Causal Effects of Coupons",
    y_label = "this_month_spend",
    x_label = "last_month_spend",
)
```

rdplot関数とrdrobust関数の使いかたはあまり変わりません。titleでプロットのタイトルを、y_labelとx_labelでそれぞれy軸とx軸の名前を指定しています。この関数の出力は図5.5になります。

x軸はクーポン配布の決定に使われた月の売り上げを、y軸はその翌月の売り上げを示しています。黒点は推定値で、幅は信頼区間を示しています。推定値は局所線形回帰の結果から作られていて、信頼区間はci=95のオプションで指定しています。図からは、配布決定に使われた月の売り上げにおける閾値を境に翌月の売り上げにリフトがあることが読み取れます。

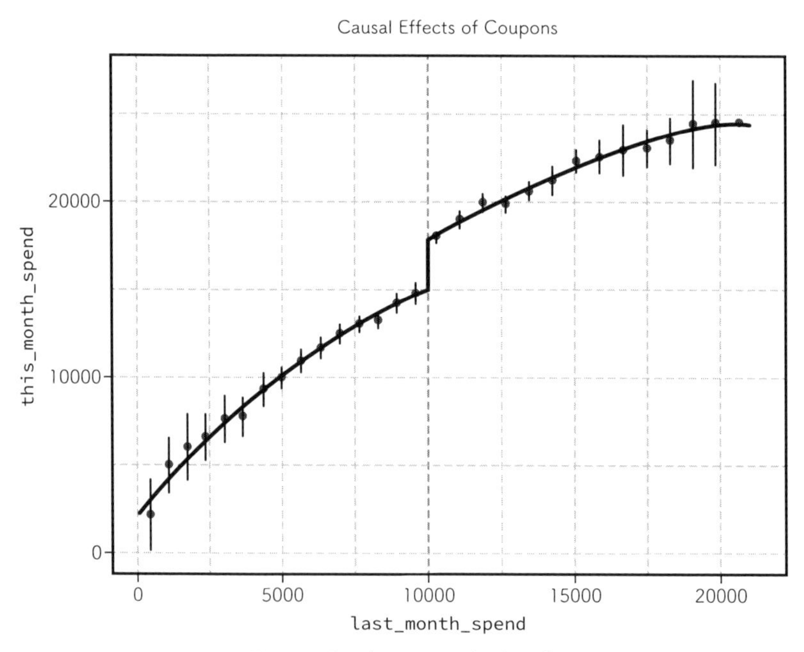

図5.5　プログラム5.1の実行結果②

5.2.5 RDDの仮定が成り立たないケースとその検証法

RDDを適用するための条件

プログラム5.1の結果から、この施策は2709円のリフト効果をもたらすという結果が得られました。太郎くんはこの結果を再度上司に報告しました。

しかし、上司からは次のような指摘を受けました。

「このクーポン施策は一部のユーザーに施策内容をメールで告知していたけど、それによってユーザーが消費額を閾値以上になるように購入額を調整してないかな？　そういった場合にRDDの分析は問題なく行えるのかな？」

太郎くんはこの事実を知らなかったので、すぐに調査しますと上司に答え、再度調査を行うことにしました。では、この指摘の妥当性はどのように検証できるのでしょうか？

DIDにパラレルトレンドの仮定が必要であったように、RDDにも必要な仮定が存在しています。RDDには、推定値が適切に推定可能になる条件、いわゆる**識別条件**が2つ存在します。

RDDの識別条件〔17〕

1. ポテンシャルアウトカムのスコアについての条件つき期待値が、閾値cにおいて連続であること。
2. 閾値周辺において、スコアの密度が正であること。

これらの識別条件は、一見しただけだとよくわからない読者の方が多いと思います。ここでは、これらの条件が成立しなくなるような、より具体的な状況について見ていきます。

RDDの仮定が脅かされる状況、つまり識別条件が成立しない状況として、**操作**（**manipulation**）とよばれるものがあります。これは、ユーザーが戦略的にスコアを変更し、施策の有無を意図的に変更している状況のことです。

さきほどの太郎くんのクーポンの例を考えてみると、ユーザーが閾値の情報を事前に知っていて、クーポン獲得のためにあえて購買を多くするユーザーが現れると考えられます。この場合、たとえば閾値よりわずかに上のユーザーは近い未来に多くの購買を予定しているかもしれず、閾値よりわずかに下のユーザーは同質なユーザーとはいえないかもしれません。このような状況では、残念ながらRDDを使用できない可能性が高いです。

この操作とはなにか、どんなケースで発生するのか、もう少しくわしく見てみましょう。ここで、操作について考えるために、**潜在スコア**X^*を考えます。潜在スコアとは、施策そのものがなかった場合という反実仮想におけるスコアを指します。この潜在スコアと実際に実現したスコアが一致しない場合、つまり$X \neq X^*$が成立するときに、操作が起きているケースがいくつか考えられ、有害なものとして2つのケースが存在します[*9]。

RDDにおける有害な操作

- **bunch**（実際のスコアXに対するコントロール）
  実現値のスコアを誰かが改ざんできるケース
- **notch**（潜在スコアX^*に基づいたセレクション）
  潜在スコアをもとに、なんらかのセレクションが発生しているケース

まず、Xに対するコントロールについて説明します。これは、実際に実現したスコアそのものを誰かが変更したり改ざんできるようなケースを指します。たとえば、テストの合格不合格が50点を閾値として決まるとした場合、教師がなんらかの理由で生徒の点数を操作し閾値以上にしたり、特定のグループにのみ事後的に加点を行っているようなケースです。このとき、閾値よりも少し高い点数が記録されている生徒のなかには、実際には不合格だった生徒が含まれていることになります。

---

*9 以下の議論は石原卓弥らによる2020年の論文［23］の議論に依存していますが、数理的な厳密性をおおいに無視したものとなっています。たとえば、元論文では制御については精密制御（precise control）と不完全制御（inprecise control）という2つの概念を数理的に定義して、有害な操作と無害な操作を区別するのですが、今回はわかりやすさを優先してかなりざっくりとした説明をしています。

このようなケースでは、閾値を超えると実際には不合格だったユーザーが急に多く含まれることになり、閾値付近でのスコアの連続性が保証されず、識別条件の1が成り立たなくなる可能性があります。そして、図5.6のような閾値の前後での分布が発生します。このような変化を **bunch** といいます。

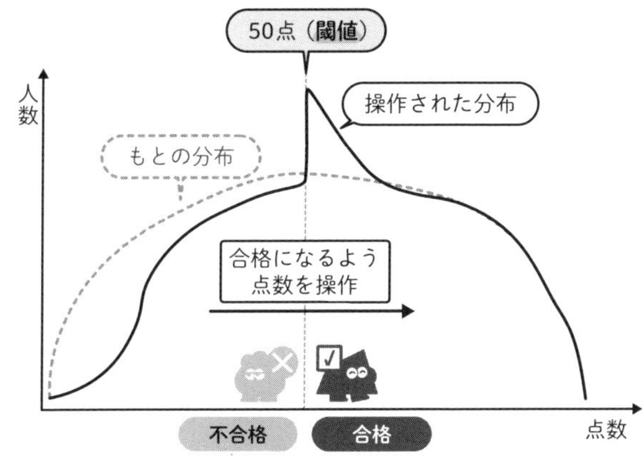

図 5.6　閾値前後での有害な操作：bunch

次に、X^* に基づいたセレクションについて説明します。これは、実際に観測されたスコアそのものではなく、潜在的なスコアに対してなんらかのセレクションが発生する状況を指します。たとえば、テストで閾値の50点以下の点数をとってしまった不合格の生徒に再試験が実施されるケースを考えます。

ここで、不合格の生徒の点数は、再試験の点数で上書きされるものとします。すると、実際には最初の試験で不合格であっても、データ上では再試験の点数が観測され、あたかも最初から合格していたかのように見えてしまいます。この場合でもbunchと同様に、閾値よりも少し高い点数が記録されている生徒のなかには、実際には不合格だった生徒が含まれていることになります。このようなケースにおいても、閾値近辺でスコアの連続性が保証されなくなり、図5.7のような分布が発生します。このような変化を **notch** といいます[*10]。

*10 一見すると再試験の点数によって上書きされ、それにより最初の試験の点数がわからないことは滑稽に見えるかもしれません。しかし、世の中の多くのデータ基盤は最新の状況を正しく反映することを目的として設計されているため、このようなケースに直面することは非常に多いでしょう。

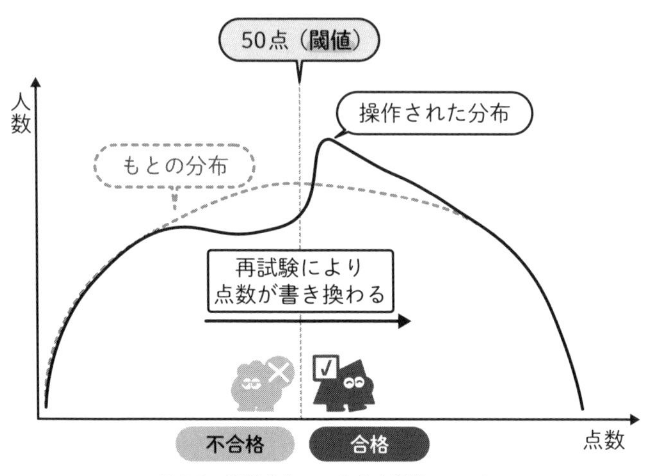

図 5.7　閾値前後での有害な操作：notch

Tips　as-if 条件

RDD の識別条件に関連して、5.2.1 項の脚注 4 で触れた **as-if 条件**、あるいは**局所ランダム条件**という条件について説明します。これは、「閾値の周辺でポテンシャルアウトカムについてスコアの条件つき**密度関数**[*11]が連続であること」を表すもので、式(5.6)で表現できます。

$$\lim_{X \downarrow c} f(x|Y(t)) = \lim_{X \uparrow c} f(x|Y(t)) \forall t \in 0, 1 \tag{5.6}$$

ここでは、f は X の条件つき密度を表します。ベイズの定理を用いると、この as-if 条件から、RDD の 2 つの識別条件を導出することが可能です。しかし、その逆は必ずしも成り立ちません。つまり、as-if 条件は十分条件になります。

この as-if 条件は、言い換えると、「まるで」閾値の周辺でランダムに割り当てられているかのように考えることができるという条件で、それにより先述した閾値周辺の均質性といった解釈が成り立ちます。

*11 連続確率変数の値が特定の範囲に落ちる確率を計算するための道具のようなもので、その範囲の確率は、確率密度関数の該当範囲の面積（積分）として定義されます。

それでは、RDD の仮定（識別条件）が成り立っているかの検証はどのように行えばよいでしょうか？　RDD の仮定の妥当性は、いくつかの検定によって検証することが可能です。このような検定は **diagnostic tests** とよばれ、代表的なものは2つあります。

RDD における diagnostic tests

- **McCrary の検定**〔24〕：スコアの密度関数の閾値における連続性の検定
- **共変量のバランステスト**〔25〕：スコアによる条件づけ時の共変量の条件つき期待値の連続性の検定

McCrary の検定は操作が起きていないことを確認するための検定で、共変量のバランステストは施策が閾値周辺でランダムであることを確認する検定です。これらのテストはそれぞれ異なる目的で使用されており、実務者としては、どちらも RDD の信頼性を確認するために重要な検定です。使い分けるというよりは、両方を適切に使用することが重要となります。

ここでは、McCrary の検定について説明します。バランステストについては、のちほどのコードを交えた解説の際に同時に説明をします。

McCrary の検定とは、**スコアの密度関数が連続であるかどうかについての検定**です。たとえば、5.2.5 項で説明した notch や bunch のような操作が起きている場合、閾値の前後では性質の違うユーザーが存在することになり、スコアの密度関数は連続ではなくなる可能性があります。それを検出するために、閾値の前後での分布の密度関数の差を推定します。仮にその差が 0 であれば、その閾値での分布には変化がないと解釈でき、一方でその差が 0 と異なる場合は、閾値によって分布が変化していると解釈できます。スコアの密度関数を $f(x)$ とすると、次の式(5.7)成立するかを調べる検定となります。

$$\lim_{x\uparrow c} f(x)=\lim_{x\downarrow c} f(x) \tag{5.7}$$

しかし、このテストを通過しても RDD の仮定が満たされない場合があります。これについては、McCrary 自身が論文内で以下のように述べています。

> a running variable with a continuous density is neither necessary nor sufficient for identification except under auxiliary assumptions.

これは「**追加的な仮定（auxiliary assumptions）**がなければ、スコアの密度関数の連続性自体は RDD の識別条件の必要条件でも十分条件でもない」ということです。つまり、この追加的な仮定がなければ、この検定を行っても得られた RDD の推定量が有効かどうかは判断できないということです。

この追加的な仮定が具体的になんであるかは実はよくわかっていなかったのですが、2020 年頃に明らかにされました。その追加的な仮定とは、「**このような操作が可能であったり、閾値を知っている個人がいる場合、それらの個人は施策を受けるか受けないかのどちらかにしかインセンティブをもたない**」ことです。

なぜこのような仮定が必要になるのでしょうか？　それは、このような仮定をおかなければ、有害な操作が起きていても密度関数が連続となり McCrary の検定が識別条件の成立の確認として機能しないケースが存在してしまうからです。具体的には、bunch と notch が別方向に同時に起こるケースが該当します。

たとえば「教師が合格点をとった生徒の点数を下方向に改ざんしつつ、その一方で再試験も行われる」といった状況を考えます。このとき、図 5.8 のように閾値近傍での不連続性がキャンセルされてしまう、つまり操作が起こっているにもかかわらずスコアの密度関数が連続になってしまっています。よって、スコアの密度関数が連続かを見ている McCrary の検定は、notch と bunch が同時に起きていることを発見できず、RDD の識別条件を確かめるテストとして機能しないことになります。

もし点数を上げる方向にしかインセンティブがない場合は、別方向に機能する操作は存在しないことになり、ここで説明したような問題は発生しないことになります。そのため、McCrary の検定が機能するための仮定は **notch と bunch の動機が閾値をまたいで一方向だけになるような制約がある**ということになります。

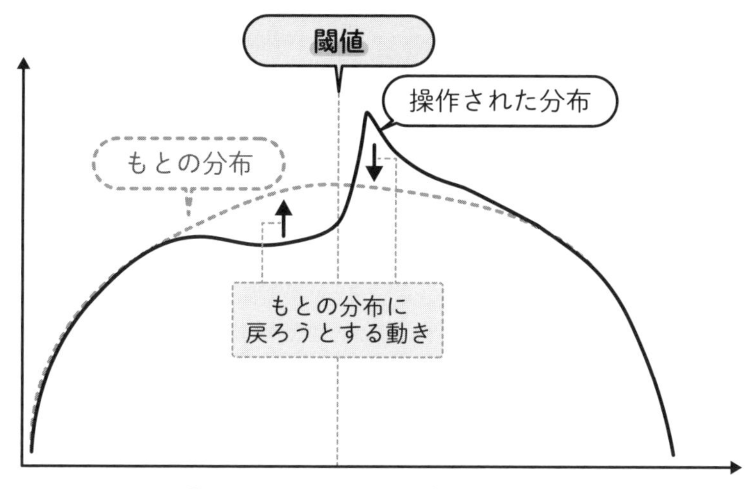

図 5.8 notch と bunch が同時に起こるケース

一方向だけの制約は簡単に成立するようにも思えますが、実際に RDD を適用する場合に、その仮定の成立が脅かされていないかをどのように判断できるのでしょうか？ 残念ながら厳格な判断ルールは存在しませんが、実務的には次のようなステップで考えていけばいいでしょう。

RDD の仮定の成立を判断するためのステップ

1. 潜在スコア X^* の分布を明確に定義する。ほとんどの RDD では、施策がなかった場合のスコアとなる。
2. 起こり得るコントロールとセレクションをそれぞれリストアップする。
3. これらのコントロールとセレクションが片側条件を満たすことを確認したうえで検定を行う。

このようなステップを踏んだからといって完璧な判断ができるわけではありません。しかし、実務者はドメイン知識やスコアの分布や検定といったデータから RDD の仮定が成立するかを判断する必要があります。

さて、これらのステップをどのように実行するかは、次の具体例を通して説明します。

5.2.6 McCrary の検定の実装

プログラム 5.2　McCrary の検定（プログラム 5.1 の続き）

```
# データの読み込み
df_coupon = pd.read_csv(URL_COUPON)
# ヒストグラムのプロット
plt.hist(df_coupon.last_month_spend, range = (9000, 11000))
# グラフの表示
plt.show()
# McCrary の検定
result_mccrary = rddensity.rddensity(
    X = df_coupon.last_month_spend, c = 10000
)
```

最近では、`rddensity` ライブラリを使用することで、Python で簡単に McCrary の検定の実行が可能になりました。`pip install rddensity` でインストールできます。

さきほどの太郎くんのクーポン施策のデータを使って、この検証を実施してみましょう。まず、潜在スコア X^* は、クーポン施策が行われなかった場合の前月売り上げとします。通常は閾値周辺で不連続性は起こらないはずですが、まずは分布を簡単にプロットしてみましょう。RDD の妥当性の検証の一環として、まずは分布をプロットすることは有効です。

```
# ヒストグラムのプロット
plt.hist(df_coupon.last_month_spend, range=(9000, 11000))
```

ここでは、`hist` 関数でヒストグラムを作図しています。閾値周辺のヒストグラムを注視したいため、引数の 1 つである `range` を用いて先月消費額が 9000 円から 11000 円のユーザーに限定して作図しています。この結果、図 5.9 を得ることができます。x 軸はクーポン配布の決定に使われた月の売り上げを、y 軸はその額を消費した人数を示しています。

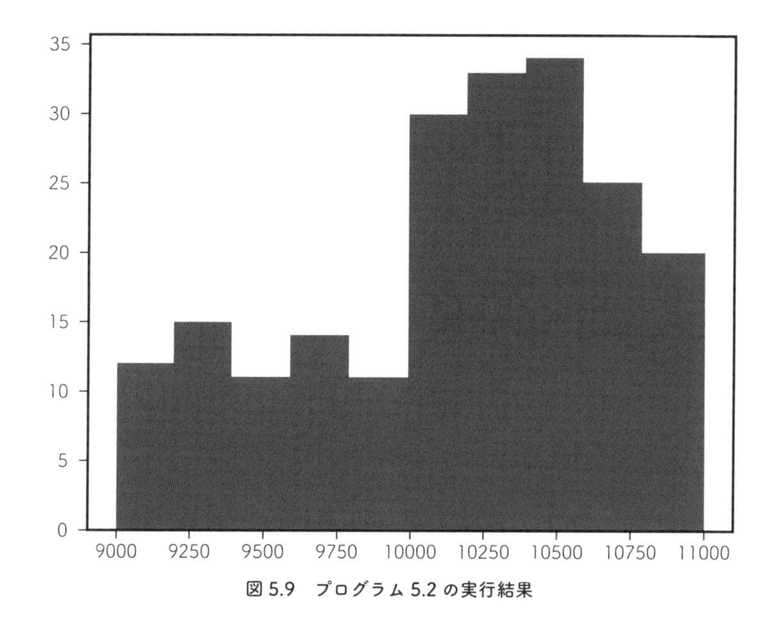

図 5.9　プログラム 5.2 の実行結果

ヒストグラムを見ると、閾値である 10000 円を境にユーザーの数が不自然に多くなっており、閾値周辺で不連続性が生じています。なんらかの操作が存在しそうです。

次に、起こり得るコントロールとセレクションをリストアップしてみましょう。まず、コントロールはいったん除外してよいかもしれません。悪意をもったエンジニアが前月の売上レコードを意図的に改ざんしている可能性はあるかもしれませんが、最初に疑うことではなさそうです。

一方で、セレクションについてはどうでしょうか？　クーポンをもらいたくないから自分の購入額を意図的に抑えることは、ほぼないでしょう。一方で、クーポンをもらうために購入額を高くするインセンティブが働くことは期待できそうです*12。そのため、この事例では bunch と notch の動機が閾値をまたいで一方向だけになるという制約は満たされそうです。

*12 むしろ、クーポン施策においては、それこそが施策の設計担当者の意図であるように思えます。

図 5.9 のヒストグラムから不連続性を発見した太郎くんは、クーポン施策の告知の内容について上司にくわしく話を聞いてみました。すると、前月の売り上げが確定する直前の月末に、8000 円から 10000 円の消費を行っているユーザーに対して「来月のクーポンがある」というメールマーケティングを行っていたことがわかりました。そのため、図 5.9 で見た不連続性が生じているといえそうです。

最後に、McCrary の検定を行ってみましょう。rddensity ライブラリを用いたコードを以下に示します。

```
# McCrary の検定
result_mccrary = rddensity.rddensity(
    X = df_coupon.last_month_spend, c = 10000
)
```

rddensity.rddensity 関数は、McCrary の検定を行うための関数です。rdrobust 関数や rdplot 関数とあまり使いかたが変わらず、X にスコアを、c に閾値を入力することで検定できます。

このコードを実行すると、以下のような出力が得られます。

プログラム 5.2 の実行結果

```
Manipulation testing using local polynomial density
estimation
Number of obs:    1000
Model:            unrestricted
Kernel:           triangula
BW method:        estimated
VCE:              jackknife

c=10000               Left of c          Right of c
Number of obs:        474                526
```

```
Eff.number of obs:  126            234
Order est.(p):      2              2
Order bias.(q):     3              3
BW est.             1654.8133      1946.1021

Method:             T        P>|T|
Robust              3.328    0.0009

P-values of binomial tests(H0: P~[0.5]).

Window Length/2     <c       >=c   P>|T|

7329                455      499   0.1638
```

今回求めたいのは、McCrary の検定を行ったときの p 値です。`rddensity` ライブラリの結果は、さきほどの `rdrobust` ライブラリの結果とかなり似通っています。`Method` と書いてある部分の `Robust` という行の一番右の数字が p 値で、`0.0009` という値です。つまり、密度関数の連続性が否定され操作が起きている可能性があります。よって、RDD での分析結果が信頼できないことを意味します。

5.2.7 共変量のバランステストの実装

次に、RDD の仮定が成り立っているか検証するためのテストの 2 つめとして、**共変量のバランステスト**を紹介します。バランステストでは、閾値の前後での共変量の変動の有無を見ることで、同質化が適切に行われているかを確認します。

閾値周辺で適切に同質化が行われている場合、スコアが閾値よりわずかに大きいグループと閾値よりわずかに小さいグループは同質であり、同様の共変量や特徴をもっていると考えられます。逆に、なんらかの操作が行われている場合のように適切な同質化が行われていなければ、閾値の前後でユーザーが同様の共変量や特徴をもたず、閾値前後で共変量に不連続なジャンプが生じます。

たとえば、マーケティングメールに反応して施策を受け取るために消費を意図的に伸ばすようなユーザーが若者を中心としていた場合、年齢という共変量が不連続にジャンプすることになります。

この共変量のジャンプは、変数 Y を共変量 Z に置き換えて RDD の推定を行い、その推定値が 0 となるかを見ることで確認できます。つまり、バランステストとは、施策の共変量に対する平均処置効果が 0 に近いことを確認することです。

実際に検証してみましょう。rdrobust 関数を用いて、それぞれの共変量をアウトカムとした RDD の推定を行うことで検証が可能です。RDD におけるバランステストとは、共変量に対して RDD の施策効果の推定をして、その推定値が 0 に近く有意ではないことを確認するものでした。その意味では、プログラム 5.3 のコードはプログラム 5.1 とほぼ変わりません。異なるのは、被説明変数が共変量に変わったという点です。共変量すべてにこの RDD の施策効果の推定を行うという違いによって、for 文のループを用いています。

プログラム 5.3　共変量のバランステスト

```
# データの読み込み
df_coupon = pd.read_csv(URL_COUPON)
# バランステストの結果を格納するデータフレームの作成
covs = df_coupon[["sex", "age"]]
balance = pd.DataFrame(
    columns = ["RD Effect", "Robust p-val"],
    index = pd.Index(["sex", "age"]),
)
# バランステスト
for z in covs.columns:
    est = rdrobust(y = covs[z], x = df_coupon.last_month_s
    pend, c = 10000)
    balance.loc[z, "RD Effect"] = est.Estimate
    ["tau.us"].values[0]
    balance.loc[z, "Robust p-val"] = est.pv.iloc[2].values
```

```
    [0]
# 結果の表示
display(balance)
```

クーポンデータに含まれているsexとageを、今回は共変量として用います。上のコードでは、推定値とp値を共変量ごとに格納するDataFrameを作成したうえで、共変量ごとにrdrobust関数で推定を行っています。

このバランステストの結果は、表5.3のようになります。それぞれの共変量（sex, age）でp値（Robust p-val）は0.9を超えており、施策の共変量に対する施策効果があるとは言い難い状態です。そのため、今回のクーポンデータにおいては、共変量のバランステストに関して問題はないと結論づけることができます。

表5.3 プログラム5.3の実行結果

	RD Effect	Robust p-val
sex	0.010663	0.929465
age	0.667869	0.978184

ここまで、McCraryの検定とバランステストの使いかたを見てきました。McCraryの検定はスコアの密度関数を検定することで操作の有無を検出し、バランステストは閾値の前後での共変量の変動の有無を見ることで適切なランダム化の有無を検出します。実務家としては、実際にRDDを行う場合には両方のテストを実施して、RDDを行った分析の妥当性を確認するのがよいでしょう。

5.3 Fuzzy RDD：処置確率が閾値によって不連続的に変化する場合のRDD

point

- Fuzzy RDDとは、**処置確率が閾値において不連続的に変化する場合のRDD**である。
- Fuzzy RDDの推定値は、**コンプライアンスなサンプル**に対する施策効果として解釈可能である。
- Fuzzy RDDの推定は二段階最小二乗法を用いるが、既存のライブラリで簡単に推定が可能である。

次に、Fuzzy RDDについて説明します。Fuzzy RDDは**処置確率が閾値によって不連続的に変化する**場合におけるRDDです。これはどのようなケースでしょうか？

図5.10に、Fuzzy RDDの直感的なイメージを示しました。

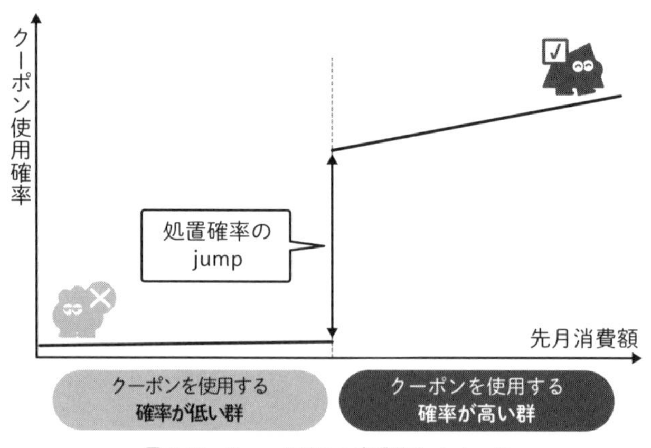

図5.10 Fuzzy RDDの直感的なイメージ

さきほどのクーポンの例で考えてみましょう。ユーザーが付与されたクーポンに気づかず使用を忘れてしまった場合、閾値以下の売り上げのユーザーはクーポンを使用する確率が0%となる一方で、閾値以上のユーザーではクーポンを使用する確率が 10% や 20% といった値になります*[13]。Fuzzy RDD では、ユーザーに割り当てた施策が実際の施策状況と一致しないという特徴があります。これは 3.3.3 項における**処置と割り当ての不一致**の状況に当てはまるため、Fuzzy RDD で使用する推定手法は似通ったものになります。

これについて、もう少しくわしく解説していきます。まず、5.2.1 項で触れた RDD の推定量の式を再度思い出してみると、式(5.8)で表現できたのでした。そして、Fuzzy RDD では閾値を基準に施策が変化する確率が 1 以下になるため、分母は 1 以下になります。

$$\eta = \frac{\lim_{x \downarrow c} \mathbb{E}[Y_i | X_i = x] - \lim_{x \uparrow c} \mathbb{E}[Y_i | X_i = x]}{\lim_{x \downarrow c} \mathbb{E}[T_i | X_i = x] - \lim_{x \uparrow c} \mathbb{E}[T_i | X_i = x]} \tag{5.8}$$

Fuzzy RDD において、この η はなにを推定しているのでしょうか？　それは**コンプライアンスなサンプル**における施策効果です。コンプライアンスなサンプルとは、3 章で取り上げた処置と割り当てが一致するサンプルを指します。ここでは、割り当ては閾値の前か後かを意味し、処置は施策を行ったか否かを意味します。

すなわち、コンプライアンなサンプルとは、閾値を超えたときに行われるクーポン配布などの割り当てに対して、意図どおりクーポンを利用するなどの施策に従うサンプルです*[14]。Fuzzy RDD を用いた施策効果の分析は、コンプライアンスなサンプルに対して施策効果を復元するアプローチを用いた分析となります。数式で表すと、式(5.9)で表すことが可能です。

$$\eta_{FRD} = \mathbb{E}[Y_i^1 - Y_i^0 | X_i = c \text{ かつ } i \text{ がコンプライアンスなサンプル}] \tag{5.9}$$

次に、Fuzzy RDD における推定を紹介します。処置と割り当てが不一致なケースとして扱えるため、3.3.3 項で紹介した操作変数法の 2 段階推定を用いて施策効果を同様に推定することが可能です。3.3.3 項においてはサンプル i に対しての割り当てを Z_i と表し、施策が実施されたかを T_i で表していました。

---

*13 また、クーポンの例では実務的に考えづらいですが、施策を確率的に与えていて、閾値において処置確率に不連続性があるなどの事例も存在します。

*14 因果推論を学んだことがある方向けの説明をすると、つまりは complier のことです。

Fuzzy RDD においても同様で、閾値の前後にいるかを Z_i とし、実際に施策を受けたのかを T_i として、処置確率の推定を試みる 2 段階推定を行えばよいです。ただし、Sharp RDD のようにバンド幅 h のなかにいるユーザーのサンプルに絞る必要があります。このバンド幅 h に関しては Sharp RDD と同様に適切な決めかたがあり、既存のライブラリやソフトウェアを用いれば、自動的にこの適切な h を算出してくれます。

5.3.1 rdrobust を用いた Fuzzy RDD の推定の実装

本書の執筆時点では、Python での Fuzzy RDD の推定の方法として、statsmodels の IV2SLS を用いる方法と、rdrobust の fuzzy オプションを使用する方法の 2 つがあります。しかし、Fuzzy RDD の推定の際には IV2SLS を用いる方法はあまりおすすめしません。なぜなら、Fuzzy RDD でも Sharp RDD と同じように、バイアス－バリアンスのトレードオフを考慮してバンド幅 h を適切に定める必要があるからです。

IV2SLS はバンド幅の決定を行ってくれないため、別途自分で求める必要があります。一方で、すでに紹介した rdrobust ライブラリを用いれば、Fuzzy RDD のケースでも適切なバンド幅をもとに施策効果の推定値を出してくれます。そのため、一般的には rdrobust のような RDD 用のライブラリを用いて推定を行うとよいでしょう *[15]。

それでは、さきほどのクーポン配布の例を再利用してみましょう。閾値 10000 円を境にクーポンが付与され、使用されたかどうかを treatment とするデータを用います。

プログラム 5.4 Fuzzy RDD の推定

```
# データの読み込み
df_coupon = pd.read_csv(URL_COUPON_V2)
# ラベルごとにデータを分ける
df_label0 = df_coupon[df_coupon["treatment"] == 0]
```

*15 rdrobust ライブラリが使えない状況の例として、treatment を離散値変数（クラスの人数）としてクラスの人数がもたらす教育効果について推定した J.D. Angrist らによる 1999 年の論文〔26〕のような Fuzzy RDD の初期研究の例があります。

```
df_label1 = df_coupon[df_coupon["treatment"] == 1]
# 散布図の作成
fig, ax = plt.subplots()
ax.scatter(
    df_label0["last_month_spend"],
    df_label0["this_month_spend"],
    c = "gray",
    label = "0",
    marker = "s",
)
ax.scatter(
    df_label1["last_month_spend"],
    df_label1["this_month_spend"],
    c = "gray",
    label = "1",
    marker = "x",
)
threshold = 10000
ax.axvline(x = threshold, color = "black", linestyle = "--
")
# 軸ラベルと凡例の追加
ax.set_xlabel("last_month_spend")
ax.set_ylabel("this_month_spend")
ax.legend()
# グラフの表示
plt.show()
# 推定
result_fuzzy_rdd = rdrobust(
    y = df_coupon.this_month_spend,
    x = df_coupon.last_month_spend,
    fuzzy = df_coupon.treatment,
    c = 10000,
```

```
    all = True,
)
```

ここでは、Sharp RDD の例と同様に matplotlib の scatter メソッドによって、図 5.11 のような散布図を書いています。

```
# 散布図の作成
fig, ax = plt.subplots()
ax. scatter(
    df_label0["last_month_spend"],
    df_label0["this_month_spend"],
    c = "gray",
    label = "0",
    marker = "s",
)
ax. scatter(
    df_label1["last_month_spend"],
    df_label1["this_month_spend"],
    c = "gray",
    label = "1",
    marker = "x",
)
threshold = 10000
ax. axvline(x = threshold, color = "black",
linestyle = "--")
# 軸ラベルと凡例の追加
ax. set_xlabel("last_month_spend")
ax. set_ylabel("this_month_spend")
ax. legend()
# グラフの表示
plt.show()
```

いままでの図と同様に、x 軸はクーポン配布の決定に使われた月の売り上げを、y 軸はその翌月の売り上げを示しています。クーポンを利用したユーザーとそうでないユーザーは × と■で区分されおり、閾値である 10000 円の右側ではどちらのユーザーも存在していることがわかります。つまり、Sharp RDD のケースと違って、閾値の上下で明確に施策の有無が分かれていないことがわかります。

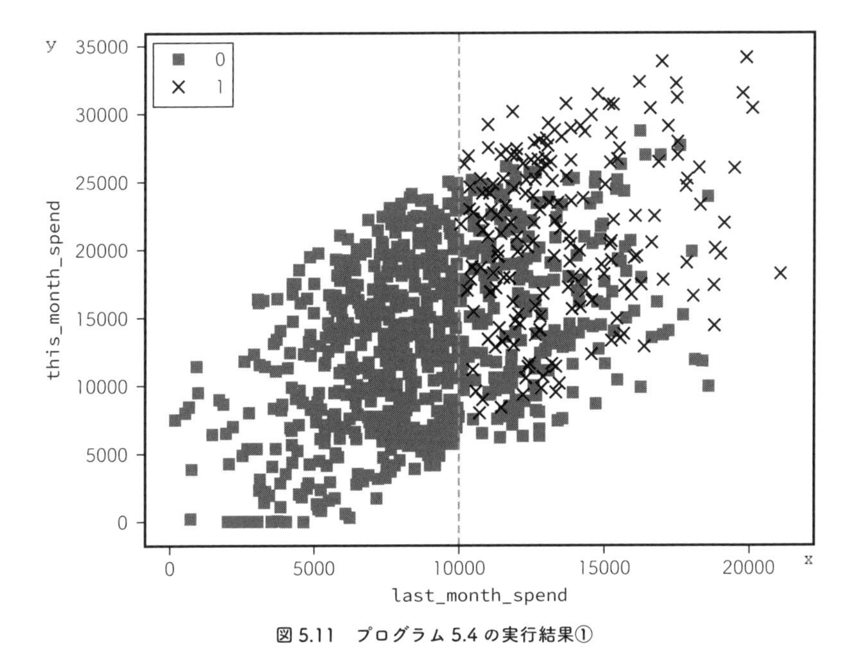

図 5.11　プログラム 5.4 の実行結果①

Fuzzy RDD も Sharp RDD と同様に rdrobust 関数で推定が可能です。

```
#  推定
result_fuzzy_rdd=rdrobust(
    y = df_coupon.this_month_spend,
    x = df_coupon.last_month_spend,
    fuzzy = df_coupon.treatment,
    c = 10000,
```

```
    all = True,
)
```

Sharp RDDとの実装での違いは、fuzzyという引数の有無です。fuzzyには実際に処置を受けたかの変数を渡す必要があり、今回はdf_coupon.treatmentを与えています。この関数の結果は、以下のような出力になります。

プログラム 5.4 の実行結果②

```
Call: rdrobust
Number of Observations:     1000
Polynomial Order Est.(p):  1
Polynomial Order Bias(q):  2
Kernel:  Triangular
Bandwidth Selection:  msed
Var-Cov Estimator:  NN

                           Lef:      Right
----------------------------------------------------------
Number of Observations     528       472
Number of Unique Obs.      505       462
Number of Effective Obs.   258       219
Baandwidth Estimation      2316.136  2316.136
Bandwidth Bias             3543.11   3543.11
rho(h/b)                   0.654     0.654
```

```
Method   Coef.  S.E.  t-stat  p>|t|  95%Cl
------------------------------------------------------------
Conventional    6531.203  2645.704  2.469  1.356e-02
[1345.719, 11716.687]
Bias-Corrested  6671.428  2645.704  2.522  1.168e-02
[1485.944, 11856.912]
Robust          6671.428  3179.263  2.098  3.587e-02
[440.186, 12902.669]
```


結果の見かたも、Sharp RDD のときとほぼ変わりません。推定結果を参照するために`Robust`という行の数値を確認すると、推定値は`6671.428`であり、約 6671 円となっています。この推定値はコンプライアンスなサンプルについての施策効果であることに注意してください。

5.4　内的妥当性と外的妥当性：我々はなにを推定しているのか？

ここまで RDD の推定について紹介してきましたが、RDD を通して施策効果を推定することは、施策の議論においてどんな制約をおいてしまうのでしょうか？　これについて説明するために、**内的妥当性**と**外的妥当性**という概念を説明します。この２つの概念は、分析や調査の結果がどれだけ信頼できるかを評価するものです。これらを理解することで、どの部分で手法や分析が正確で、どの部分でその結果を一般的な状況に適用できるか、という判断を助けてくれます。

内的妥当性とは、分析の方法が適切で、分析結果が本当にその因果関係を示しているかを評価する概念です。つまり、分析や調査の結果がどれだけ正確であるかを見ています。

たとえば、ある薬が病気を治す効果があると主張する実験結果があったとします。このとき「内的妥当性が高い」と言った場合、その実験が薬の効果を正確に調べていることを意味します。これを保証するためには、実験方法やデータ分析が適切であることが重要です。本書での議論のほとんどはこの内的妥当性を高めるためのものであったといえます。

一方、外的妥当性とは、分析時とは異なる状況や分析対象以外の人々にも、分析の結果が同様に当てはまるのかを評価する概念です。つまり、分析や調査の結果が一般化できるかを見る概念です。

さきほどと同様に、ある薬が病気を治す効果があると主張する実験結果があったとします。このとき「外的妥当性が高い」と言った場合、その実験で得られた結果がほかの人々や状況にもあてはまり、同様の効果を期待できることを意味します。これを確認するためには、実験対象の選びかたや分析結果の適用範囲を明確にすることが重要です。

それでは、内的妥当性と外的妥当性について、RDD はどのような性質をもっているのでしょうか？　結論から先に述べると、RDD は擬似的に A/B テスト的な状況を作れるので、内的妥当性は高いといえます。一方、閾値周辺のサンプルに対する推定結果となるため、外的妥当性が低くなってしまいます。これを確認するために、RDD の推定量の式(5.5)と式(5.9)を確認してみましょう。

$$\eta_{SRD} = \mathbb{E}[Y_i^1 - Y_i^0 | X_i = c]$$
$$\eta_{FRD} = \mathbb{E}[Y_i^1 - Y_i^0 | X_i = c, \text{i がコンプライアンスなサンプル}]$$

η_{SRD} においても、η_{FRD} においても、$X_i = c$ において条件づけているため、それぞれ閾値 c 付近における平均処置効果を推定していることがわかります。

内的妥当性は因果関係を適切に示しているかを評価する概念ですが、2 章～3 章での議論を思い出せば、因果関係を正しく測定する最も頑健な手法である A/B テストは、高い内的妥当性をもつ手法だといえます。つまり、閾値付近で A/B テストをしているかのような RDD は、その閾値周辺において施策効果を推定している手法であると解釈でき、閾値付近では高い内的妥当性をもっていることになります。

一方で、RDD はこの閾値 c を離れた場合の平均処置効果について、なにか述べることは可能でしょうか？　この疑問に対する簡潔な回答は、「なんらかの強い仮定をおかないと、閾値 c を離れた場合の平均処置効果について、RDD はなにも述べることはできない」となります。なぜなら、η_{SRD} においても、η_{FRD} においても、$X_i = c$ において条件づけているため、$X_i \neq c$ における施策効果についてはなにも言えないからです。

これをクーポンの例に当てはめると、「過去の売り上げが 10000 円におけるユーザーのクーポン付与の施策効果を推定できても、5000 円や 15000 円における施策効果、さらには全ユーザーにおけるクーポン付与の施策効果についてすらなにも言えない」となります。そのため、RDD は低い外的妥当性をもつ手法として知られています*16。

実務においては、このようなクーポン施策では全ユーザーの施策効果を知ることが期待されるでしょう。ということは、外的妥当性の低い RDD は使いものにならない手法なのでしょうか？　そうではありません。たとえば、ユーザーのボリュームゾーンに閾値が存在する場合、推定される効果は知りたい結果に近くなるはずですから、外的妥当性の問題は比較的小さくなります。さらには、このような A/B テストが使えない状況では、RDD を用いることでしか施策効果は推定できません。万能な手法は存在しないため、実務者としては、手法のメリットと限界を知ったうえで適切に使うことが肝要です。

5.5 bunching の難しさ

 point

- **bunching** とは「ユーザーが閾値を既知で、それに基づいて行動を変えてしまうような制度」に対して適用される手法である。
- bunching の目的は、操作がなかったときの推定された反実仮想分布と実際の分布の差を用いて、閾値の周辺でのインセンティブの変化に対するユーザーの反応（**弾力性**）を推定することにある。

*16 いくつかの研究では、RDD を外的妥当性をもつように拡張する試みが行われていますが、一般的にはなんらかの仮定をおいたうえでデータ外の領域に推定結果を一般化する試み、いわゆる**外挿**という施策を試みるというアプローチになります。外挿自体が不確実性が高い試みとなるのですが、これらの仮定は、たとえば平均処置効果が全ユーザーで同質であるといった仮定や、J. D. Angrist らによる 2015 年の論文〔27〕での閾値 c の周りの条件つき独立の仮定ですが、繰り返しになりますがこれらは非現実的な強い仮定であったり検証不可能な仮定であるという認識が重要です。

前節まで、RDDの説明をしてきました。RDDにおいては、操作は基本的に許容されませんでした。一方で、実際のデータ分析の事例においては、このような閾値が既知であり、それに応じてユーザーが行動を変えるような例は数多くあるように思います。

たとえば、先に述べた閾値以上でのクーポン配布などが考えられます。ほかにも一定の所得以上で課税率が変化するような税制度や、一定の使用量以上で単位ごとの価格が変動する従量課金制の電気料金などが考えられます。このように、閾値に基づいてユーザーに利益や不利益が与えられ、ユーザーがそれを知って行動を変えてしまう制度は、ビジネスや政治などの分野を問わず実世界に数多くあります。これらの制度の分析においてはRDDが適用できないため、私たちが分析するべきものはないのでしょうか？

実は、そうではありません。2010年代以降に**bunching**とよばれる手法の研究が盛んになってきています。これは、先に述べたような「ユーザーが閾値を既知で、それに基づいて行動を変えてしまうような制度」に対して適用される手法です。この手法は日本語の文献はいまだに乏しく、また、用語やモデルの理解について学部初級レベルのミクロ経済学の知識が必要であること、さらに推定の際に利用可能なライブラリがあまり多くないことから、まったくの初学者にとってはややハードルが高いでしょう*17。

「ユーザーが閾値を既知で、それに基づいて行動を変えてしまうような制度」の一例として、ロイヤリティ会員制度の効果分析を考えてみましょう。こういった状況下では、ユーザーはランクが上がる閾値を知っているため、RDDの適用は難しいかもしれません。しかし、ロイヤリティ会員制度がユーザーの行動にどのような影響を与えているのかは、RDDを用いてわかることにかぎらずに、さまざまな側面から理解したいはずです。実務家がbunchingという手法を検討するのは、このような課題に直面したときでしょう。

ただし、bunchingの適用は簡単ではなく、ほとんどの実務家が自在に使いこなすことは難しいです。そういったときは、無理にbunchingを適用するよりも、操作のバイアスが存在するなかでも言えることを考えて結果を出すべきだ、というのが本書の立場です。

---

*17 Rにはbunchrというライブラリが存在します。

しかし、bunching についての一定の理解がなければ、この手法の適用を適切に断念するのは難しいかもしれません。そこで本書では、bunching の推定についての技術的詳細に関しては省略し、まずは bunching という手法を理解する助けになるような簡単なイメージを共有します。次に、モデルを説明するなかで bunching が推定している**弾力性**とよばれるパラメータを紹介し、そのなかで中心的な役割を果たす 2 つの構造である **notch** と **kink** について説明を行って本節を終えます。

5.5.1 操作が発生している例：所得税控除制度

操作が発生しているわかりやすい実例として、E. Saez による 2010 年の論文 [28] における所得税額控除（EITC）の実例を参考にしてみましょう。EITC は、1975 年に導入され、制度変更や拡大を何回か経ている、米国の低所得の勤労世帯向けの税額控除制度です。給与所得と自営業所得の合計として定義される家族所得と、扶養条件などを満たす子供の数の 2 つによってその控除額が決定されます。控除額に関しては、ある所得 A までは一定のペースで増加し、所得が A を上回ると控除額はそれ以上増えず固定された額になり、さらに所得が B 以上になると今度は一定のペースで控除額が減少するという制度設計になっています。

さて、この控除額が一定になる閾値の前後でなにが起こるか考えてみましょう。それは、ある一定の所得以上になると、額面所得に対して得られる手取りが減ってしまうということです。一般的には額面を上げるには仕事を頑張る、つまり労働というコストを支払う必要があります。多くの人は、この仕事を頑張るコストともらえる手取りから得られる満足のバランスをとって日々を営んでいると考えることが可能です*18。このような所得税控除制度によって労働のコストに対して得られる手取りが減ってしまうと、多くの人はより仕事を頑張ろうというモチベーションが減ってしまいます。その結果、制度によって額面所得のヒストグラムが歪んでしまうわけです。

*18 これはミクロ経済学の文脈でいうと、労働と収入から得られる効用関数を念頭においています。

つまり、このような制度設計においては、所得を調整できる人は閾値以下に所得を調整するインセンティブが生まれます。サラリーマンは所得を自由に調整できませんが、自営業者ならば所得の融通が効くため、このような操作はしやすそうに思います。さきほどの論文［28］では、アメリカ合衆国内国歳入庁（IRS*19）が公表している大規模な年次確定申告データを用いて、これを分析しています。実際のグラフを図5.12に示します。

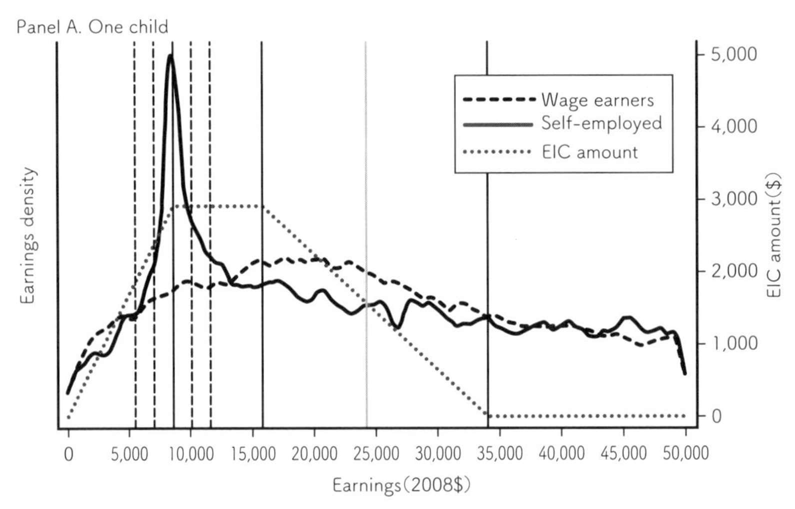

図5.12　確定申告データに基づく自営業者と賃金労働者それぞれの所得の密度関数（［28］より引用）

図5.12は、一人子供世帯に対して、自営業所得が0かそれ以上の世帯を自営業者と賃金労働者として定義して分けて、所得の密度関数を推定したものです。x軸は2008年時点の所得を、y軸は推定された密度を示しています。実線が自営業者（Self-employed）、破線が賃金労働者（Wage earners）を示しています。また、EIC amountと書かれている点線のグラフが控除額を示しています。とくに注目すべきは、控除額が一定になる10,000$弱の所得において、賃金労働者では密度の上昇が見られないのに対して、自営業者のみ急激な密度の上昇が観測されることです。これが操作の結果であることは明確で、なんらかの所得の調整を行った結果、このような密度関数が実現しています。

---

*19　日本における国税庁に相当します。

それでは、このような操作がなかった場合の分布を復元できた場合、我々はなにかの推定結果を得ることが可能でしょうか？　当然ながら操作があるため、特定の仮定がなければ、RDDに見られるような介入の施策効果を推定することはできません。また、bunchingに関する多くの論文は、施策効果の推定を目的としていません。

それでは、我々がなにを推定しようとしているのかというと、それは所得の密度の変化量や、その変化量から復元される、閾値の周辺におけるインセンティブの変化に対する個々人の選択の変化を表すパラメータです。このパラメータは、経済学の用語では**弾力性**とよびます。ここでの弾力性は、「税率に対して個々人が額面収入をどう変化させるかのパラメータ」という解釈をもちます。これらの変化量や弾力性は、RDDで得られる施策効果とはまったく性質が異なるものです。

5.5.2 bunchingの推定ステップと2つのケース

bunchingは、弾力性というパラメータの推定を目指した手法であると説明しました。操作が発生したヒストグラムの形状に着目することで、操作が発生しなかった場合の反実仮想のヒストグラムを考えて操作の影響を調べるという推定ステップをとります。

さきほど紹介した所得控除制度の例のように、ユーザーが閾値を既知で、それに基づいて行動を変えてしまうような制度がbunchingの対象となる事象でした。bunchingでは、notchとkinkという2つのケースに大別して議論を行います。

bunchingの2ケース

1. **notch**〔29〕：定額給付の控除などが例になる、急激な変化に着目する
2. **kink**〔28〕：累進課税制度が例になる、連続的な変化に着目する

本節の最後に、これらがどのようなケースかを紹介することにします。

notch：急激な変化に着目する

まず、notch が生じる例について紹介します。これは、たとえば一定所得以上で固定額の手当がもらえなくなるような場合です。閾値の少し上では手取りが減ってしまうケースは、日本を含むさまざまな場所で見つけることができます。簡単化のために、額面所得が 500 万円を超えると 20 万円の給付金が貰えなくなるという例を考えてみましょう。ただし、ほかの税は一切ないものとします。

このとき、仮に額面所得が 490 万円の場合は 20 万円の給付金がもらえるため、手取りが 510 万円になります。しかし、505 万の場合は給付金はもらえないために、手取りが 505 万円となります。つまり、額面上の所得が 505 万円と高いはずのケースのほうが実際の手取りが少なくなっています。

人々が額面所得を自由に調整できるという（強い）仮定をおくと、このような制度が適用された場合、500 万円から 520 万円の額面所得を得るモチベーションが一切なくなってしまいます。この結果、額面所得を自由に調整できるという仮定が存在しない場合に額面所得のグラフを書くと、図 5.13 のように、500 万円から 520 万円のあいだの額面所得を得る人が完全にいなくなったようなグラフになります。

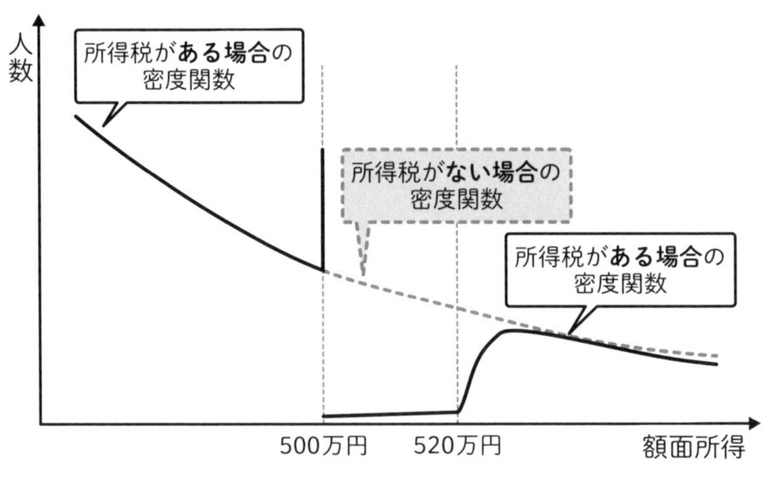

図 5.13　notch が起きた場合の密度関数

ここで、「現実には人々は額面所得といったものは自由に調整できないのだから、この notch というケースは空虚な経済モデルにすぎないのではないか？」という疑問をもたれる方もいると思います。この指摘は真っ当で、所得自体が簡単に操作可能な値でないことや、このような税制度を知らないユーザーが存在するなどの理由で、実際にはこのようなヒストグラムが実現する可能性は低いです。これを一般的には**調整コスト**（friction）というパラメータで表現することがありますが、notch のケースではこのコストが大きいため、より現実的には次に触れる kink のケースを考えることが多くなります。

kink：連続的な変化に着目する

次に、kink が生じる例について紹介します。これは、たとえば一定の額面所得額以上から、その超過額に税率が課せられるような場合です。実務上でも、累進課税のような制度で、広くその例を見ることができます。簡単化のために、年収が 500 万円を超えた場合にのみ超過額に対して所得税率がかかるような制度を考えてみましょう。この場合も、ほかの税は一切ないものとします。

このとき、人々が仕事のコストと得られる手取りからの満足のバランスをとって、額面所得を減らすような動きをとってしまいます。その結果、実現するグラフは、notch の場合ほどは極端ではないですが閾値の前後に歪みが生じます（図 5.14）。

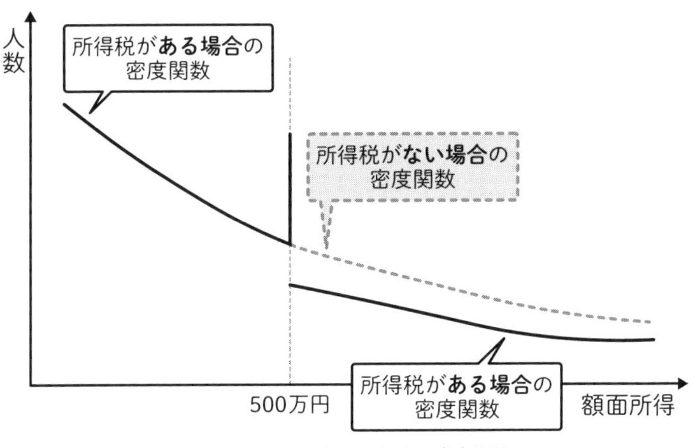

図 5.14　kink が起きた場合の密度関数

notch と比べて kink のほうがわかりやすく、さらに現実的な例なので、kink のケースだけ考えればよいのではないかと思うかもしれません。しかし、kink が見られる場合は複雑な仮定がないと弾力性を正しく推定できないことが知られています。kink の場合における弾力性の推定には、現在の最新の研究で複数のアプローチが提案されていますが、それらのアプローチのなかでどれが主流になるかはまだ明確ではないというのが現状です。

bunching は、未だに実務者にとっては困難な手法です。その一方で、RDD は施策の割り当てルールがあるような状況に対して、広範に適用可能な手法です。また、DID 同様に、A/B テストが実行できない環境においても適用可能です。

RDD には操作の問題や外的妥当性が弱いという性質があり、実践や解釈には慎重さを要します。それでも RDD が適用可能な状況は実務においては魅力的であり、効果検証における重要な手法の 1 つです。DID 同様に、RDD は実務者は使えるようになっておくべき手法です。

6章

おわりに
実務における課題と展望

本書の最後に、これまでの内容を振り返ったのち、データ分析の実務担当者がぶつかりうる課題を指摘していきます。効果検証の理想的なプロセスは、さまざまな理由によって必ずしも実現可能ではありません。そういった課題に対し「実務担当者はどんな役割を果たせばよいのか」という指針を示したのち、今後の学習に役立つ文献を紹介し本書を終えます。

6.1 これまでの振り返りと 実務プロセスに合わせた分析手法の選択

ここまでこの本を読んできた皆さんの手もとには、大雑把に分けて2種類の施策効果検証のための分析手法があります。いうまでもなく、その1つがA/Bテストであり、もう1つが観察データ分析です。

さて、「よりよい意思決定への貢献」という効果検証の目的に照らし合わせたとき、これらの分析手法はどのように使えばよいのでしょうか。分析手法を選ぶときは、それぞれの手法の特性を勘案しながら、得意とするシチュエーションを考えてあげるのがよいでしょう。A/Bテストと観察データ分析がそれぞれ得意とするシチュエーションは1章で紹介したとおりですが、あらためて本書全体をとおして振り返ってみます。

A/Bテスト

2・3章ではA/Bテストを紹介しました。A/Bテストは施策効果検証手法として理想的な性質をもっており、少ない仮定のもとで施策効果を推定することができます。その一方で、ランダムな施策割当によって生み出されたデータが必要となり、そのためには往々にして大掛かりな準備を伴います。結果として、A/Bテストは必要な時間といったコストにおける課題が大きいのでした。

A/Bテストが得意とするのは仮説・インサイトの妥当性を実証することです。ランダムな施策割当を通じて、観察データ分析と比べると格段に少ない仮定で施策効果を推定できます。状況に応じては特殊な分析手続きも必要になりますが、それでも観察データ分析と比べると分析そのものも容易です。総じて非専門家にとっては、施策効果分析をしたいならA/Bテストを行えばよい、といっても過言ではないでしょう。

もちろんA/Bテストによって導出された施策効果の推定値といえど、過信することはできません。とくにA/Bテストでは、外的妥当性が保証されるわけではないことに注意が必要です。すなわち、特定の集団や特定の時期に行われたA/Bテストの結果が、異なる集団や異なる時期においても成立するという保証はありません。たとえばUI／UXのように集団や時期によって「流行り」がある施策は、この外部妥当性の問題に苦しめられることでしょう。

それでも施策効果を推定するうえで、A/Bテストが一番“まし”な手法であることに変わりはありません。現代における施策効果の分析技術の進展をもってしても、しばらくはA/Bテストが最も基本的であり、かつ最も信頼のおける手法であるという事実は揺るがないでしょう。

一方で、A/Bテストは実行コストが課題になる、ということはすでに幾度となく記述したとおりです。そのため、評価したい仮説が定まっていないにもかかわらずA/Bテストを行うのは、非効率になってしまいがちです。たとえば立ちあげたばかりの新規事業においては、検証したい仮説は無限にあることでしょう。そのようなときに、わざわざA/Bテストを行うのは非効率きわまりないといえます。施策効果検証上の性質がよいからといって、あらゆる分析をA/Bテストを行うと、意思決定までの速度を遅くしてしまい、コストもかさんでしまいます。A/Bテストは、探索的に分析することには向いてはいないのです。

観察データ分析

4・5章では、観察データ分析としてDIDとRDDを紹介しました。観察データ分析は効果検証のための追加的な施策の実施は必要とせず、業務上蓄積されたログデータの解析をすればよいことが利点です。その一方で、観察データ分析のほとんどの手法は分析上の仮定が多く、施策効果を分析するためには細心の注意が必要なのでした。本書で紹介したDIDやRDDは、観察データ分析のなかでも比較的その仮説の成立状況を判断しやすいものです。しかし、それでも分析結果の解釈には慎重になるべきでしょう。

観察データ分析が得意とするのは、仮説・インサイトを導き出すことです。観察データ分析はログデータを分析すればよいため、分析にあたっての追加的なコストが低く済み、分析のハードルも低い傾向にあります。それは本書で紹介したDIDやRDDにおいても同様です。分析するデータは過去から得られるものであり、A/Bテストのようにデータを準備するステップは必要としません。分析者が適用可能な状況を適切に判断することさえできれば、DIDやRDDを用いて比較的容易に分析を行うことができます。

そのため、観察データ分析は「いま直面している課題はなにか？」「なにかサービスを改善できる種はないか？」と探索的に分析を行うことに向いています。多くの仮説のなかから最も価値の高い仮説やインサイトまで辿り着くことができれば、ひとまず観察データ分析としては十分な成果といえるでしょう。

仮説やインサイトは直接的な結果を生まないかもしれませんが、その価値は低くありません。なぜなら、それらは筋のよい意思決定につながり、結果的に付加価値を生むからです。そして、筋のよい意思決定を導くためにはよい仮説が必要であり、さらに遡れば、それを導くためのよいインサイトが必要となります。なにもなしに天啓のように筋のよい意思決定ができる人は多くないので、仮説やインサイトの探索には低くはない価値が存在するのです。

こう考えると、本書で取り扱うことができなかったものの、重要なテーマが1つ浮かび上がります。それは、実際の業務における探索的なデータ解析の役割や、その役割を達成するために分析者が求められる技術についての、体系化および言語化です。

DIDやRDDなどの観察データ分析が探索的な仮説出しに用いられるのならば、業務データを集計し平均や分散を出しながら分析をするプロセスにも、一定の規範やコツがあるはずです。ステークホルダーに情報を伝えるための可視化の方法も大きな論点になるでしょう。

実際、同じデータを与えられたとしても、インサイトに富んだ分析レポートを生み出すデータサイエンティストもいれば、意思決定の役に立ちそうもない数字を列挙するだけのレポートを生み出すデータサイエンティストもいます。筆者らの力量不足もあり、本書ではこの点について深い言及はできませんが、今後の議論の深まりが要求されるポイントです。

このように観察データ分析は有用である一方で、観察データ分析から得られた結果を意思決定に用いることには、慎重な姿勢でいなければなりません。なぜなら、観察データ分析の妥当性は分析が依存する仮定によって担保されており、その仮定が成り立つかどうかは不確実だからです。

観察データ分析が孕むこのリスクについては、R. J. LaLondeが行った研究[30]が参考になるかもしれません。彼は、観察データ分析の手法がバイアスなく施策効果を推定できているかどうかに関心を寄せて、ある研究を行いました。A/Bテストと観察データ分析の両方を行い、観察データ分析による結果がA/Bテストの結果と一致するのかを調べたのです。職業訓練が労働者の賃金に与える影響を題材に行われたその研究の結果、観察データ分析とA/Bテストの結果は必ずしも一致しないことがわかりました。

このような研究成果は、なにも職業訓練にかぎったものではありません。たとえば、広告効果についても同様に、観察データ分析とA/Bテストの結果が一致しないという研究が存在します [31]。このように、学術論文として出版されるほどの注意深さで行われた研究をもってしても、観察データ分析とA/B テストの結果は一致しなかったのです。実務における非専門家による観察データ分析が、バイアスのない妥当な分析を提供できる可能性は高くはないでしょう。

本章で紹介した観察データ分析の手法を DID と RDD に留めたのも、観察データ分析が孕むリスクを勘案したからです。本書以外の計量経済学やデータ分析における手法を紹介する本を開いてみると、実にさまざまな手法が紹介されていることに気づくはずです。古典的には重回帰分析や操作変数法、もう少し気が利いた本になると傾向スコア法やマッチングなどの手法を紹介しているでしょう。実のところ、重回帰分析や傾向スコアは複数時点の観測や処置割り振りのルールに関する前提がないため、DID・RDD と比べると適用範囲は広く魅力的な手法です。

しかし、それでも本書ではそれらの手法を紹介しませんでした。1 章でも記しましたが、そのような手法は便利ではあるものの、非専門家が適切に運用することがきわめて難しいのではないかと思われるからです。例をいくつか挙げてみます。

- **操作変数法**：
  実務の現場で適切な操作変数が見つかることはほとんどない。
- **マッチングや傾向スコア**：
  観察できない共変量の影響はコントロールできないにもかかわらず、「傾向スコアを用いれば施策効果が因果的な意味でわかるらしい」という誤った解釈のもとでの分析が多発してしまう。
- **構造推定**：
  非専門家が扱うには難しすぎるため、ほとんどすべての実務の現場には適さない。

DID や RDD は、仮定の妥当性を判断することが比較的容易であるため紹介しましたが、私たちのような非専門家にとってバイアスの存否の判断が難しいことに変わりはないため、観察データ分析から意思決定を導くのは慎重になったほうがよさそうです。

効果検証の実務的なプロセス

A/B テストと観察データ分析の特性を振り返ってみると、自然と効果検証の実務的なプロセスが見えてきます。

1. **探索的なアイディア出し**：
   最初に観察データ分析を用いて、業務において蓄積されるログデータから探索的な分析をします。平均などの記述統計を眺めてもよいですし、もう少し丁寧にやる必要があるときは本書で紹介したような DID や RDD を用いてもよいでしょう。
2. **施策案の評価**：
   観察データによるさまざまな検討を経ると、「このような意思決定をすべきではないか？」といった仮説に基づいた施策案が出てきます。この施策案はそのまま実施するのではなく、A/B テストを行い「施策に効果があるかどうか？」を評価します。
3. **意思決定**：
   A/B テストによって確認できた施策効果が意図どおりであれば、その施策案を採用するという意思決定を行います。

1〜3 の業務プロセスを回し続けることで、私たちは実務においてバイアスのない意思決定を導入できます。

ここまでくれば、ここで本書を終えるのが最も綺麗でしょう。実務で実行可能な施策効果検証の方法を紹介することができましたし、本章では各種手法の得意・不得意を考えながら、よりバイアスのない意思決定に向かうためのプロセスを示すことができました。上に示したプロセスを丁寧に進めて意思決定をすれば、その意思決定の質は大きく上がるでしょう。

ただし、1 つ留保をつけねばなりません。確かに、上のプロセスを遵守することで、バイアスのない意思決定を実行可能であると思われます。しかし、そこには重要な条件が 1 つ紛れ込んでいます。「実行に移したときはじめて、上記のプロセスは価値を発揮する」ということです。

そのように言うと、この本をここまで読んだ読者のうち少なくない方が「自分の職場では無理だ……」と思ったのではないでしょうか？

6.2 分析プロセスの実行の“不”可能性

多くの実務の現場において、ここまで記述したような施策効果分析プロセスを完遂できるわけではありません。さきほど示した模範的なプロセスのように、「意思決定や施策効果分析のためにA/Bテストを用いよう」と指導する本は数多くあります。本書もその例外ではありませんが、この模範的なプロセスは、実務においてはさまざまな理由で実行が難しいです。

たとえば、上司や組織の理解が足りないというケースがあるでしょう。事前の検討や評価をすることもなく意思決定を行う場面はそこまで珍しいものではありません。なんらかの仮説をもった上司が「Xという施策を実施せよ」という命令を出し、そのままその施策を実施するケースなどが考えられます。

これは、単なる思いつきや勘を施策に落とし込んでいるだけに思えます。しかし、そのような意思決定が常態化している組織において「いやいやちゃんとデータ分析をしましょう」という提案は、なかなか通らないでしょう。ましてや「A/Bテストをしましょう」などという提案が通る可能性は、かぎりなく低いといえます。このような場面においては、施策効果分析に基づく意思決定プロセスはなかなか実行が難しくなってしまいます。

ほかにも、事業上求められる意思決定スピードを、さきほどのプロセスでは満たすことができないケースもあるでしょう。ベンチャー企業や新規事業の立ち上がり時期においては、意思決定の速度は非常に重要になってきます。0から1を作るような局面においては、商材の作成や情報収集を完遂させ、戦略を練ることが最重要となります。そのためには、多少粗く素朴な意思決定であったとしても、その回数を高速で積み重ねていくことが重要になりそうです。まだ商材ができあがっていないのにもかかわらず、その機能を向上させるためにコストをかけて分析を行うことは、必ずしも効率的な意思決定とはいえないでしょう。

つまり、本書で先に描写した施策効果分析に基づく意思決定プロセスは、ある特定の環境において理想といえるプロセスに過ぎないのです。現実の状況を考慮すると、必ずしもその理想を完全に実現できるとはかぎりません。筆者ら自身、直面しているあらゆる意思決定を、先述の施策効果分析プロセスに基づいて行っているわけではありません。正直に言うならば、筆者自身、いままで何度 A/B テストをせずに表計算ソフトに展開された集計値だけに基づいて意思決定してきたか、その回数を数えることはできません。

実務において効果検証に携わる皆さんのフラストレーションの多くは、実はこの点にあるのではないでしょうか？　本書は「どのようにすればバイアスの少ない分析ができるか？」を念頭において、さまざまな手法を紹介してきました。しかし、多くの現場ではそもそも理想的な意思決定ができずにいるのであって、「この課題にはどの分析手法を使うのか？」という手法選択の問題以前に、別の問題があるはずなのです。

Tips　A/B テストはしなくてよい？

本節では（なんと）A/B テストをしないほうが効率的でよい意思決定ができる可能性について言及しました。これは本書の基本となるメッセージと相反しており、呆れる読者の方もいるかもしれません。筆者としても、無条件に A/B テストの不要さを主張したいわけではありません。

A/B テストをするべきか？という問いに答えるためには、基本的にはそのコストとリターンを勘案するべきでしょう。コストがリターンを超過しているのが明らかであるような場合には、A/B テストはするべきではありません。本文では、その例として新規事業の立ち上げ期を挙げました。

たとえばテスラが最初の電気自動車を開発したとき、ガソリン車との販売数についての A/B テストをしたところで、なんの意味もなかったでしょう。その時期のテスラに必要なのは電気自動車という製品のコンセプトの実証であり、ガソリン自動車の売り上げとの比較は、さしあたって気にする必要がないはずだからです。

ただし、A/B テストを実施するかしないか正しく判断するためには、コストとリターンがある程度見積もれている必要があります。そのために、一般的に「ドメイン知識が重要性である」といわれています。ドメイン知識を用いて事前に施策の妥当性（＝リターン）を推し測ることができていれば、A/B テスト（＝コスト）を実施せずとも意思決定が可能になりうるわけです。

さらに、このコストの高低を推し測るためには、データ分析実務者としての経験や能力が活きてくることでしょう。意思決定におけるコストとは、人的リソースや工数などの直接的なものだけでなく、誤った意思決定を行うことによる損失も含まれます。

もちろん、このコストとリターンを正確に推し測るのはほとんどの場合で無謀な試みです。手を尽くしたとしてもプロジェクトの前に正確な未来を予測できるはずがないですから、実務的には大雑把な見積もりで判断していくことになるはずです。しかし、この「大雑把な見積もり」でも、とくにコストの見積もりにおいては重要になってきそうです。

たとえば商品の価格決定のやりかたを変えるような抜本的な施策を検討するとき、A/B テストを行わないことにしたらどうなるでしょうか。その場合、実施時期や市況による影響を排除できないまま意思決定をすることになるため、データ分析実務者であれば「無謀だ」と感じるのではないでしょうか？ このケースのように、誤った意思決定による影響が莫大かつその蓋然性が高いときには、「ちゃんと A/B テストをしてから判断しましょう」とするべきです。逆説的にいえば、誤った意思決定による影響が軽微であるならば、A/B テストを実施するコストのほうが施策の妥当性というリターンよりも高くなる場合もあり得るのです。

データ分析の実務者が A/B テストの不要さを説くのは、なんとも矛盾しているようです。しかし、経験を積みドメイン知識もデータ分析のスキルもともに豊富にもった実務者であれば、A/B テストの要不要を判定することもできるのかもしれません[*1]。A/B テストという「有用だが“重たい”ツールのリターンとコストのトレードオフをうまく制御する」ことも、分析実務者が実務に貢献する方法の 1 つとして意識するべきです。重要なのは改善なのであって、分析そのものではないはずです。

[*1] 一方で、誰が「ドメイン知識もデータ分析のスキルもともに豊富にもった実務者」という判定をできるのだ、という問題は依然として残るわけですが。

6.3 データ分析実務者の役割

ここまで、効果検証による理想的な意思決定プロセスは往々にして実践できないことについて語ってきました。それではデータ分析実務者にとって、効果検証を学ぶことに意味はないのでしょうか？

筆者は、そんなことはないと考えています。むしろ、一見分析とは関係ない組織の問題と思えるようなものが、実際にはただ分析者のスキルが足りてないことによって発生していることは多々あります。意思決定プロセスの難しさを前にして「学んでも意味がないのだ」と悲観的になるのではなく、データ分析実務者に期待される役割について考えてみようと思います。

まず認めなくてはいけないのは、多くの場合、データ分析実務者はなんらかの妥協を強いられるということです。繰り返しになりますが、理想的な効果検証に基づいた意思決定は、実務においてはさまざまな理由で阻まれます。その障害は非合理的な理由であることもあれば、合理的な理由であることもあるでしょう。

とはいえ、可能な貢献のかたちを探して妥協のラインを探っていくことは、A/Bテストに固執して意思決定に貢献できなくなるよりも、むしろ前進であるはずです。この意味では、データ分析の実務者の仕事の1つは、意思決定の折衷案をとることでもあるでしょう。

それは決して、質の高い効果検証が不必要であることを意味しません。理想の効果検証はどのようにやるべきか、という問いは、いま目の前の意思決定をどのように行うかという問いと並行して存在するからです。それこそ本書で説明した反実仮想として考えてみるならば、もし理想の効果検証を行うことができれば、それはいま目の前で行われている妥協的効果検証のもとでの意思決定よりも質の高いものになるはずです。

データ分析の実務家にとって、理想的な効果検証の実現を追求することも重要な役割の1つです。しかし、多くの場合、この試みもまた険しい道のりを通ることになります。なぜなら、多くの組織や分析者を取り巻く環境には、なんらかの問題が存在するからです。

たとえば、チームでサービスの新機能をローンチしたとします。当然、新機能の開発によって生み出された効果を計測し、今後の戦略策定に活かす必要があります。本書を読んだ皆さんならば、その効果は「もし新機能をローンチしなかった場合の可能世界」と現在を比較することで得られると考えるはずです。あとはそのような可能世界をどうやって近似していけばよいのかを議論するわけです。

しかしその一方で、事業責任者が効果の定義などをよく考えずに、新機能の会計上の利益、すなわち損益決算書に計上される利益額を効果とよんでいたとしましょう。しかし売り上げのうち、開発された機能に帰属する割合や、機能開発にかかった費用の計上のしかたは、企業会計によって定められており、必ずしも「もしも機能がなかった場合どうなったか？」という反実仮想を適切に反映できるわけではありません。この場合、分析者は「効果とはなにか？」という基礎的な概念をすり合わせるところからはじめ、最終的に効果検証の実施までこぎつける必要があるわけです。しかし、そのような概念のすり合わせは、多くの場合困難をきわめます。これまで「会計上の利益」を効果とよんできた組織において、反実仮想に基づいた施策効果の議論を行うことは、組織の文化そのものを変えることになりうるからです。

そもそも、多くの組織では、事業責任者のようなマネジメントレイヤーの人間と複雑な議論を交わせることそのものが少ないのではないでしょうか。よしんば適切に概念を共有できたとしても、これまでの考えを否定されたように感じた事業責任者は険しい顔をするかもしれません。

このように、チーム内で質の高い効果検証の必要性と難しさが認知されていない問題は、さまざまな場所で見られます。この状況下で効果検証による意思決定のプロセスを前に進めようと思えば、分析方法やレポートの定義を多少弄る以上のことを進めなくてはなりません。しかし、場合によっては、そのような推進は攻撃と受け取られることもあるでしょう。

また、チームのなかで、そもそも専門的な知識をもっている人間が少数派か、場合によっては1人もいないという状況も十分ありえます。この場合、本書で記述したような言葉で効果検証を提案したところで、その提案が受け入れられることは少ないと考えられます。組織のなかでただ1人が効果検証を理解し、その知識を振りかざしたところで、理想的なプロセスに辿り着くことはできないのです。

これらの構造的問題を解決するためには、実務家は効果検証のエバンジェリストとして振る舞う必要があります。なにをもって効果とするのか、その効果を測定するためにはなにが必要なのか、それがどれくらいの難易度なのか。こういった問題系を関係者と話し合い、解像度を合わせ、合意形成をする必要があるわけです。そのなかでは、実務者が効果検証のアイディアをメンバーにわかりやすく伝えたり、もしくは逆にメンバーのアイディアを効果検証の文脈に置き直して理解するといったコミュニケーションの課題も出てくるでしょう。実務家は、効果検証の文化形成に対しても努力をしていく必要があるのです。

この努力のしかたはいろいろな方向性があると考えられます。データ分析実務のプレイヤーとして、実問題に焦点を当てていくなかで組織の解像度や雰囲気を醸成していくこともあれば、なんらかの手段で職階を上げることで、データ分析組織の立ち上げを推進できる立場につくこともありえます。「意思決定をどのようにすればいいのか？」が問題なのだから、プロダクトマネージャー（PdM）のキャリアを進み自ら意思決定の責を引き受けることで、効果検証に基づく意思決定を根づかせる方法もあるでしょう。

データサイエンスの大ブームとともに、データサイエンティストという固有の職業タイトルが登場してから10年ほどが経ちました。データ分析実務者のキャリアはいまさまざまに開拓されているところですが、各々が進んだキャリアに応じて、よりよい意思決定のためにやるべきことは変わるのでしょう。

さて、ここまで「理想的な環境をまず自分で実現するための職場での動きかた」をいくつか挙げてきました。しかし、職場に働きかけること以外に、もう1つ理想的な環境を得るための手段があります。それは転職です。理想の環境がなければ、転職して環境そのものをリセットするということもアクションとしては筋がよいからです。

とはいえ皆がそのようなアクションをとってしまえば、いつまで経っても理想的な環境の職場が増えることはありません。そのため、やはりいつかは誰かが、前述の理想を実現するために動く必要があるでしょう。それならばいっそ、その役割は利害当事者であるデータ分析実務者自身こそが担うほうがよいのではないでしょうか。

しかし、このようなコミットは途方もなく大変そうです。結果として、コミットをやめてしまうこともあるでしょう。俗に言うところの「闇落ち」です。ここでは、いくつかの典型的なパターンについて、具体的な例を交えながら説明します*2。

6.3.1 闇落ちするデータサイエンティスト

ストーリードリブンな分析者

データ分析実務者は、十分な探索のなかからよい仮説を立てて、検証を経て意思決定をすべきなのでした。その際には、扱う事象に関するドメイン知識や経験が重要な役割を担います。つまり、A/Bテストによる施策効果推定ほど信頼のおける分析ではなくとも、ドメイン知識や経験で議論をサポートすることで、妥当な仮説や結論を出すことができるかもしれません。

この「データ分析においては、分析対象のドメイン知識が非常に重要である」という主張は、この世界にいると最も頻繁に聞くものの1つです。ドメイン知識や経験に裏打ちされたよい仮説をデータから検証し、ストーリーとして語ることは、データ分析実務者の腕の見せどころといっても過言ではないでしょう。しかし問題は、実務においては頻繁に、分析者がデータから離れた説得力を感じるストーリー作りに堕してしまうことがあるということです。

こうなってしまうと、手段が目的と化してしまうことが容易に想像されます。事前の仮説をどうにかしてデータの名のもとに正当化しようとしてしまうのです[*3]。「説得力のあるストーリー作りのためにデータ分析が存在する」という状況になると、データ分析は事実を伝える道具ではなく、ストーリーにとって都合のよい情報をチェリーピックするための道具になってしまいます。

さて、こういったストーリーありきの分析の場合、事前の仮説はどのようにして舞い降りるのでしょうか？　代表的な例は、高い影響力をもつ人からもたらされる、というものです。

[*2] 身も蓋もないですが、多くの人はなにもしないで現状を甘んじて受け入れてしまうのかもしれません。他人を巻き込んでなにかを変えていくこと自体が面倒くさいからです。また、データ分析に関わる人は組織のなかで若手になる傾向があり、多くの人を巻き込んでなにかをする経験が乏しいために、一層面倒に思えることもあるでしょう。だったらなにもしないほうが幾分もマシだ、と思う人は多いはずです。もちろんなにもしていないならば、外的要因なしには組織や環境が変わることもありません。ただしそれでは、付加価値の高い意思決定に携われず質の高い経験を積むこともできず、データ分析実務者としては無為な時間を過ごすことになってしまうかもしれません。

[*3] マシュー・サイドの書籍『失敗の科学』〔32〕では、認知的不協和のもとで、無意識的にもそのような誤りを犯してしまうことを描き出しています。

ある日、太郎くんは執行役員の１人に呼び出さました。

「今度、僕が主導して新しい大きなプロジェクトを立ち上げるんだ。その分析を君に担当してもらえないだろうか？」

熱意をもってプロジェクトへの想いや重要性を語る役員に対して、太郎くんはなにかしらのカリスマ性を感じ、一生懸命頑張ろうと思いました。

すぐにそのプロジェクトでの仕事が始まるのかと思いきや、「まだ分析の出番じゃないから」と待たされ続けました。そしてやっとプロジェクトでの仕事が始まったかと思えば、その時点で多くの意思決定がなんの検証も議論もなく行われており、プロジェクト自体が終盤にさしかかっていることに気がつきました。

太郎くんが違和感を覚じ始めたまさにそのタイミングで、執行役員から、プロジェクトの成果報告をするから分析をお願いしたいというDMがきました。そのDMには、プロジェクトの成果がどのようにして実現するかというストーリーと、その要所でどのようなデータを見たいかが添えられていました。太郎くんはそのDMを見て「出番ってそういうことか……」と戦慄します。数週間後の成果報告の場には、これでよかったのかと悩む太郎くんと、にこやかに話をする執行役員の姿がありました。

翌月、プロジェクトの打ち上げで執行役員に握手を求められながら「次のプロジェクトもまた頼むよ！」と言われた太郎くんは、数日前に通知された昇給額を思い返しながら「ぜひ！」とにこやかに答えるのでした。

このように、組織のなかには分析者を操り人形として利用したがる人もいるでしょう。自らのアイディアを進めるために、分析者に都合のよいデータを出させ、ストーリーを語らせることはよく見られる光景です。組織の上位レイヤーの人物がそれを行う場合には、分析者自身もその役割に満足することがあるかもしれません。しかし、与えられたストーリーを支持する目的で分析を行うだけでは、分析者は成長することもなく、組織の意思決定に影響を与えていくこともできません。

責任と失敗のリスクに左右される

太郎くんは、あるプロジェクトにて効果検証を担当し、その結果想定とは違うかたちで施策の効果が発揮されていることを発見しました。来週の会議でこの知見を共有し、その知見が実際に応用されれば、ビジネスが成長する**かもしれません**。では、太郎くんは翌週の会議でこの知見を共有するのでしょうか？

太郎くんは会議に向けた資料を作ろうと、パソコンを立ち上げながらふと思いを馳せます。

「もしこのストーリーを会議で伝え、それにより知見が適用され、結果として損失が生まれた場合はどうなるんだろう？　予定調和ではない話を進めて損失を出せば責任を問われるかもしれないし、データ分析部門の信頼は間違いなく失墜するだろう。あれ、ちゃんと考えてみると、結構リスクのあることをしようとしてるぞ」

冷静になって考えるにつれて、いろいろな不安が募ってきました。そして太郎くんのなかにいるなにかが、こう囁きます。**みんなが納得する既定路線のストーリーを語れば、それで損失を出しても皆が納得している以上大きな責任は降りかからない。もしなにかしらの成功があれば、分析でそれを裏づけていたと言えば成果として認められるかもしれない**……と。

悩ましい顔をした太郎くんはパソコンに向かって資料を作り始めました。そして翌週の会議には、効果検証からわかったものではなく、既定路線のストーリーにそれらしいデータを添えて話をする太郎くんの姿がありました。

こうして太郎くんはビジネスの可能性に蓋をする代わりに、みんなが納得するストーリーに裏づけを与え、意思決定をサポートする立場として一定の社内評価を獲得します。その後、太郎くんは一度ならず二度三度と同様の意思決定を行うことになるのでした。そして最終出社日に最初の夜のことを思い出し、自分の人生の意味について見つめ直すことになるでしょう*4。

*4 しかし残念ながら多くのケースでは、既定路線のストーリーにデータを添えたところで「それは知ってた」「データがなくても同じ決定はできていた」という評価を得ることになるでしょう。

このように、分析の結果を得たとしても、分析者自身がその結果をなかったことにすることで、短期的に得をすることもあります。また、この例のように自覚的にではないにしろ、「話が通じやすいから」「わかってもらえるから」といった理由で同様の選択が行われることも少なくありません。実際、議論が紛糾せずに済みそうな分析結果を得て、安心したことがある分析者も多いのではないでしょうか？

結局のところ、データと向き合う分析者といえども1人の人間であり、組織のなかにおける一個人にすぎません。よって、分析者のアウトプットもさまざまなインセンティブによって左右されることになり、多くの場合、そのアウトプットは理想的な分析結果とはいえないものに変化していくことでしょう。

これは必ずしも分析者一個人の問題ともいえません。たとえば、失敗に寛容な組織であったり、失敗しても大きな問題がない案件なのであれば、太郎くんはリスクをとって分析から得られたストーリーを会議で伝えていたかもしれません。

周囲からの信頼がない

チームや分析者に対しての周囲からの信頼がない、という問題もあるかもしれません。たとえば、分析チームから出された分析結果を信じる人が少なければ、そのぶんチームがビジネスにもたらせる影響は少なくなるでしょう。それだけでなく、信頼がないゆえに分析に適したデータを入手できない、といったケースも存在します。

ある日、太郎くんはアプリ上でのある施策の効果検証のためにA/Bテストを実施していました。ひとまず施策自体が機能しているかを見るために、実験開始直後にデータを確認したところ、多くのユーザーに対して施策が機能していないという結果が得られました。

太郎くんはアプリを立ち上げて、施策の影響が出ていることを確認しました。なにかが変です。もしかすると、データを取得するために書いたいつもの慣れ親しんだクエリに間違いがあるのかもしれません。

上司に相談すると、施策が機能していても、データに残す部分の実装に問題があれば同様の結果になることを教えてもらいました。その話を聞いた太郎くんは、自分のクエリが間違っている可能性も0ではないものの、施策の実装を担当した人に状況の説明と実装の確認をお願いしてみました。すると数分後、担当者から次のような連絡をもらいました。

「確認しました。施策の実装内容的に問題は起きないと思います」

太郎くんは、その確認の速さと、論理的に問題ないという主張に疑問をもちつつも、自分のクエリで利用しているデータの定義などの確認を始めました。そして1週間後には、ついに自分のクエリに問題がないことがわかったのでした。そして、データ上に施策のログがないという証拠を揃え、あらためて実装の確認をお願いし、実装を修正してもらえたのでした。

その日の夜、太郎くんは自分が間違っているかもしれないというストレスから解放され、ふと冷静にこの1週間のことを思い返します。もし最初に実装担当者がちゃんと調べてくれていれば、この1週間のストレスは経験しなくてよいものだったでしょう。これからも毎回、自分の身の潔白を証明してからでなくては、他人に確認をお願いできないのでしょうか？　太郎くんはスマホを手に取り、この前広告で見た転職サイトの名前をそっと検索するのでした。

「データ分析実務者の仕事はデータ分析です」という主張は、一見当たり前のもののように思えます。しかし、実際になにかしらの組織で働く分析者の業務範囲が、分析のみに留まることはまれでしょう。実態としては、分析者は常にさまざまな関係者に働きかけることによって、分析に必要な条件を整える必要があります*5。

見かたを変えれば、働きかけを受ける関係者にとってデータ分析者は仕事を増やす存在だ、と言うこともできてしまいます。仮に関係者が事業の成長に対して貢献をしたいと考えていても、働きかけをしてきた分析者のアウトプットが貢献にあまりつながらないと考えるのであれば、お願いの優先度は低く設定され、ときには戦略的に無視されてしまうことでしょう。また、組織の文化次

---

*5 分析のみで業務が成立するような環境も確かに存在します。しかし、そこには敏腕のマネージャーが存在するか、先人たちの歩いてきた道があるのでしょう。

第では、さきほどの例のような自らの失敗が指摘される可能性があるお願いは、無視されてしまいます。

そういった課題とは無縁の組織はあるのでしょうか。たとえば、求人サイトなどで「役員直轄の組織」という文言を見ると、このような問題とは一見無縁な環境を想像してしまいます。しかし、役員から勅命がくだり、それに従って組織を作ってみたとしても、結局分析の前提条件を整えるためには周辺の関係者への働きかけが必要になります。これはたとえば、役員の担当範囲を超える場合や、その役員自体が忙しすぎるなどの理由で働きかけをしてくれないケースなどに発生します。そこでチームに対しての周辺からの信用がなければ、分析の前提条件を揃えることができず、結局チームとしてのアウトプットを出すことはできません。そして最終的には意思決定層からも「思ったよりスケールしなかったよね」と評価され、期待値が下がったまま身動きがとれなくなってしまいます。

筆者自身、こういった組織を多く見てきました。高いスキルセットをもった優秀な人がいたとしても、組織としての期待値が下がってしまうと、その人のスキルセットを活かすことができなくなってしまいます。その結果、組織としてのデータ活用のレベルが下がってしまうという悪循環に陥ってしまいます。

結局どのような環境においても、周囲からの信頼を獲得することは、分析者が成果を出すための命綱なのです。「このチームはすごい」「この分析者ならなにか新しいことを発見するかもしれない」といった期待は、関係者をより積極的に動かすように影響し、結果的には自らの分析工数を創出することにもつながります。ただ、このような評価を周りから得るためには、分析者やチームが自らのアウトプットを周りに対してわかりやすく宣伝していく必要があるでしょう。

6.3.2 専門知識で意思決定を支える

専門性の欠如

ここまで、一見すると分析者やチームを取り巻く組織や環境の課題のように思えることばかり見てきました。しかし、実際には、分析者自身の専門性によって発生する課題もあります。

太郎くんは、データ分析チームのマネジメントポジションを任されるかたちで転職してきました。彼のミッションはチームを率いながら、データ分析によるビジネスへの貢献の創出をすることです。チームのスキルセットや雰囲気もまだ把握していませんが、太郎くんはこの新たな挑戦に意気込んでいます。

出勤してからの最初の会議は、E コマースの事業を展開しているチームと分析について議論するものでした。マネジメントといえど、まだ実情をキャッチアップできていない太郎くんは、会議の事前準備としてチームメンバーに対してのヒアリングを行いました。プロジェクトの概要を聞きながら、チームのメンバーに対してどのような分析を行っているのか、どのような課題があるのかを理解しようと試みました。プロジェクトはどうやらトップページのレイアウト刷新とその効果についてのようです。しかし、次のような何気ない質問に対して返ってきた言葉に、太郎くんは一抹の不安を覚えます。

「なるほど、そもそもそどういう経緯でこのプロジェクトが始まったんですか？」

「いや、僕らは背景は把握していないですね。ただ分析方法にはこだわっていて、このあいだ勉強したDIDを用いたんですよ」

「大丈夫かな……」と不安を抱えたまま会議に出席したところ、やはり結果は散々でした。「アウトカムの指標は我々が普段見ているものと違うのですが、なぜCTRを用いるのですか？」「これはサンプルサイズは十分なんですか？」といった質問に対して、メンバーは「えっと、それは一長一短でして……」といった自信なさげに要領の得ない返答を繰り返しています。事業部側のメンバーもその自信なさげなチームの様子を見て、「分析を全部任せちゃって大丈夫なのか？」と不安げにしています。

きわめつけは「事前検証では新レイアウトのほうが効果がよかったのに、DIDでは旧レイアウトの方が効果がよいのはなぜですか？」という質問への返答です。太郎くんには仮定の成立の有無や効果の異質性などいろいろな問題が脳裏に浮かんでおり、それらを検証するというのが当然のネクストステップだと思っていました。しかし、メンバーは次のように回答してしまいました。

「えっと、それはなぜでしょうね、ちょっとわかりません。でも、DIDのほうが仮定が少ないから信用できるんですよ」

案の定、事業部のメンバーは納得できなかったようです。「どういった意味で仮定が少ないのか、それは私たちの事業部だとなにを意味するのかわからないと意思決定ができないです」と諭されてしまったところで、会議の終了時間を迎えてしまいました。ゴングに助けられたと思っている分析の担当者は、ほっと胸を撫で下ろしながら席へと戻っていきました。太郎くんの脳裏には、これまで起きていたであろう惨状が映し出され、そして深いため息とともに頭を抱えてしまいました。

案の定、そのプロジェクトがクローズされたのち、再度その事業部から相談が寄せられることはありませんでした。

この例は、分析者が自身の分析結果をちゃんと理解できておらず、結果として聞き手の疑問に回答できなかったというものです。こういった現象は分析レポートを行う会議において非常によく見られるものでしょう。ごまかしごまかしでレポートを続けていれば、対面しているチームからの信頼は失われしまいます。

その場で質問に回答するには、それなりの専門性が要求されます。しかし、そうだとしても、事前に自分で分析の矛盾点について調べたり、聞かれるであろうポイントについて準備するといった対策は可能です。こういったセルフレビューや事前準備は、その時点での分析結果が大きく間違っていることを教えてくれることもあるでしょう。そして、こういった経験こそが分析者の経験値となり、専門性を大きく成長させてくれます。

専門性が必要とされるのは、信頼の獲得だけではありません。分析者自身の意思決定においても大きな影響を与えます。たとえば、「**責任と失敗の利得に左右される**」として紹介したケースにおいて、太郎くんは失敗した場合の利得を考え、分析の結果得られたストーリーを伝えることができませんでした。しかし、もし太郎くんが自身の分析に強固な自信をもつことができた場合、失敗した場合の利得がどうであれ、分析の結果得られたストーリーを語ることになるでしょう。

つまり、一定の専門知識がなければ、信頼を勝ちとって分析の前提条件を揃えることができず、そして分析結果を得られたとしても、わかったことを組織のなかで主張できなくなります。これは見かたを変えれば、組織で効果検証を適切に扱った意思決定ができないのは、組織の問題であると同時に分析者自身の問題でもあるということです。そして、分析者自身の専門性が向上することは、この問題のすべてではないにしろ一部を解決することになり、その環境における本質的な問題がどこにあるのかをはっきりさせてくれるでしょう。培った専門性が分析者自身を助けることもあるはずです。

このような背景から、本書では、実務応用を意識してデータ分析実務者にとって扱いやすい分析手法のみを紹介しました。紹介の際には、「なぜその手法が使えるのか？」という背景的知識も含めて解説したつもりです。そこには、最終的な付加価値を生む意思決定を支援するために、分析者にとって必要となる専門性を提供しようという意図がありました。つまり、本書が本当に提供したかったものは、いわば理想的な意思決定環境を実現するための道具でもあったのです。

まずはA/Bテストを提案してみて、それが難しい環境や組織なのであれば「クラスターA/Bテストならできますよ」「今回はDIDにしますか」などのように、代替案を示しながら進めるのです。理想的な分析とはいえなくとも、よりよい意思決定を支える情報を提供したり、ときには自身が意思決定を行ったりする必要があるでしょう。そのようにして、データ分析／効果検証によって付加価値が生まれるという状況を、少しずつ作っていく必要があります。

読者のなかには、ビジネスの最重要な意思決定に貢献できなくては意味がない、と考える人もいるかもしれません。しかし、そのように大きな意思決定では、分析結果をレポートすること自体が難しいという局面にも遭遇しやすくなります。自身の専門性や経験、効果検証に対する組織の理解、周りからの信頼の3つを構築するためにも、少しずつ施策効果検証を導入していくべきでしょう。

さて、本書で紹介した内容を理解したとしても、専門性の観点で多くの課題は残ります。まず、本書で紹介した手法は応用範囲が広い手法ではあるものの、一般的な因果効果や計量経済学の教科書と比較すると、かなり限定的なものになっています。しかし、施策効果検証の技術の広がりは広く、その発展も日進月歩です。近年では、AI関連の学会においても研究が大量に行われるようになってきました。また、テック企業を中心に応用が進んだこともあり、実務における課題への対策がテーマとなっている研究も少なくありません。そのため、「誰も解決できないからしかたがない」という言い訳が使える範囲は日に日に狭まっており、分析者はさらなる学習が求められています。

一方で「どうすれば理想的なデータ分析環境を実現できるか」という組織論的な話については、少なくとも本書ではほとんど議論できていません。本書は施策効果検証の技術を紹介したに過ぎず、施策効果検証というテーマにおいては、いわば戦術を扱ったのに過ぎません。

前述したように、データ分析における実務的な課題を踏まえたとき、組織の変革は大きな意味をもちます。しかしながら、組織にはそれぞれの文化があり、その組織の意思決定者の思惑もまたそれぞれです。多様な組織の失敗に対応できる解決方法を論じることは、事実上不可能ともいえるでしょう。この点について議論するのは、少なくとも筆者らには力不足です[*6]。

「妥当な意思決定を行うこと」は、ビジネスにおける重要なテーマです。そのうえで、施策効果検証という技術をどう活かすか考えた場合、組織の問題なども確かに起こりえます。しかし、もとをたどると、それらも分析者自身の専門性に左右される部分が大きいでしょう。よって、どのような環境であれ、分析者が自身の専門性を向上させるために投資することには、大きな価値があります。本書が、そのような分析者の成長の一助になることを願っています。

6.4 効果検証の実務者のためのブックガイド

最後に、次に読むべき文献を紹介して本書の締めくくりとします。

[*6] 分析組織の失敗については、6.4.4項で紹介する「データ分析失敗事例集」を参照するとよいでしょう。

6.4.1 施策効果検証の発想を理解する

①中室牧子、津川友介 共著『「原因と結果」の経済学：データから真実を見抜く思考法』ダイヤモンド社、2017年
②伊藤公一朗「データ分析の力：因果関係に迫る思考法」光文社、2017年

本書では、施策の効果検証とよばれる分野の解説を行いました。しかし、数式による解説なども多く含んでおり、人によってはついていくのが難しく、効果検証のアイディア自体がピンときていない方もいるかもしれません。その場合、ここに挙げた2冊は直感的に効果検証のアイディアを説明してくれているため、きっと理解の助けになるはずです。

6.4.2 効果検証の発展的なトピックを学ぶ

①R. Kohavi, D. Tang, and Y. Xu. Trustworthy Online Controlled Experiments : A practical guide to a/b testing. Cambridge University Press, 2020. [1]
②安井翔太 著、株式会社ホクソエム 監修「効果検証入門：正しい比較のための因果推論／計量経済学の基礎」技術評論社、2020年 [7]
③ Scott Cunningham 著、加藤真大ら 訳「因果推論入門：ミックステープ：基礎から現代的アプローチまで」技術評論社、2023年
④エステル・デュフロ、レイチェル・グレナスター、マイケル・クレーマー 共著、小林庸平 監訳「政策評価のための因果関係の見つけ方：ランダム化比較試験入門」日本評論社、2019年
⑤S. Athey and G. W. Imbens. The Econometrics of Randomized Experiments. Handbook of Economic Field Experiments, 1 : 73-140, 2017. [10]

本書では限定的なトピックしか扱わなかったため、より深く学びたい方は、前述の文献に当たって理解を深めていくとよいでしょう。本書内でも何度も紹介した①は、一冊まるまるA/Bテストそのものの解説になっており、読むことによってA/Bテストに対する体系的な理解を得ることができるでしょう。翻訳版 [2] も出ています。②は、本書の監修者による効果検証のテキストです。施策効果検証で頻出するトピックを広くカバーしており、なかには本書で

省いた論点も含まれています。Rによって実装されているところも特徴です。

効果検証、もしくは因果推論とよばれるトピックは、いまなお最も活発に研究されている分野の1つです。③は、そういった現代的な発展を視野に入れた教科書になっており、まさに「より深く」効果検証について学ぶことができるでしょう。

④と⑤は、本書では3章で扱ったようなA/Bテストのデザインについてのテキストです。④は比較的本書と狙いが近いテキストで、A/Bテストを実務的に扱う場合の論点を広くカバーしています。本書では省略した論点も多く議論されています。⑤は数学的に高度になってくるので読みこなせる人は少なくなってしまいますが、A/Bテストがどのような意味で正当化されるかを学ぶことができます。

6.4.3 計量経済学を学ぶ

①西山慶彦、新谷元嗣、川口大司、奥井亮 共著「計量経済学」有斐閣、2019年［12］
②末石直也「計量経済学：ミクロデータ分析へのいざない」日本評論社、2015年

施策効果検証とよばれる分野は、計量経済学と密接な関係性があります。そのため、計量経済学を体系的に学ぶことは、効果検証に対する解像度を高めることにもつながります。ここでは定評がある2冊を挙げました。

6.4.4 実務として効果検証を実践する

①あんちべ「データ解析の実務プロセス入門」森北出版、2015年
②尾花山和哉、株式会社ホクソエム 編著「データ分析失敗事例集：失敗から学び、成功を手にする」共立出版、2023年
③有賀康顕、中山心太、西林孝 共著「仕事ではじめる機械学習」オライリージャパン、2021年
④高柳慎一、長田怜士 共著、株式会社ホクソエム監修「評価指標入門：データサイエンスとビジネスをつなぐ架け橋」技術評論社、2023年

1章と6章で議論したように、効果検証が単体で価値を発揮できることは珍しく、意思決定にまでつながって、はじめて価値が生まれます。そのため、データ活用によりどう価値を生み出していくかは、効果検証そのもの以上に重要なトピックです。データ活用に関する書籍は数多く出版されていますが、本書の内容と関係が深いものを挙げました。

①は、効果検証にかぎらず、データ解析全般が実務においてどのようなプロセスを経て価値に転換されるかをうまく言語化しています。②は、データ解析プロジェクトの失敗事例に注目して、アンチパターンから成功へのきっかけを掴むことを掲げた野心作です。

③と④は、機械学習プロジェクトと価値創出をつなぐための方法論を記述しようとしている2冊です。本書では議論しませんでしたが、現代のデータ分析プロジェクトにおける機械学習は、いうまでもなく重要な立ち位置を占めています。そうであれば、機械学習モデルを実務で取り扱う方法論もまた重要になってくるでしょう。③は、機械学習を実プロジェクトに組み込むための一連のトピックを議論しています。④は、機械学習の評価指標に特化した少々マニアックな解説書です。「AUCなどの評価値を向上させることが、どうしてプロダクトの利益向上につながるのか？」といった問題意識をもったことがなければ、ぜひ読んでほしい一冊です。

著者略歴

伊藤 寛武（いとう・ひろたけ）

2014年一橋大学経済学部卒業、2015年同大学経済学研究科修士課程終了。2021年慶應義塾大学政策・メディア研究科博士課程修了、博士（学術）。資産運用会社、コンサルティング会社、大学研究員を経て、現在サイバーエージェントに勤務。データサイエンティストとして広告配信システムのプロダクトグロースに従事。

金子 雄祐（かねこ・ゆうすけ）

2016年東京大学経済学部卒業、2018年同大学経済学研究科統計学コース修士課程修了後、サイバーエージェント入社。入社後は広告配信システムの開発チームにおいて予測モデルやレコメンドエンジンの開発や効果検証の業務に従事。2021年よりData Science Centerボードメンバーも務める。Kaggle Master。

監修者略歴

安井 翔太（やすい・しょうた）

2013年、ノルウェー経済大学修士課程修了（MSc in Economics）後、サイバーエージェント入社。入社後は広告代理店で広告効果検証などを行い、2015年にアドテクスタジオへ異動。その後は機械学習の応用や、機械学習が使われている状況下でのデータ分析や効果検証を主な業務とする。2016年よりAI Lab経済学グループを設立。2019年よりData Science Center副所長も務める。主な著書：『効果検証入門』（技術評論社、2020年）『施策デザインのための機械学習入門』（技術評論社、2021年）

参考文献

[1]R. Kohavi, D. Tang, and Y. Xu. Trustworthy Online Controlled Experiments : A practical guide to a/b testing. Cambridge University Press, 2020.

[2]R. Kohavi・D. Tang・Y. Xu 共著「A/B テスト実践ガイド：真のデータドリブンへ至る信用できる実験とは」ドワンゴ、2021 年

[3]「メルカリにおける A/B テスト標準化への取り組み」https : //speakerdeck. com/shyaginuma/btesutobiao-zhun-hua-hefalsequ-rizu-mi. Accessed : 2023-08-05.

[4]齋藤優太・安井翔太 共著、株式会社ホクソエム 監修「施策デザインのための機械学習入門：データ分析技術のビジネス活用における正しい考え方」技術評論社、2021 年

[5]永田靖「サンプルサイズの決め方」朝倉書店、2003 年

[6] G. W. Imbens and D. B. Rubin. Causal Inference for Statistics, Social, and Biomedical Sciences. Cambridge University Press, 2015.

[7]安井翔太 著、株式会社ホクソエム 監修「効果検証入門：正しい比較のための因果推論／計量経済学の基礎」技術評論社、2020 年

[8]星野匡郎・田中久稔・北川梨津「R による実証分析：回帰分析から因果分析へ」オーム社、2023 年

[9]A. Deng, J. Lu, and W. Qin. The equivalence of the Delta method and the cluster-robust variance estimator for the analysis of clustered randomized experiments. arXiv preprint arXiv : 2105.14705, 2021.

[10] S. Athey and G. W. Imbens. The Econometrics of Randomized Experiments. Handbook of Economic Field Experiments, 1 : 73-140, 2017.

[11]J. B. Kessler and A. E. Roth. Getting More Organs for Transplantation. American Economic Review, 104(5) : 425-430, 2014.

[12]西山慶彦・新谷元嗣・川口大司・奥井亮 共著「計量経済学」有斐閣、2019 年

[13] A. Goodman-Bacon. Difference-in-differences with variation in treatment timing. Journal of Econometrics, 225(2) : 254-277, 2021.

[14]B. Callaway and P. H. C. Sant'Anna. Difference-in-differences with multiple time periods. Journal of Econometrics, 225(2) : 200-230, 2021.

[15] D. L. Thistlethwaite and D. T. Campbell. Regression-discontinuity analysis : An alternative to the ex post facto experiment. Journal of Educational Psychology, 51 (6) : 309-317, 1960.

[16] J. Londoño-Vélez, C. Rodríguez, and F. Sánchez. Upstream and Downstream Impacts of College Merit-Based Financial Aid for Low-Income Students : Ser Pilo Paga in Colombia. American Economic Journal : Economic Policy, 12(2) : 193-227, 2020.

[17] J. Hahn, P. Todd, and W. Van der Klaauw. Identification and Estimation of Treatment Effects with a Regression-Discontinuity Design. Econometrica, 69(1): 201-209, 2001.
[18] S. Calonico, M. D. Cattaneo, and R. Titiunik. Optimal Data-Driven Regression Discontinuity Plots. Journal of the American Statistical Association, 110(512): 1753-1769, 2015.
[19] D. S. Lee and T. Lemieux. Regression Discontinuity Designs in Economics. Journal of Economic Literature, 48(2): 281-355, 2010.
[20] J. D. Angrist and J. S. Pischke. Mostly Harmless Econometrics: An Empiricist's Companion. Princeton University Press, 2009.
[21] G. Imbens and K. Kalyanaraman. Optimal Bandwidth Choice for the Regression Discontinuity Estimator. The Review of Economic Studies, 79(3): 933-959, 2012.
[22] S. Calonico, M. D. Cattaneo, and R. Titiunik. Robust Nonparametric Confidence Intervals for Regression-Discontinuity Designs. Econometrica, 82(6): 2295-2326, 2014.
[23] T. Ishihara and M. Sawada. Manipulation-Robust Regression Discontinuity Designs. arXiv preprint arXiv: 2009.07551, 2020.
[24] J. McCrary. Manipulation of the running variable in the regression discontinuity design: A density test. Journal of Econometrics, 142(2): 698-714, 2008.
[25] D. S. Lee. Randomized experiments from non-random selection in U.S. House elections. Journal of Econometrics, 142(2): 675-697, 2008.
[26] J. D. Angrist and V. Lavy. Using Maimonides' Rule to Estimate the Effect of Class Size on Scholastic Achievement. The Quarterly Journal of Economics, 114(2): 533-575, 1999.
[27] J. D. Angrist and M. Rokkanen. Wanna Get Away? Regression Discontinuity Estimation of Exam School Effects Away From the Cutoff. Journal of the American Statistical Association, 110(512): 1331-1344, 2015.
[28] E. Saez. Do Taxpayers Bunch at Kink Points? American Economic Journal: Economic Policy, 2(3): 180-212, 2010.
[29] H. J. Kleven and M. Waseem. Using Notches to Uncover Optimization Frictions and Structural Elasticities: Theory and Evidence from Pakistan. The Quarterly Journal of Economics, 128(2): 669-723, 2013.
[30] R. J. LaLonde. Evaluating the Econometric Evaluations of Training Programs with Experimental Data. The American Economic Review, 76(4): 604-620, 1986.
[31] B. R. Gordon, F. Zettelmeyer, N. Bhargava, and D. Chapsky. A Comparison of Approaches to Advertising Measurement: Evidence from Big Field Experiments at Facebook. Marketing Science, 38(2): 193-225, 2019.
[32] マシュー・サイド 著、有枝春 訳「失敗の科学」ディスカヴァー・トゥエンティワン、2016年

索引

た行

な行

は行

ま行

や行

ら行

わ行

本文イラスト：芝山綾乃
扉デザイン　：新井大輔

Python で学ぶ効果検証入門

2024 年 5 月 20 日　　第 1 版第 1 刷発行

著　者　伊藤寛武・金子雄祐
監修者　安井翔太
発行者　村上和夫
発行所　株式会社 オーム社
　　　　郵便番号　101-8460
　　　　東京都千代田区神田錦町 3-1
　　　　電話　03(3233)0641(代表)
　　　　URL　https://www.ohmsha.co.jp/

印刷・製本　三美印刷
ISBN978-4-274-23116-2　Printed in Japan